网页设计
与制作实践

孙道贺 主 编
周建锋 副主编
张 蕊 史英杰 杨 欣 编著

清华大学出版社
北 京

内 容 简 介

本书从实际应用出发,以实用案例为主线,围绕创建与优化网页,深入浅出地讲解了网页设计方面的相关技术及应用,介绍了使用 HTML、CSS、Dreamweaver CC、Firefox 浏览器等工具编码、创建、管理及调试网页的方法与技术。

全书共分 8 章,内容包括网页设计基础、网页设计语言、CSS 基础、JavaScript 基础及 HTML5 的新增标签、案例汇编、大学生就业信息网和网站部署方法。

本书适合高等院校计算机科学与技术、电子商务及相关专业的学生学习使用,也可作为网页设计与制作初学者和广大网页设计人员的参考用书。

图书在版编目(CIP)数据

网页设计与制作实践/孙道贺主编. —北京:清华大学出版社,2022.8(2023.1重印)
ISBN 978-7-302-60704-5

Ⅰ.①网… Ⅱ.①孙… Ⅲ.①网页制作工具 Ⅳ.①TP393.092.2

中国版本图书馆 CIP 数据核字(2022)第 069316 号

责任编辑:刘向威
封面设计:文 静
责任校对:焦丽丽
责任印制:朱雨萌

出版发行:清华大学出版社
  网 址:http://www.tup.com.cn,http://www.wqbook.com
  地 址:北京清华大学学研大厦 A 座 邮 编:100084
  社 总 机:010-83470000 邮 购:010-62786544
  投稿与读者服务:010-62776969,c-service@tup.tsinghua.edu.cn
  质量反馈:010-62772015,zhiliang@tup.tsinghua.edu.cn
  课件下载:http://www.tup.com.cn,010-83470236
印 装 者:北京嘉实印刷有限公司
经 销:全国新华书店
开 本:185mm×260mm 印 张:19.5 字 数:475 千字
版 次:2022 年 8 月第 1 版 印 次:2023 年 1 月第 2 次印刷
印 数:1501~3000
定 价:69.00 元

产品编号:090286-01

前　言

云计算、大数据等网络服务是当前计算机行业的发展热点,这些应用大多以网站作为其应用接入方式。网页是网站的基础,因此许多高校均开设了网页设计相关课程。目前有关网页设计与制作的书籍较多,有的侧重于网页的美工设计,有的以技术知识点讲解为主,有的侧重于 HTML 编码,有的侧重于设计和 Dreamweaver 工具的使用,让人眼花缭乱,无所适从。

天津理工大学中环信息学院计算机工程系开设网页设计基础课程十余年,积累了丰富的教学资源和经验,特编写此书,以便开发者快速、系统地掌握 Web 开发。本书注重 HTML 代码、CSS 代码的编写,侧重于网页的调试,结合浏览器开发者工具的网页调试功能来讲解网页、样式和脚本的原理,深入阐述网页的本质。本书从网页实际应用入手,明原理、讲代码,首先讲述如何用工具 Dreamweaver CC 实现代码编写,然后通过浏览器的调试功能将具体页面元素与代码进行一一印证,讲解修改网页细节的方法。同时,本书还提供知识点微视频讲解。

本书共分 8 章。

第 1 章——网页设计基础。介绍网页与网站的基本概念、常用的网站设计工具,然后举例说明网站制作的一般步骤。

第 2 章——网页设计语言。内容包括 HTML 的文档结构、语法格式,然后围绕网页实例逐一讲解 HTML 的常用标签和属性。

第 3 章——CSS 基础。首先阐述 CSS 的概念,在页面中引用 CSS 的方法,以及 CSS 的语法规则;然后引入 CSS 选择器的相关知识以及常用的 CSS 属性,并通过示例演示效果;最后讲解简化的 CSS 应用实例。

第 4 章——JavaScript 基础。首先介绍 JavaScript 的基础知识和常用系统对象,并在此基础上说明 JavaScript 作为 Web 开发的脚本语言操作 DOM 元素、属性和 CSS 的方式,接着阐明 JavaScript 基于事件驱动的编程模型及常用事件,最后详细介绍 jQuery 的基本使用方法。

第 5 章——HTML5 的新增标签。在第 2 章的基础上更进一步,引入几个 HTML5 的新增标签,让读者体会 HTML5 的新增标签给网页设计带来的便利。

第 6 章——案例汇编。总结了一些在网站设计和网页制作中常用的步骤、经验和技巧,列举典型案例的实现代码,以期大家能够举一反三、触类旁通。

第 7 章——大学生就业信息网。旨在帮助读者设计一个大学生就业信息网站,功能主要侧重于信息发布与共享,着重从网站的规划、页面结构的设计与实现等几方面进行讲解。

第 8 章——网站部署。结合第 7 章完成的项目案例介绍如何使用 Apache 布置静态网站;然后介绍 Ajax 的基本用法、如何使用 Ajax 对 JSON 进行解析,以及如何使用 Tomcat

进行网站部署。

　　本书可以作为高等院校计算机科学与技术、软件工程、网络工程、数据科学与大数据技术及其他计算机相关专业的教材，也可以作为广大网页设计人员的参考用书。

　　本书由孙道贺、周建锋、张蕊、史英杰、杨欣共同编写，孙道贺统稿。其中，第1～3章由孙道贺编写，第4章和第6章由周建锋编写，第5章由杨欣编写，第7章由史英杰编写，第8章由张蕊编写。另外，张晓君参与了本书的校对和资料整理工作。

　　感谢读者选用本书。由于作者水平有限，时间仓促，书中难免有疏漏和不当之处，敬请广大读者提出意见和建议，我们将不胜感激。

编　者

2022 年 1 月

目 录

CONTENTS

WEB
DESIGN

第 1 章

网页设计基础

本章学习目标

- 了解网站与网页的基本概念
- 了解网站开发工具
- 掌握网站制作的一般步骤
- 掌握浏览器调试方法

本章首先向读者介绍网站与网页的基本概念,接着介绍网站的类型和网站开发工具,最后介绍网站制作的一般步骤,其中着重介绍浏览器的调试方法。

1.1　因特网简介

1.1.1　因特网

因特网(Internet)是互联网的一种,它由一些使用公用语言互相通信的计算机连接而成,是全球性信息与资源的网络,也是大众传媒的一种。1969 年,为了将美国的几个军事及研究用计算机主机连接起来,美国国防部研究计划管理局(advanced research projects agency,ARPA)建立了一个名为 ARPANET 的网络,这个网络就是人们普遍认为的因特网的雏形。有兴趣的读者可以搜索"互联网发展史",详细了解因特网的发展历史。

互联网管理是一项复杂任务。国际上管理互联网 IP 地址和域名的主要机构有:

(1) ICANN(Internet Corporation for Assigned Names and Numbers):互联网名称与数字地址分配机构。

(2) RIR(Regional Internet Registry):地区级的 Internet 注册机构,负责该地区的登记注册服务,如 APNIC 负责亚太地区。

(3) InterNIC(Internet Network Information Center):国际互联网络信息中心,负责提供关于互联网域名注册服务的公开信息。中国的顶级 IP 地址和域名管理机构是中国互联网络信息中心(China Internet Network Information Center,CNNIC)。

RFC(request for comments)是由互联网工程任务组(Internet Engineering Task Force,IETF)发布的一系列备忘录,这是我们了解网络协议的较好文档。常见的互联网协议都有 RFC 编号,如 HTTP1.1 协议的编号是 2616。关于这方面的信息,可以访问 https://www.rfc-editor.org/rfc-index.html。

1. IP 地址和域名

网络模型一般是指 OSI 七层参考模型和 TCP/IP 四层参考模型。基于 TCP/IP 的参考模型将协议分成四个层次，分别是网络访问层、网际互联层、传输层(主机到主机)和应用层。TCP/IP 参考模型在实际中被广泛采用。TCP/IP 是一组用于实现网络互连的通信协议，Internet 网络体系结构以 TCP/IP 为核心。

1) IP 地址

因特网协议(Internet protocol, IP)是为计算机网络相互连接进行通信而设计的协议。任何厂家生产的计算机系统，只要遵守 IP 就可以与因特网互连互通。IP 地址是给 Internet 上的主机或者设备分配的一个编号，是主机在 Internet 上的身份标识。目前 IP 地址正处在由 IPv4 向 IPv6 过渡的阶段。在 cmd 命令窗口输入 ipconfig 指令，可得到本机的 IP 地址配置，如图 1.1 所示，其中 IPv4 地址是 192.168.0.2，IPv6 地址是 fe80::157b:adb:c657:e2cf%11。

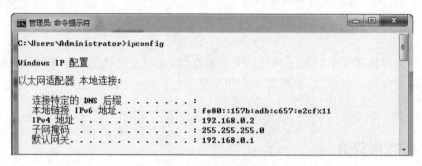

图 1.1 IP 地址示意图

IP 地址现由互联网名称与数字地址分配机构 ICANN 分配。IP 地址分为公有地址和私有地址。公有地址可直接访问因特网；私有地址属于非注册地址，专门为组织机构内部网使用，需要借助 NAT 技术，通过网关上网。A 类私有地址为 10.0.0.0～10.255.255.255，B 类私有地址为 172.16.0.0～172.31.255.255，C 类私有地址为 192.168.0.0～192.168.255.255。本机地址也可使用 127.0.0.1，在后续网页调试时会经常使用。

2) 域名

由于 IP 地址全是数字，不便于用户记忆，给 Internet 资源访问带来困难。为方便记忆，我们采用域名来代替 IP 地址标识站点地址。域名是由一串用点分隔的名字组成的、Internet 上某一台计算机或计算机组的名称，用于在数据传输时标识计算机的电子方位(有时也指地理位置；地理上的域名指代有行政自主权的一个地方区域)。Internet 上引进了域名服务系统(domain name system, DNS)，为每台主机建立了 IP 地址与域名之间的映射关系，使用域名来代替 IP 地址完成对 Internet 资源的访问。当您在客户机浏览器中输入某个域名的时候，这个域名信息首先到达提供此域名解析的服务器上，由域名解析服务器将此域名解析为相应网站主机的 IP 地址。客户机得到域名解析后的 IP 地址，就可以访问域名对应的网站了。

DNS 规定，域名中的标号都由英文字母和数字组成，每一个标号不超过 63 个字符，也不区分大小写字母；除了连字符"-"外不能使用其他的标点符号；不同等级的域名之间使用点分割,级别最低的域名写在最左边,而级别最高的域名写在最右边;由多个标号组成的完整域名总共不超过 255 个字符。以 www. sina. com. cn 为例,cn 代表国家(中国),是顶级域名(一级域名);com 表示类别(公司),是二级域名;sina 代表域名主体,是三级域名;www 是网络名,级别最低。一个单位或组织一般会申请一个域名主体,级别最低的部分可以自行分配。域名解析服务器是逐级树状重复部署的,内容上存在局部重复。根(域名)服务器主要用来管理互联网的主目录。所有根服务器均由美国政府授权的互联网名称与号码分配机构 ICANN 统一管理,负责全球互联网域名根服务器、域名体系和 IP 地址等的管理。

域名和 IP 地址之间是多对多的关系,一个 IP 地址可以绑定多个域名,一个域名也可以对应多个 IP 地址,例如在不同的地方 ping www. sina. com. cn 返回的 IP 地址会不同。同一个网站也可以映射不同域名,例如 www. tjzhic. com 与 www. tjzhic. edu. cn 访问的是同一个网站。

3) 设置局域网 IP 地址、DNS、网关

对于 Windows 操作系统,打开本地连接,单击"属性"按钮,选中 Internet 协议版本 4 (TCP/IPv4),单击"属性"按钮(见图 1.2),输入单位网管指定的私有 IP 地址、子网掩码、默认网关和 DNS。网关既是内网的一台机器,又是外网的一台机器,所有外网数据的进出都需要经过网关。网关一般有 2 个 IP 地址,一个是私有 IP 地址,一个是公有 IP 地址,此处填写私有 IP 地址。DNS 设置的是一个公网 IP 地址,如果此处设定不正确,则无法通过域名连接到 Internet。在 cmd 命令窗口输入 ping www. sina. com. cn 指令,如果见到"正在 Ping tucana. sina. com. cn [111. 161. 78. 250]具有 32 字节的数据"类似字样,则表明 DNS 设置是正确有效的。一般在上述设置正确的情况下,就可以通过浏览器连接 Internet 了。

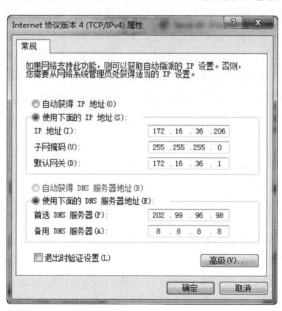

图 1.2　IP 地址设置

2. Internet 的功能

Internet 上有着非常丰富的信息资源,通过 Internet 可以方便地查询各种各样的信息,

如关于某项技术的各种专业信息，及与大众日常工作与生活息息相关的信息。信息分布在世界各地的计算机上，以各种可能的形式存在，如文件、数据库、公告牌、目录文档和超文本文档等。

Internet 上的另一种资源是计算机系统资源，包括连接在 Internet 的各种网络上的计算机的处理能力、存储空间（硬件资源）以及软件工具和软件环境（软件资源）。

1.1.2　软件架构

软件架构（software architecture）是一系列相关的抽象模式，用于指导大型软件系统各个方面的设计。在网络环境中，典型的软件架构有两种。

1. CS 架构

CS（client/server）架构即客户端-服务器架构，如图 1.3 所示。客户端与服务器端一般分别部署在网络的计算机上，通过彼此商定好的通信协议进行数据交换。该架构充分利用

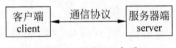

图 1.3　C/S 示意图

两端硬件，将任务分配到 client 和 server 两端。此时通信协议一般不公开，客户端开发需要密切配合服务器端，而且不同的操作系统需要开发不同版本的客户端软件，部署工作量较大。CS 架构可以拓展，让服务器成为另一个服务器的客户端。

2. BS 架构

BS（browser/server）架构即浏览器-服务器架构。BS 是伴随着 Internet 技术的发展而兴起的。客户端与服务器端使用公开的 HTTP 协议通信，双方遵守事前约定，浏览器即是客户端的实现。此时，浏览器可以有不同的实现，例如 360 浏览器、Google 浏览器、Firefox 浏览器等，这些浏览器可以找到适应不同操作系统的版本，不需要开发人员去考虑安装部署问题。服务器端此时称为 Web 服务器，例如 Apache、IIS、Tomcat 等。服务器端的开发可以不再关注通信协议的解析，只需关注业务逻辑实现。BS 的主要特点是分布性强、维护方便，但因协议公开，解决数据安全性问题需要付出较多精力。BS 架构的服务器端功能可以由若干 CS 架构去实现。

1.1.3　Internet 常见的服务

根据客户端与服务器端通信协议的不同，Internet 常见的服务如下。

1. 远程登录服务（Telnet），使用 Telnet 协议

远程登录是 Internet 提供的基本信息服务之一，它可以使你的计算机登录到 Internet 上的另一台计算机上。此时，你的计算机就成为你所登录计算机的一个终端，可以使用那台计算机上的资源，例如打印机和磁盘设备等。Telnet、putty 是远程登录的客户端程序。

2. 文件传送服务（FTP），使用 FTP 协议

FTP 允许用户在计算机之间传送文件，并且文件的类型不限，可以是文本文件，也可以是二进制可执行文件、声音文件、图像文件、数据压缩文件等。例如可使用 ftp://ftp.xx.edu.cn 访问某大学的 FTP 网站，上传、下载文件；也可以使用专门的 FTP 客户端程序，如 FileZilla。

3. 电子邮件服务(E-mail),使用 SMTP、POP 协议

电子邮件好比是邮局的信件,不过它的不同之处在于电子邮件是通过 Internet 与其他用户进行联系的,是一种快速、简洁、高效、廉价的现代化通信手段;电子邮件服务使用专门的邮件客户端程序,如 Foxmail。

4. 万维网(WWW)服务,使用 HTTP 协议

WWW(world wide web)的中文名字为"万维网""环球网"等,常简称为 Web。WWW 可以让 Web 客户端(常用浏览器)访问浏览 Web 服务器上的页面。WWW 提供丰富的文本、图形、音频、视频等多媒体信息,将这些内容集合在一起,并提供导航功能,使用户可以方便地在各个页面之间进行浏览。由于 WWW 内容丰富,浏览方便,已经成为互联网最重要的服务。

从技术角度上说,万维网是 Internet 上支持超文本传输协议(hyper text transport protocol,HTTP)的客户机与服务器的集合,通过它可以存取世界各地的丰富内容信息以及各式各样的软件。

在 WWW 创建之前,几乎所有的信息发布都要通过 E-mail、FTP 和 Telnet 等。目前 FTP、E-mail 的使用有被万维网取代的趋势。如 Web E-mail,当你在浏览器中打开网易邮箱时,从协议的角度来说是 WWW 服务。另外各种各样的手机 App(如微信)也是 Internet 常见服务的一种,这里不一一展开。

1.1.4 浏览器

浏览器是用来检索、展示以及传递 Web 信息资源的应用程序。Web 信息资源由统一资源标识符(uniform resource identifier,URI)所标记,它是一张网页、一幅图片、一段视频或者任何在 Web 上所呈现的内容。使用者可以借助超级链接(hyperlink),通过浏览器浏览互相关联的信息。

主流的浏览器包括 IE、Chrome、Firefox、Safari、UC 浏览器等几类。Firefox 浏览器是开源组织提供的一款开源浏览器,它开源了浏览器的源码,同时也提供了很多插件,方便用户使用,支持 Windows 平台和 Linux 平台。

浏览器主要由以下部分组成。

(1) 地址栏:用于输入网站的地址。浏览器通过识别地址栏中的信息,正确连接用户要访问的内容。

(2) 菜单栏:由"文件""编辑""查看""历史""书签""工具""帮助"菜单组成。每个菜单中包含了相关命令选项,这些选项包含了浏览器的所有操作与设置功能。

(3) 页面窗口:浏览器的主窗口,访问的网页内容显示在此。

(4) 状态栏:实时显示当前的操作和下载 Web 页面的进度情况。正在打开网页时,还会显示网站打开的进度。

菜单栏、地址栏、状态栏在浏览器窗口的位置如图 1.4 所示,其余绝大部分为浏览器的主窗口。

地址栏中需要输入 URL(uniform resource location,统一资源定位器)。URL 的构成为 protocol://machine.name[:port]/directory/filename,其中,protocol 为访问该资源所采用的协议;machine.name 为主机的 IP 地址,通常使用域名的形式,通过域名解析服务器解

图 1.4　Firefox 浏览器组成示意图

析；port 为服务器在该主机所使用的端口号；directory 和 filename 是资源的路径和文件名。我们通过 URL 来定位 Internet 上的各种资源，而网页本身也是被部署在服务器上的一种资源，所以可以通过 URL 来查找并访问网站中的页面。例如 https://www.w3school.com.cn:443/html/index.asp,https 是协议,www.w3school.com.cn 是主机域名,443 是端口号（HTTPS 协议的默认端口号是 443,HTTP 协议的默认端口号是 80,一般省略）,html 是文件夹,index.asp 是文件名。

1.2　网页与网站概述

1.2.1　网页

当我们使用计算机打开浏览器上网时,看到的是网页；当我们使用手机查看微信公众号里的内容时,看到的还是网页。网页已经成为我们分享、获取信息的一种方式。

从使用者角度来说,网页的直观感受如图 1.5 所示。

从编程开发者角度来说,网页的直观感受如图 1.6 所示。选中图 1.5 所示的网页,右击,然后选择查看页面源代码项,就可得到图 1.6 了。从图 1.6 中可以看到<!DOCTYPE html>、< html >、< head >、< script >等标签,这就是 HTML 语言。我们要做的事情是：学习使用这些字符编写出浏览器能够解释执行的页面文件,使得其显示出使用者容易读懂的内容,便于使用者交流分享自己的想法,进行相应的业务活动。

那么,什么是网页呢? 在百度百科中,网页指一个包含 HTML 标签的纯文本文件,它可以存放在世界某个角落的某一台计算机中,是万维网中的一"页",文件扩展名为.html 或.htm。网页要通过网页浏览器来阅读。

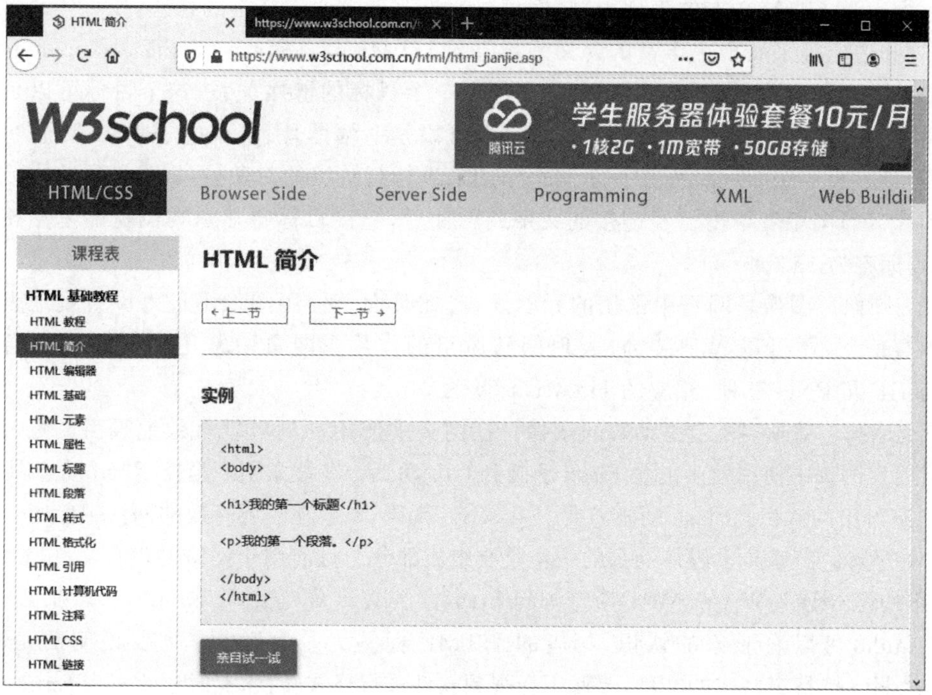

图 1.5　W3school 截图

图 1.6　图 1.5 的网页源代码

1. 网页中的常见元素

组成一个网页最基本的元素主要是文本、超链接、图像、动画、声音、视频、表格和表单。

(1) 文本。一直以来,文本都是人类最重要的信息载体与交流工具,网页中的信息也以文本为主。为了丰富文本的表现力,我们可以通过改变页面中文本的样式,如字体、字号、颜色、底纹和边框等来展现更丰富的含义。相应的 HTML 标签有< p >、< h1 >、< span >等。

(2)超链接。超链接是指从一个网页指向一个目标的链接关系,这个目标可以是另一个网页,也可以是相同网页上的不同位置,还可以是一幅图片、一个电子邮件地址、一个文件,甚至是一个应用程序。而在一个网页中用来进行超链接的对象,可以是一段文本或者是一幅图片。当浏览者单击已经链接的文字或图片后,链接目标将显示在浏览器上。相应的 HTML 标签为< a >。

(3)图像。图像是网页中常见的元素之一,在页面上使用图像不仅可以直观地表达丰富的内容信息,还可以起到装饰、表现网站风格的作用。网页中常用的图片格式通常是 JPEG、GIF 和 PNG 三种,相应的 HTML 标签为< img >。

(4)动画。动画实质上是动态的图像。在网页中使用动画可以有效地吸引浏览者的注意。目前在网页中使用较多的是 Flash 动画和 GIF 动画。在搜索引擎里搜索"gif 动态图"可以对 GIF 有形象的认识。Flash 动画需要引入 script 代码,一般在需要特效的网页中使用。

(5)声音。声音是多媒体网页的一个重要组成部分。目前用于网络的声音文件格式非常多,常用的是 MIDI、WAV、MP3 等。访问 https://www.w3school.com.cn/tiy/t.asp?f=html5_audio 可以有形象的认识,相应的 HTML 标签为< audio >。需要说明的是,标签< audio >只支持特定格式的文件,要使用音视频软件进行格式转换,有时还要引入 script 代码。

(6)视频。网页中一种比较流行的元素是视频,它的加入可以使网页更富有个性,显得更时尚。访问 https://www.w3school.com.cn/tiy/t.asp?f=html5_video 可以有个形象的认识,相应的 HTML 标签为< video >。需要说明的是,标签< video >只支持特定格式的文件,要使用音视频软件进行格式转换,有时还要引入 script 代码。常用的视频文件格式有 FLV、RMVB、AVI 和 MP4 等。

(7)表格。表格作为一种容器,一是可以使用行和列的形式来布局文本和图像,二是可以使用表格来精确控制各种网页元素在网页中出现的位置,在网页制作中有着不可替代的作用。相应的 HTML 标签为< table >组。

(8)表单。网站中使用表单的主要目的是采集数据,进行问答式交流。网页中的表单经常用来接受用户在浏览器端的输入,然后将这些信息发送到用户设置的目标端。相应的 HTML 标签为< form >组。如用户注册时,其登录页面就是由表单组件完成的。访问 https://mail.126.com/可以获得对表单的形象认识。

2. 网页的分类

网页可以分为动态网页和静态网页。静态网页通常在服务器端以扩展名 .htm 或是 .html 存储,网页内含有需要浏览器端执行的代码,内容以 HTML 语言撰写。动态网页通常在服务器端以扩展名 .asp、.aspx、.php、.jsp 等存储,网页内含有需要服务器端执行的代码。

3. 相关搜索

读者可以自己使用搜索引擎搜索以下内容,加强对本节的理解。

(1)网页　百度百科。

(2)网页　设计的发展历史。

(3)HTML video w3school。

1.2.2 网站

网站是指在 Internet 上根据一定的规则,使用 HTML 等工具制作的用于展示特定内容的相关网页的集合。从使用者角度来说,网站的感受是在浏览器输入网址就可以得到需要的信息资源或者完成相应的交互工作。从编程开发者角度来说,网站的直观感受如图 1.7 所示。网站表现为一个文件夹,里面有子文件夹 css,用于存放样式表文件;有 image 文件夹,用于存放图片;有 music 文件夹,用于存放声音;有 video 文件夹,用于存放视频;有一组扩展名为.html 的网页文件,用来组织显示资源。

图 1.7　网站文件的组织结构

1.2.3 网页设计工具

制作网页时常使用 Dreamweaver 和 FrontPage 这两个工具进行设计和排版,有时也需要使用 Fireworks 或 Photoshop 对网页中的图片进行设计和编辑,利用动画制作软件 Flash进行动画的制作。本书以后的章节将重点讲解 Dreamweaver CC 和 Notepad++的使用。

1. 网页设计软件 Dreamweaver CC

Dreamweaver CC 是一个功能强大的可视化网页设计编辑软件,也是出色的网站管理和维护工具。用户可以在不掌握 HTML 语言的情况下,利用其强大的功能开发出专业的网页。Dreamweaver CC 还是一个编程工具,用户利用其提供的自动提示填充功能和代码染色功能可以方便地编写和调试 ASP、PHP、JSP 代码。Dreamweaver CC 的优点是能将文本、图像、动画和声音等网页元素整合在一起,借助于它可以快速方便地开发出各种动态或静态网站。查看百度百科的 Adobe Dreamweaver CC 词条,可以了解 Dreamweaver CC 的发展历史。Dreamweaver CC 的界面如图 1.8 所示,具体使用将在后续章节结合案例展开讲解。

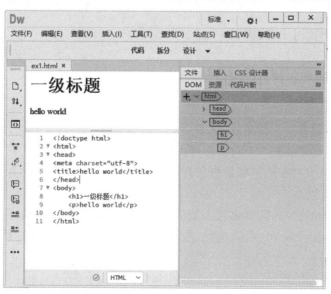

图 1.8　Dreamweaver CC 的工作界面

2．Notepad++软件

Notepad++是一个免费的文本编辑器，有完整的汉化接口及支持多国语言编写的功能（UTF8技术），其界面如图1.9所示，具体使用将在后续章节结合案例展开讲解。理论上讲，使用Notepad++软件布置好所用的资源就可以构建一个网站。Dreamweaver CC比Notepad++提供的便捷工具更多，提高了效率。

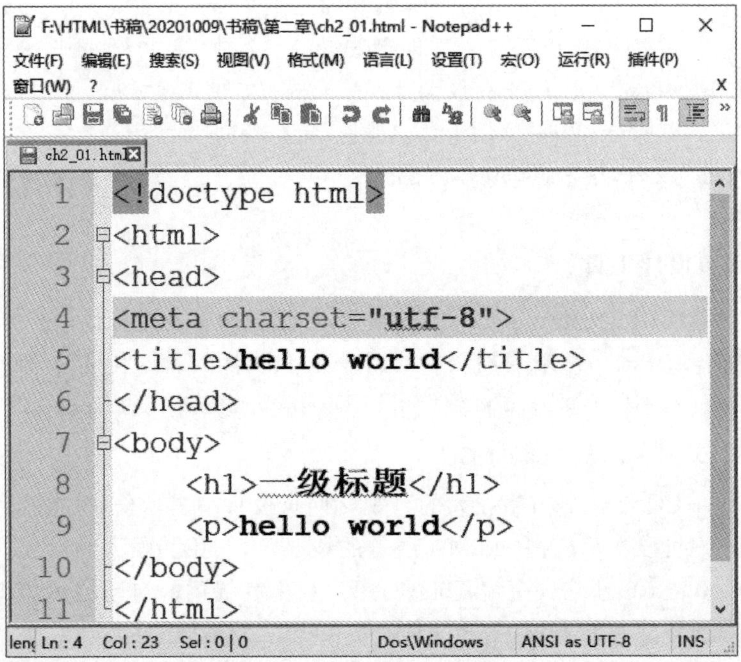

```
F:\HTML\书稿\20201009\书稿\第二章\ch2_01.html - Notepad++    —   □   ×
文件(F)  编辑(E)  搜索(S)  视图(V)  格式(M)  语言(L)  设置(T)  宏(O)  运行(R)  插件(P)
窗口(W)  ?                                                                   X

ch2_01.html

 1  <!doctype html>
 2  <html>
 3  <head>
 4  <meta charset="utf-8">
 5  <title>hello world</title>
 6  </head>
 7  <body>
 8      <h1>一级标题</h1>
 9      <p>hello world</p>
10  </body>
11  </html>

leng Ln : 4   Col : 23   Sel : 0 | 0          Dos\Windows   ANSI as UTF-8   INS
```

图1.9　Notepad++的工作界面

1.3　网站制作的一般步骤

1.3.1　网站类型和网页布局

1．网站的类型

网站的主题也就是网站的题材，是指一个网站在建设中要实现的设计思想和表述的主要内容。一般我们先要找到一个可以参考的网站，例如制作一个大学的门户网站时，我们需要参考其他大学的门户网站，不断地修正我们的设计。常见的网站类型如下。

1）综合门户类网站

综合门户类网站可向访问者提供大量信息，其主要特点是管理功能强大、页面美观、内容丰富、信息齐全，涉及政治、经济、文化、生活等多方面的内容。该类网站的典型代表有新浪网、搜狐网、网易等。

2）政府与公益组织网站

政府与公益组织网站主要用于发布政策、规章制度等信息以及提供在线政务服务等。

政府与公益组织可以借助网站进行宣传或者开展活动,如天津政府网、天津理工大学官网。

3) 公司宣传网站

公司宣传网站主要用于宣传企业产品及企业服务,让外界更好地了解企业,树立良好的企业形象,是开发工作中最常见的网站类型,如小米官网。

4) 电子商务网站

电子商务网站的内容常常是产品、广告、购物、市场推广等,该类网站的代表有淘宝、京东、亚马逊等。

5) 搜索引擎网站

搜索引擎网站的主要内容是实现网站的搜索功能与内容管理功能,这类网站的代表有百度、谷歌等。

2. 网页布局

网页一般由头部区域、菜单导航区域、内容区域、底部区域构成。布局是指页面中这些区域的尺寸、间距及位置。在确定了网站的主题和风格之后,就可以开始设计网站页面的布局了。合理的网页布局是制作完美页面的基础。图 1.10 给出了一种上中下布局结构,该结构比较适合内容较少、结构简单的网页。天津理工大学中环信息学院招生网的首页 http://www.tjzhic.edu.cn/export/sites/tjzhic/zsxx/index.html 与该结构类似。此外,还有"同"字型布局结构、T 型布局结构、左中右布局结构、对比布局结构等不同的布局。

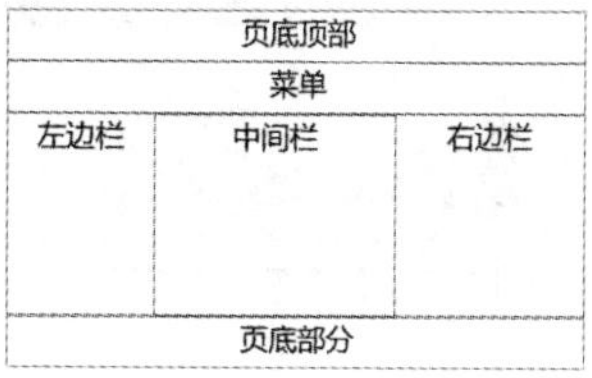

页底顶部		
菜单		
左边栏	中间栏	右边栏
页底部分		

图 1.10　上中下布局结构

1.3.2　准备素材

网站的设计需要相关的资料和素材。丰富的内容才可以丰富网站的版面,如个人网站可以整理个人的作品、照片、展示等资料,企业网站需要整理企业的文件、广告、产品、活动等相关资料。与网站相关的素材包括电子文档、图片及多媒体等内容,其中电子文档包括文件、广告、电子表格等内容,这些文档都需要进行整理、归类和分析;图片素材的应用能够将信息快速地传递给浏览者,引导浏览者的视觉路线,对延长访客停留时间至关重要;多媒体内容主要是指视频、音频等资料,在需要时可以方便地插入到页面中。素材加工是一项精细活,一定要对网站用到的图片大小、格式、视频时间、格式等做一个明确的约定,不然网站的设计与维护就会很困难。

1.3.3　网页制作与调试

完成网站的页面构思和资料整理后,需要使用网页制作软件进行网站页面的设计。不同的页面可使用超链接进行联系,用户单击这个超链接时即可跳转到这个页面。网站页面的设计是与美术创意相关的工作,需要对色彩搭配、网页内容、布局排版等内容用平面设计软件设计出页面效果。要注意保持各级网页风格布局的一致性,不能一个网页一个布局。网页做完后,在浏览器中显示时,一般不会和自己设计的完全一样,此时需要借助浏览器的调试工具来完成细节的调试。使用 Firefox 浏览器打开 https://www.w3school.com.cn/

html/index.asp，按 F12 键，可以看到调试页面窗口如图 1.11 所示。单击图中圆圈处的图标，然后单击页面上具体的元素，就可以查看具体的元素信息了。

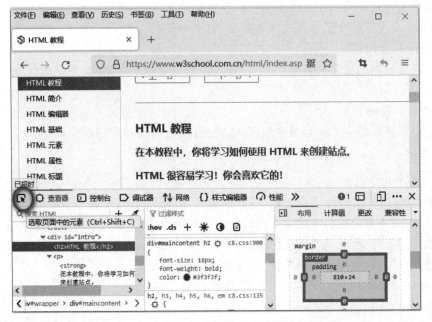

图 1.11　Firefox 浏览器的页面调试图

1.3.4　站点部署

网站开发完后，要放到服务器上去测试运行。本书使用 Apache 作为 Web 服务器。Apache 在本地安装成功后，在浏览器地址栏中输入 http://127.0.0.1，得到的运行效果如图 1.12 所示。具体部署实例在后续章节中会讲到，可以搜索"Apache 的下载与安装"来学习更多的内容。

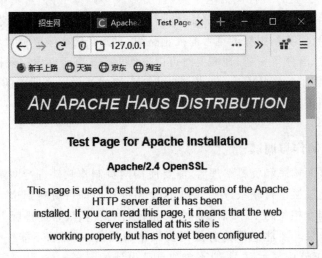

图 1.12　Apache Web 服务器本地运行图

1.3.5　站点测试

站点测试是指当一个网站制作完成并上传到服务器之后针对网站各项性能情况的一项检测工作。它与软件测试有一定的区别,除了要求外观的一致性以外,还要求在各个浏览器间的兼容性以及在不同环境下的显示差异。具体测试内容包括:是否有"死"链接或空链接,站点在各种浏览器中的兼容性,版式、图片等是否能正确显示,是否存在错误的代码和未使用的孤立文档等。可以根据浏览器种类、客户端及网站大小等要求进行站点的测试工作,通常是将站点移到一个模拟调试服务器上对其进行测试或编辑。如果发现有功能欠缺或显示错误,需要做进一步的修改;如果没有发现任何问题,就可以上传并发布站点。

1.3.6　站点更新与维护

站点后期的更新与维护不能算是网页设计过程中的环节,而是制作完成后应该考虑的。但是这一项工作却是必不可少的,尤其对于信息类网站,其更新和维护更是必不可少。这是网站保持新鲜活力、吸引力和正常运行的保障。网页的更新一般有后台管理工具,网站出错或出现安全问题后,要进行修改,本书不谈及该方面内容,这里略过。

习题 1

简答题

1. IP 地址和域名之间的关系是什么?
2. 网页的概念是什么? 如何查看网页的源代码?
3. Internet 常见的服务有哪些?
4. 网页浏览器的基本结构如何?
5. 如何使用 Firefox 浏览器调试网页?
6. 制作一个网站的步骤是什么?

WEB DESIGN 第2章

网页设计语言

本章学习目标

- HTML 的文档结构
- 常用的 HTML 标签

本章向读者介绍 HTML 语言。HTML 是网页前台制作的基础，读者必须详细掌握它的文档结构、语法要求、常用标签、属性等。本章将以实际网页作为模仿目标，逐步讲解 HTML 标签，增加学习的针对性，提升读者的直观体验。

2.1 HTML 基础

2.1.1 HTML 文档结构

HTML 是一种用来制作超文本文档的简单标记语言。HTML 文档是纯文本文件，包含 HTML 标签和纯文本。例 2-1 是一个简单的 HTML 文档。

【例 2-1】 一个简单 HTML 文档的基本结构，如下所示：

```
01 <!DOCTYPE html>
02 <html>
03     <head>
04         <meta charset = "utf-8">
05         <title> hello world</title>
06     </head>
07     <body>
08         <h1>一级标题</h1>
09         <p> hello world</p>
10     </body>
11 </html>
```

<!DOCTYPE html>表示该文档是 HTML5 文档。HTML 文档以<html>标签开始，以</html>标签结束，其他所有的 HTML 代码都位于这两个标签之间。<head>和</head>之间的内容是文档的头部分。在文档的头部分可以使用一些标签描述页面文档的相关信息，例如<title>和</title>标签之间定义了网页的标题。本例中网页的标题为 hello world，在浏览器标题栏中显示的文本即为 hello world。<body>和</body>之间的内容是文档的

主体部分，描述了可见的页面内容。<h1>与</h1>标签之间的文本被显示为标题，而<p>与</p>之间的文本被显示为段落。我们使用 Notepad++软件，编辑上述 HTML 代码并保存，然后将文件的后缀修改为.htm 或者.html，就可以通过 Web 浏览器打开这个页面了，效果如图 2.1 所示。

从图 2.1 中可以看到，所有的 HTML 标签本身都没有在页面中显示出来，而包含于不同标签之间的文本内容在页面中则以不同的样式呈现出来。

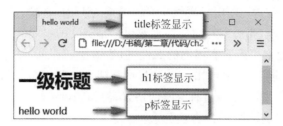

图 2.1　一个简单的 HTML 页面显示图

2.1.2　HTML 标签

1. HTML 标签的特点

超文本标记语言的标记标签通常被称为 HTML 标签。标签有如下特点。

（1）通常是用尖括号包围的关键字，例如段落标签<p>。

（2）通常是成对出现的，例如<p>和</p>。标签对中的第一个标签是开始标签，第二个标签是结束标签；结束标签比开始标签多一个斜杠。

（3）HTML 以关键字的方式设定好了标签，我们不能随意创造标签，这与 XML 不同。

常见的 HTML 标签有<html>、<head>、<body>、<title>、<h1>、<p>、<a>等，我们将在后面讲解其具体用法。

2. HTML 元素

可以把 HTML 文档理解为由若干个 HTML 元素定义的。一个 HTML 元素指从开始标签到结束标签的所有代码。例 2-1 中，元素<body>指"<body><h1>一级标题</h1><p>hello world</p></body>"，元素<p>指"<p>hello world</p>"。

HTML 元素可以嵌套，一个 HTML 元素可以在其内容部分包含其他的 HTML 元素，整个 HTML 文档就是由相互嵌套的 HTML 元素构成。编写 HTML 代码时需要注意以下两点。

（1）HTML 元素不能随意嵌套。例如不能将"title 元素"嵌套在"body 元素"中，也不能将"p 元素"嵌套于"head 元素"中。

（2）要正确地书写嵌套格式。嵌套的 HTML 元素一定要完全包含在被嵌套元素的开始标签和结束标签之间。我们在书写 HTML 代码时，先把一对标签写完，再填充标签之间的代码，可以减少这类错误的发生，如下所示：

错误的嵌套格式:<div><p>hello world</div></p>
正确的嵌套格式:<div><p>hello world</p></div>

3. HTML 元素的属性和值

HTML 元素可以拥有属性。属性提供了有关 HTML 元素的更多的一些信息。HTML 元素的属性以"属性名称＝"属性值""的形式书写,定义在 HTML 元素的开始标签内部。一个 HTML 元素可以有多个属性,多个属性之间使用"空格"分割,其形式如下:

超链接元素:< a href = "http://www.baidu.com" id = "baidu" >百度链接</a>

其中超链接元素< a >中的 href 属性定义了链接的 URL 地址,放在 a 的开始标签内部;另一个属性 id 的值为 baidu。书写时要注意双引号是英文的。

不同的 HTML 元素可能具有不同的属性,但是属性名称也不能随意命名,都是已经定义的关键字。例如不能出现 id2 = "baidu"这样的写法,id2 是不合法的属性名称。属性值一般为一个英文字符串。有些属性值有特殊的格式,例如 style＝"color:red",如果将 color 写为 color＝red,不会提示错误,但没有实际意义。表 2.1 列出了适用于大多数 HTML 元素的属性名称,这些属性的具体作用将在后续的章节为大家说明。

表 2.1　适用于大多数 HTML 元素的属性

属 性 名 称	属 性 描 述
class	定义 HTML 元素的类名
id	定义 HTML 元素的唯一 id
style	定义元素的行内样式
title	定义元素的额外信息(可在工具提示中显示)

4. 文档对象模型

文档对象模型(document object model,DOM)是 W3C(world wide web consortium,万维网联盟)组织推荐的处理可扩展置标语言的标准编程接口。它是一种与平台和语言无关的应用程序接口(application program interface,API),它可以动态地访问程序和脚本,更新其内容、结构和 WWW 文档的风格。图 2.2 中的 DOM 面板显示了例 2-1 代码所对应 DOM,

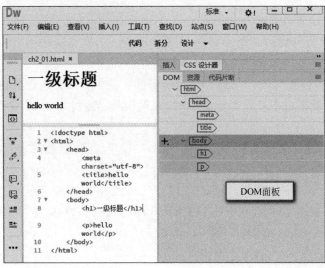

图 2.2　文档对象模型

可以看出 HTML 文档的标签形成了一个树状结构,我们查找< p >时,可以沿着 html→body→p 这样一条路径找到< p >。本章我们先建立一个感性的认识,后面会介绍 API 及其在 CSS(cascading style sheet,层叠样式表)中的作用。读者可以访问 https://www.w3school.com.cn/htmldom/index.asp,深入了解 DOM。

2.2 形成好的编码习惯

2.2.1 确定 HTML 文档的存放位置

编写代码时,我们要清晰地知道自己的代码存放的位置。使用集成开发环境时,教学中会经常遇到学生找不到自己编写好的代码的情况。为此我们建议先建立以学号命名的文件夹,确定位置;然后创建 HTML 文档并保存到指定位置,最后再编辑。举例如下。

(1) 在 D 盘创建文件夹 18330033。

(2) 使用 Notepad++创建新文档。

(3) 保存文档为 HTML 文件,并存到文件夹 18330033 中。

2.2.2 设置显示文件扩展名

搜索"如何显示文件扩展名",可以搜到 Windows 7 和 Windows 10 的不同步骤。Windows 7 是在组织→文件夹和搜索选项中设置,Windows 10 是在文件→选项中设置,最后均需单击图 2.3 中的"隐藏已知文件类型的扩展名",取消勾选该项即可。其效果如图 2.4 所示。

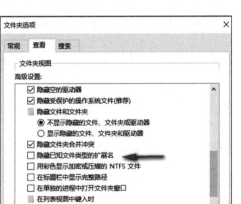

图 2.3 文件类型扩展名

图 2.4 文件类型扩展名的显示效果

2.2.3 规范书写 HTML 代码

书写 HTML 代码时，应做到以下几点。

（1）文件应以<!DOCTYPE…>首行顶格开始，告诉浏览器这是一个什么类型的文件。我们推荐使用<!DOCTYPE html>。

（2）必须在 head 元素内部的 meta 标签内声明文档的字符编码 charset，如<meta charset="utf-8">。

（3）按照从上到下、从左到右的视觉顺序书写 HTML 代码。建议书写完一对开始标签和结束标签后再填写具体内容，以免出现标签没有结束的情况。HTML 文档是纯文本的，没有编译器来协助检查语法错误，经常出现中英文字符错误的情况，如英文的冒号（:）与中文的冒号（：）肉眼很难区分，要求给予足够重视。使用 Notepad++、Dreamweaver CC 等合适的编辑工具会减少类似错误的发生。

（4）保持良好的树状结构：每一个块级元素都另起一行，每一行都用 tab 缩进对齐。如果不是块级元素，例如几个行内元素，我们把它写在一行即可。注意：html、head、body 以及 body 下的第 1 级标签（即直接子元素）可以不缩进，其他的都正常缩进。参考例 2-1 的代码格式。

搜索"规范书写代码 html"会查找到更多关于如何规范书写 HTML 代码的内容，这里不再赘述。

2.3 常用的 HTML 标签

本节介绍在网页设计中常用的 HTML 标签及标签的特有属性。我们按照模仿学习现有网页的思路展开学习内容，先明确其使用场景，再介绍相关语法。

打开网页 http://www.tjzhic.edu.cn/export/sites/tjzhic/zhxw/zhyw/news/1125.html，右击，在弹出的快捷菜单中选择"网页另存为"，将网页另存到本地，假设存到 D:\18330033\mubiao1 文件夹中。单击打开本地网页，会发现本地网页比实际网站的网页少了菜单栏，我们在后面再讲原因。按 F12 键，如图 2.5 所示，圆圈标识为"选取页面中的元素"按钮，单击它，开始相关标签的学习。

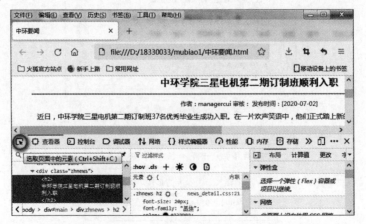

图 2.5 学习目标 1 的调试图

2.3.1 HTML 标题标签

单击"选取页面中的元素"按钮,然后将鼠标移动到该文章的标题"中环学院三星电机第二期订制班顺利入职"处,单击鼠标,在屏幕左下角的页面处会显示其对应的 HTML 代码:<h2>中环学院三星电机第二期订制班顺利入职</h2>。页面中的标题元素通常使用 HTML 标题标签进行定义。用户可以访问 https://www.w3school.com.cn/tags/tag_hn.asp 了解更多内容。

(1) HTML 的标题标签共有 6 个,分别为<h1>、<h2>、<h3>、<h4>、<h5>和<h6>,其中<h1>定义的是一级标题,<h2>定义的是二级标题,以此类推。

(2) 标题在默认状态下是块元素,一个标题从新的一行开始,在页面中至少占满一行,浏览器在显示完一个标题后会自动换到下一行。

(3) 标题标签的显示效果为粗体,左对齐。标题标签仅用于标题文本,不要为了产生粗体文本而使用它们,可用其他标签或 CSS 代替;最好不要用其他标签或 CSS 代替标题标签,因为网页搜索引擎使用标题为"您的网页的结构和内容"编制索引,用户可以通过标题来快速搜索到您的网页。

例 2-2 为 HTML 标题元素的应用示例,页面显示效果如图 2.6 所示。<h1>、<h2>、<h3>、<h4>、<h5>和<h6>的显示差别在于字体大小,<h1>最大,<h6>最小。这里<h7>是不存在的,字体并不比<h6>小,也没有加粗。

图 2.6 HTML 标题标签

【**例 2-2**】 HTML 标题的标签。

```
01  <!DOCTYPE html>
02  <html>
03      <head>
04          <meta charset = "utf-8">
05          <title>标题标签示例</title>
06      </head>
07      <body>
08          <h1>一级标题</h1>
09          <h2>二级标题</h2>
10          <h6>六级标题</h6>
11          <h7>七级标题</h7>
12      </body>
13  </html>
```

2.3.2　HTML 水平分隔线标签< hr >

单击"选取页面中的元素"按钮,然后将鼠标移动到该文章标题下的横线处单击,在屏幕左下角的页面处会显示其对应的 HTML 代码< hr >。< hr >标签可在网页中创建一条水平线。用户可以访问 https://www.w3school.com.cn/tags/tag_hr.asp 了解更多内容。

(1) HTML 水平分隔线标签属于单标记标签,写作< hr/>,写作< hr ></hr >也可以正常显示。

(2) 水平分隔线(horizontal rule)可以在视觉上将文档分隔成不同部分。

(3) 水平分隔线在默认状态下是块元素,左对齐,一个< hr >从新的一行开始,在页面中至少占满一行,浏览器在显示完一个<hr>后会自动换到下一行。默认情况下水平分隔线只占一行。可以在 CSS 中通过其 width 属性来设置其长短。

例 2-3 为 HTML 水平分隔线标签的应用示例,页面显示效果如图 2.7 所示。每个< hr/>标签显示为一条水平线,从左至右占满一行。

【例 2-3】　HTML 水平分隔线标签。

```
01 <!DOCTYPE html >
02 < html >
03     < head >
04         < meta charset = "utf - 8">
05         <title>标签 hr </title >
06     </head >
07     < body >
08         < h2>中环学院三星电机第二期订制班顺利入职</h2 >
09         < hr />
10         < h6>中环学院三星电机第二期订制班顺利入职</h6 >
11         < hr ></hr >
12     </body >
13 </html>
```

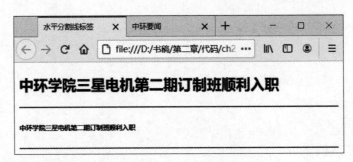

图 2.7　HTML 水平分隔线标签

2.3.3　HTML < span >标签

单击"选取页面中的元素"按钮,然后将鼠标放到文字"作者:managercui……"处单击,在屏幕左下角的页面处会显示其对应的 HTML 代码"< span >作者:managercui 审核:发布时间：[2020-07-02]</span>"。用户可以访问 https://www.w3school.com.cn/tags/tag_span.asp 了解更多内容。

（1）<span>标签用来组合文档中的行内元素，没有固定的格式表现。当对它应用样式时，它才会产生视觉上的变化。

（2）行内元素在默认状态下为左对齐显示。

例 2-4 为 HTML<span>标签的应用示例，页面显示效果如图 2.8 所示。为说明<span>标签的行内元素性质，代码中写了三个<span>标签，第一个<span>标签新起一行显示，是因为其上一个元素<hr />标签为块元素；接下来第二个、第三个<span>标签都与第一个<span>标签在同一行显示，这就是行内元素的显示效果。<span>标签没有对应中文语义，更多起到标识关注内容、完善 DOM 结构的作用，为 API 和 CSS 设置做准备。

【例 2-4】 HTML<span>标签。

```
01  <!DOCTYPE html>
02  <html>
03      <head>
04          <meta charset = "utf-8">
05          <title>span 标签</title>
06      </head>
07      <body>
08          <h2>中环学院三星电机第二期订制班顺利入职</h2>
09          <hr />
10          <span>作者:managercui 审核:发布时间:[2020-07-02]</span>
11          <span>作者:managercui 审核:</span>
12          <span>发布时间:[2020-07-02]</span>
13          <hr />
14      </body>
15  </html>
```

图 2.8　HTML<span>标签

2.3.4　HTML 段落标签<p>

单击"选取页面中的元素"按钮，然后将鼠标移动到文字"近日，中环学院三星电机……"处单击，在屏幕左下角的页面处会显示其对应的 HTML 代码：<p><span>近日，中环学院三星电机第二期订制班 37……</span></p>。用户可以访问 https://www.w3school.com.cn/tags/tag_p.asp 了解更多内容。

（1）<p>标签定义段落，与中文文章中的段落显示效果相同。

（2）段落在默认状态下是块元素，左对齐。一个段落也总是从新的一行开始，在页面中至少占满一行，浏览器在显示完一个段落后会自动换到下一行。

例 2-5 为 HTML 段落标签<p>的应用示例，页面显示效果如图 2.9 所示。为说明<p>标签的块元素性质，代码中写了 2 个<p>标签，每一个<p>标签都新起一行显示。这里段落标签<p>内嵌了<span>标签，我们可以把<span>标签去掉，也不影响显示效果。细心的读者会发现标签<h2>、<p>、<span>在浏览器中所占据的空白间距不同，这是由浏览器默认的元素 margin 属性值不同引起的。可以按 F12 键调试和观察，后面 CSS 的相关章节中会具体讲解。

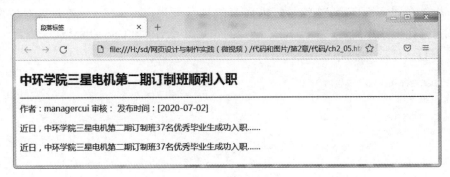

图 2.9　HTML 段落标签

【例 2-5】　HTML 段落标签<p>。

```
01 <!DOCTYPE html>
02 <html>
03    <head>
04        <meta charset = "utf - 8">
05        <title>段落标签</title>
06    </head>
07    <body>
08        <h2>中环学院三星电机第二期订制班顺利入职</h2>
09        <hr />
10        <span>作者:managercui 审核: 发布时间:[2020 - 07 - 02]</span>
11        <p><span>近日,中环学院三星电机第二期订制班 37 名优秀毕业生成功入职……
               </span></p>
12        <p><span>近日,中环学院三星电机第二期订制班 37 名优秀毕业生成功入职……
               </span></p>
13    </body>
14 </html>
```

2.3.5　元素 CSS 盒模型

元素 CSS 盒模型规定了处理元素内容（element）、内边距（padding）、边框（border）和外边距（margin）的方式。如图 2.10 所示，元素最里边的部分是实际的内容；直接包围内容的是内边距；内边距的边缘是边框（border）；边框以外是外边距。可以把一个 HTML 元素想象为一双放在透明鞋盒里的鞋，两个鞋盒之间的距离是 margin，鞋盒的厚度是 border，鞋子与鞋盒间的距离为 padding。margin、border、padding 的值可以为 0，也可以不为 0。在

Firefox 浏览器中打开例 2-5,按 F12 键,单击"选取页面中的元素"按钮,然后将鼠标移动到该文章的标题"中环学院三星电机第二期订制班顺利入职"处单击,在屏幕右下角布局标签页里会显示其对应的盒模型,如图 2.11 所示。我们发现< h2 >元素的 margin 值为上下各 19.92(左右值为 0),border 均为 0,padding 也均为 0。这就是< h2 >在浏览器中显示时与上下其他元素有间距的原因。同样,我们可以查看< p >元素盒模型的默认值,margin 值为上下各 16。通过比较,我们就能理解元素间距大小是由 margin 引起的。

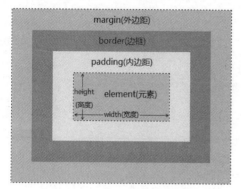

图 2.10　元素 CSS 盒模型

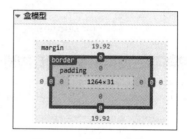

图 2.11　元素 h2 盒模型

2.3.6　HTML < div >标签

单击"选取页面中的元素"按钮,然后将鼠标移动到文字"近日,中环学院三星电机第二期订制班 37 名优秀毕业生成功……"下面的图片处单击,在屏幕左下角的页面处会显示其对应的 HTML 代码:< div class = "zhnewsimg">< img src = ". /…116528909. jpg" width = "500" height = "375"></div >。我们这里先讲解< div >标签,用户可以访问 https://www. w3school. com. cn/tags/tag_div. asp 了解更多内容。

(1)< div >可定义文档中的分区或节(division/section),用于网页布局。它可以用作严格的组织工具,并且不使用任何格式与其关联。

(2)div 元素在默认状态下是块元素,左对齐。浏览器通常会在 div 元素前后分别放置一个换行符。实际上,换行是< div >标签固有的唯一格式表现。

例 2-6 为 HTML< div >标签的应用示例,页面显示效果如图 2.12 所示。< div >对< p >的显示无影响,< div >< span >作者</span ></div >与< div >< span > managercui </span ></div >在第 2 行显示,行间距较小,可以通过查看< div >在 Firefox 浏览器中默认的盒模型来理解。

【例 2-6】　HTML < div >标签。

```
01 <!DOCTYPE html >
02 < html >
03     < head >
04         < meta charset = "utf - 8">
05         < title >div 标签</title >
06     </head >
07     < body >
```

```
08          < h2 >中环学院三星电机第二期订制班顺利入职</h2 >
09          < hr />
10          < span >作者:managercui 审核: 发布时间:[2020 - 07 - 02]</span >
11          < div >< p >< span >近日,中环学院三星电机第二期订制班 37 名优秀毕业生成功入
                              职……</span></p></div >
12          < div >< span >作者</span></div >
13          < div >< span > managercui </span></div >
14      </body >
15  </html >
```

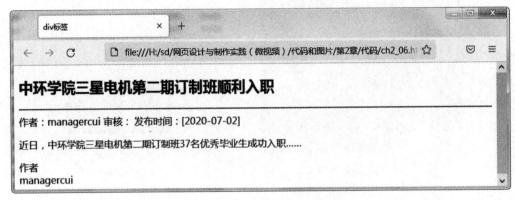

图 2.12　HTML < div > 标签

2.3.7　HTML 图像标签 < img >

1. 绝对路径与相对路径

图像可以使网页的内容更加丰富多彩,省去很多语言的描述,且更容易吸引用户。在调试时,我们可以看到在网页中插入一幅图像时使用< img >标签,它是空标签,只包含属性。要在页面上显示图像,必须使用源属性(src)。源属性的值是图像的 url 地址,格式如下:

< img src = "url" />

其中 url 是指图像所在的路径。路径可以写绝对路径,也可以写相对路径。

绝对路径是指目录下的绝对位置,可直接到达目标位置,通常是从盘符开始的路径。相对路径是指相对于当前文件的路径,网页中一般使用这个方法表示路径。相对路径使用以下几个符号,它们分别代表不同的意义。

- ./:代表当前文件所在的目录。
- ../:代表当前文件所在目录的上一层目录。"../../"代表当前文件所在目录的上一层目录的上一层目录,注意没有".../"这种写法。
- 以/开头:代表根目录。

图像文件的路径表示方式如图 2.13 所示。图像文件 box. png 绝对路径的访问方式为"d:/18330033/ch2_07/box. png"。

在文件 ch2_07. html 中访问图像文件 box. png 的相对路径访问方式为 box. png 或. /box. png,因为 ch2_07. html 与 box. png 在同一个文件夹里。其对应的 HTML 代码如例 2-7 所示。

图 2.13　图像文件的路径

【例 2-7】 使用绝对路径和相对路径引用图片示例片段。

```
08 < img src = "file:///d:/18330033/ch2_07/box.png" /> <!-- 绝对路径 -->
09 < img src = "box.png" /> <!-- 相对路径 -->
10 < img src = "./box.png" /> <!-- 相对路径 -->
```

需要特别提醒的是,网页中出现文件名时,要写全名字"box.png",不要写成"box"。

2．相对路径的典型形式

相对路径的典型形式如图 2.14 所示。

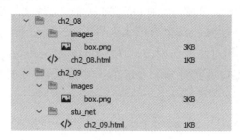

图 2.14　相对路径的典型形式示例

在图 2.14 中,文件夹 ch2_08 中有文件夹 images 和文件 ch2_08.html,文件夹 images 里有图像文件 box.png。此时在文件 ch2_08.html 中访问图像文件 box.png 的相对路径访问方式为./images/box.png 或 images/box.png,其对应的 HTML 代码如图 2-8 所示。

【例 2-8】 ch2_08.html 使用相对路径引用图片示例片段。

```
08 < img src = "./images/box.png" /> <!-- 相对路径 -->
```

还是在图 2.14 中,文件夹 ch2_09 中有文件夹 images 和文件夹 stu_net,文件夹 images 里有图像文件 box.png,文件夹 stu_net 中有文件 ch2_09.html。此时在文件 ch2_09.html 中访问图像文件 box.png 的相对路径访问方式为../images/box.png,其对应的 HTML 代码如例 2-9 所示。

【例 2-9】 ch2_09.html 使用相对路径引用图片示例片段。

```
08 < img src = "../images/box.png" /> <!-- 相对路径 -->
```

因为 ch2_09.html 在当前文件夹无法看到文件夹 images,需要使用"../"回到上一层目录 ch2_09,然后才能看到文件夹 images,接着进入下一层目录访问 box.png。可以在搜索引擎中查找"绝对路径与相对路径的区别"来加深理解。

3．图像标签< img >

标签< img >用于向网页中嵌入一幅图像。从技术上讲,< img >标签并不会在网页中插

入图像,而是从网页上链接图像。关于标签<img>,需要注意以下几点:

(1) 默认状态下是行内块元素,左对齐,不会在元素前后加换行符,可以设置宽度和高度。源属性 src 的值是图像的 url 地址。

(2) 宽度属性是 width,高度属性是 height。一般设置一个属性,另一个会按原图像等比调整。

(3) title 属性是大多数元素都具有的属性,用来定义元素的额外提示信息。

(4) 当图像无法显示的时候,通过 alt 属性定义的文字将作为替代信息显示出来。在浏览网页时,有可能会出现图片无法显示的情况,如图像地址错误、图片被删除等,此时图像右上角会显示叉号,同时会显示出我们预先定义好的替代信息,以文字的形式让用户知道这幅图像要表达的信息。用户可以访问 https://www.w3school.com.cn/tags/tag_img.asp 了解更多内容。

(5) 注意<img src="url" />的结束标识"/>"与属性值间有空格,也可以写为<img src="url"></img>。所有的属性值均使用英文的双引号。

例 2-10 的文件组织结构与图 2.14 中 ch2_08 类似,文件夹 ch2_10 中有文件夹 images 和文件 ch2_10.html,文件夹 images 里有图像文件 box.png。此时在文件 ch2_10.html 中访问图像文件 box.png 的相对路径访问方式为./images/box.png。单击 box.png,右击选择属性,在"详细信息"标签中可查看 box.png 的尺寸信息,其宽度为 213 像素,见图 2.15。

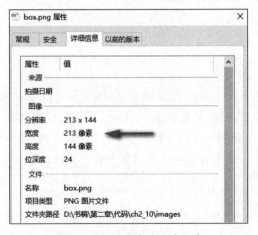

图 2.15　box 图像的尺寸信息

例 2-10 要使用 Firefox 浏览器打开,显示效果如图 2.16 所示。代码第 8 行使用相对路径引入 Firefox 浏览器中<div>标签默认的盒模型 box.png。第 10 行设置 box.png 宽度,缩小显示,可以看出第 2 幅图像没有换行显示,底部对齐,这表明<img>标签是行内块元素;同时给出了 title 属性,当鼠标移动到图像上时,会显示"盒模型"。第 11 行设置 alt 属性,因 src 路径错误,所以会出现图中的提示;有的浏览器还会给出一个带"⊠"号的图标。

【例 2-10】　HTML 图像标签<img>。

```
01 <!DOCTYPE html>
02 <html>
03     <head>
04         <meta charset = "utf-8">
```

```
05        <title>img 标签</title>
06      </head>
07      <body>
08        <img src = "./images/box.png" />              <!-- 相对路径 -->
09        <!-- 设置宽度,缩小显示;title 属性 -->
10        <img src = "./images/box.png" width = "100px" title = "盒模型" />
11        <img src = "box.png" alt = "此处为 box.png" /><!-- 演示 alt 属性,src 路径
    错 -->
12      </body>
13   </html>
```

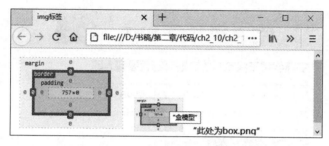

图 2.16   HTML 图像标签

4. 模仿添加目标 1 的图像

（1）建立文件组织结构。建立如图 2.17 所示的文件组织结构,文件 ch2_11.html 与文件夹 images 在文件夹 ch2_11 中。使用 Firefox 浏览器打开目标中网页"中环新闻.html",单击选中顶部图像,右击选择"图像另存为",把图片另存到"D:\18330033\ch2_11\images"中,命名为 news_logo.jpg。依次另存 2 幅图像,分别命名为 hezhao.jpg 和 guli.jpg。

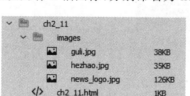

图 2.17   例 2-11 的文件组织结构图

（2）编写 ch2_11.html,代码如例 2-11 所示,在相应位置引入图像。第 8、13、15 行引入了图像。为了方便截图,我们设置了图像宽度,缩减了段落里的文字。要注意图像的引入位置,一般情况下网页是按照 HTML 代码从上到下的顺序显示的,可以调试网页"中环新闻.html",参考相应元素的位置。运行截图见图 2.18。

【例 2-11】   模仿添加目标 1 图像。

```
01   <!DOCTYPE html>
02   <html>
03      <head>
04        <meta charset = "utf - 8">
05        <title>img 标签</title>
06      </head>
07      <body>
```

```
08        <div><img src = "./images/news_logo.jpg" width = "500px" /></div>
09        <h2>中环学院三星电机第二期订制班顺利入职</h2>
10        <hr />
11        <span>作者:managercui 审核:发布时间:[2020 - 07 - 02]</span>
12        <p><span>近日,中环学院三星电机第二期订制班 37 名优秀毕业生 ……</span></p>
13        <div><img src = "./images/hezhao.jpg" width = "200px" /></div>
14        <p><span>自中环学院与三星电机有限公司开展校企合作以来 ……</span></p>
15        <div><img src = "./images/guli.jpg" width = "200px" /></div>
16    </body>
17 </html>
```

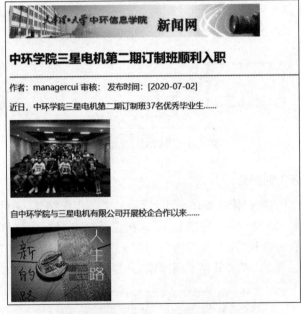

图 2.18　模仿添加目标 1 图像的运行截图

5. 使用 Dreamweaver CC 引入图像

1）插入图像

复制文件夹 ch2_11 到 D:\18330033,重命名为 ch2_11_bak,即重命名 ch2_11.html 为 ch2_11_bak.html。

（1）打开 Dreamweaver CC。

（2）参见图 2.19,在菜单栏中选择"文件"→"打开"菜单项(或者使用快捷键 Ctrl+O), 打开 D:\18330033\ch2_11_bak\ch2_11_bak.html。

（3）单击圆圈处"拆分"。

（4）单击代码区,光标放在第 8 行末尾。也可以在设计区选择第一幅图像"新闻网"。

（5）插入图像。在插入面板中单击 Image,此时注意图 2.20 的 2 个椭圆位置。第一个圆圈 选择文件的位置是 D:\18330033\ch2_11_bak\images\news_logo.jpg,因为 Dreamweaver CC 有记 忆性,会记下上次的操作。第二个圆圈选"相对于:文档",然后单击"确定"按钮。

（6）此时观察代码区,第 8 行下多了一行代码。在设计区选中新加入的图像,代码区的 第 9 行会自动加阴影,提示彼此一一对应。

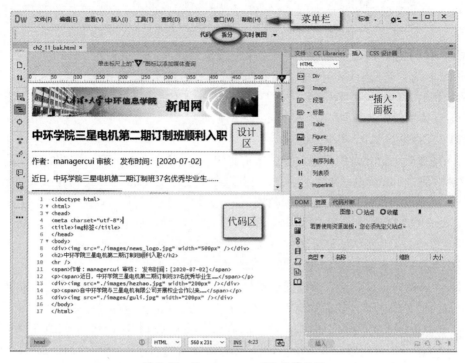

图 2.19　Dreamweaver CC 的界面图

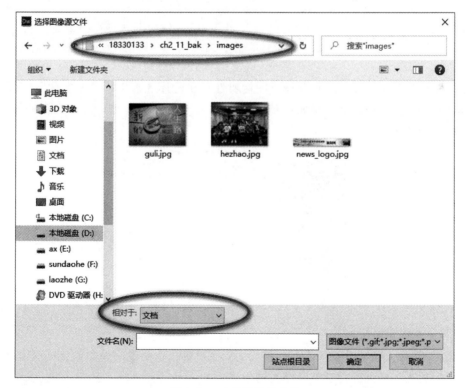

图 2.20　选择图像源文件

```
08        <div><img src = "./images/news_logo.jpg" width = "500px" /></div>
09        <img src = "images/news_logo.jpg" width = "1000" height = "125" alt = ""/>
```

至此,我们使用 Dreamweaver CC 完成了图像的插入。这里使用 Dreamweaver CC 来添加图像,是为了降低给<img>标签属性 src 赋值时的难度,避免书写错误。观察第 8、9 行代码的区别后,将第 8 行代码删除。在 Dreamweaver CC 中还有两种方法可以插入图像。

(1) 在菜单栏中选择"插入"→Image 菜单项。

(2) 使用 Ctrl+Alt+I 组合键。

引入图像时关键要做好图像位置的事前组织,可以参考图 1.7 网站文件的组织结构,把图像文件提前放到 images 目录下。此外,引入图像前还要清楚地知道图像文件的存储位置、作用、尺寸设计以及页面中的放置位置。

2) 设置图像属性

页面中插入图片后,需要对图像的常用属性进行设置或者修改。打开 ch2_11_bak.html 文件,在 Dreamweaver CC 中,设置图像属性有两种办法。

(1) 在属性面板设置或者修改图像属性。在菜单栏中选择"窗口"→"属性"菜单项(或者使用快捷键 Ctrl+F3),在设计区选中第一幅图像"新闻网",即可看到如图 2.21 所示的属性面板,在面板即可修改相应属性,修改后的值在代码区会有相应的变化。"宽"一栏对应属性 width,"高"一栏对应属性 height,"替换"一栏对应属性 alt,"标题"一栏对应属性 title。

图 2.21   图像属性面板

(2) 在属性悬浮窗口设置或者修改图像属性。在设计区选中第二幅图像"新闻网",单击图 2.22 中椭圆圈位置,会调出属性悬浮窗口,在此即可修改相应属性,修改后的值在代码区会有相应的变化。

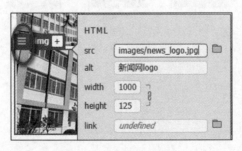

图 2.22   图像属性悬窗

6. 图像基础知识补充

广义上讲,被人的视觉系统(人眼)接收的信息就可以认为是一幅图像,也就是自然景物反射或透射的光线经人的视觉系统在大脑中形成的一种认知过程。狭义上讲,图像是指利用相机、摄像机拍摄的照片、风景画等人工采集获取后可以进行加工处理的光学或数字图像。图像的种类颇多,按照图像的光谱特性来区分,可以分为彩色图像和灰度图;按照图像是否随时间而变化来区分,可以分为活动图像和静止图像;按照计算机表示图像的方法来区分,可以分为矢量图和点位图。

1)图像的色彩模式

(1)RGB模式。

实验证明,自然界中几乎任何一种颜色都可以用红、绿、蓝(R、G、B)这三种颜色波长的不同强度组合而得到,这就是三基色或三原色的叠加原理。在计算机系统的图像处理中,红、绿、蓝三原色的取值范围是0~255,把这3种原色按各种比例进行调和,就可以产生256×256×256种颜色,能模拟自然界中的各种颜色,达到很好的效果。

(2)CMYK模式。

CMYK模式是一种印刷业常用的打印分色模式。实验证明,自然界中几乎任何一种颜色都可以使用青(cyan)、品红(magenta)、黄(yellow)三种基本颜料按一定比例混合而得到。这三种颜料的颜色是RGB三原色的互补色,在印刷中常常还会加入一种黑色颜料(black),因此称为CMYK模式。通常人们在RGB模式下进行图像编辑,只是在印刷时才将图像的颜色模式转换为CMYK模式。

(3)HSB模型。

颜色都具有色调(hue)、饱和度(saturation)和明度(brightness)三个特性,基于这三个特性来描述颜色的模型称为HSB模型。

读者可以访问https://www.jianshu.com/p/9ac012778975来了解更多的知识。在Photoshop中打开文件图2.22,选择"吸管工具",选中图像中某一点,再选取"拾色器",就可以看到该点的RGB、HSB、CMYK值,如图2.23所示。可以搜索"如何在PS中查看RGB值"来了解更多的知识,学习使用Photoshop查看RGB值的过程。

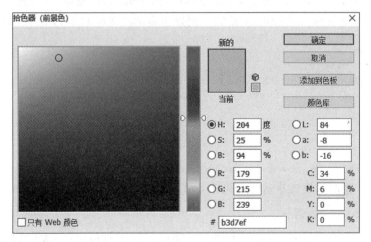

图2.23　Photoshop拾色器

2)图像的文件格式

JPEG、GIF、PNG是HTML支持的三种主要的图像格式。

(1)JPEG。JPEG格式具有很高的压缩比,压缩程度可以达到180∶1,是一种有损压缩格式。其优点是从用户浏览的角度讲图像质量受到损失不大,方便了网上传输和用磁盘交换文件;缺点是它对图像会产生不可恢复的损失,备份重要图像时不宜采用JPEG格式。

（2）GIF。GIF 格式称为图形交换格式，是一种索引颜色格式。其特点是在颜色数很少的情况下，产生的文件极小，而且它能以动态的面目出现，在网络带宽受限的情况下也能便于网上传输；缺点是最多只能支持 256 种颜色。

（3）PNG。PNG 称为可移植网络图形，它的压缩比要大大超过传统的图像无损压缩算法，是一种针对 Web 开发的无损压缩图像。PNG 能支持透明背景。可以搜索"用 PS 如何制作 PNG 透明背景图片"了解更多知识。

例 2-12 的文件组织结构与 ch2_11 相同，演示了使用 loading.gif 图像显示动态加载的过程。

【例 2-12】 使用 GIF 图像。

```
01 <!DOCTYPE html>
02 <html>
03     <head>
04         <meta charset = "utf - 8">
05         <title>img 标签</title>
06     </head>
07     <body>
08         <div><img src = "./images/loading.gif" /></div>
09     </body>
10 </html>
```

2.3.8　HTML 列表标签

修改"D:\18330033\mubiao1\中环要闻_files"目录中的 nav.css 文件，注释掉 #mynav li a 选择器中"color: #fff"这行，然后保存。使用 Firefox 浏览器打开"D:\18330033\mubiao1\中环要闻.html"，按 F12 键调试网页，单击"选取页面中的元素"按钮，然后将鼠标放到网页菜单栏"首页"处，按下鼠标，在屏幕左下角的页面处会显示其对应的 HTML 代码片段：

```
<div id = "nav">
    <ul id = "mynav">
    <li style = "z - index: 904;"><a href = "http://www.tjzhic.edu.cn/export/
        sites/tjzhic/zhxw/xysy/" style = "width: 111px;">首页</a></li>
    ……
    </ul>
</div>
```

用户可以访问 https://www.w3school.com.cn/html/html_lists.asp 了解更多关于列表标签的内容。我们这里先讲解无序列表<ul>标签。

1. 无序列表<ul>标签

无序列表是一个项目列表，每一个列表项使用圆点进行标记。"无序"是指各个列表项之间并无顺序关系，只是利用条列式方法呈现资料而已。我们使用<ul>标签表示无序列表，使用<li>标签嵌套在<ul>标签中表示一个列表项，其基本格式是：

```
<ul>
    <li>首页</li>
    ⋮
    <li>…</li>
</ul>
```

其中,各标签含义如下。

(1) <li>标签定义列表项目。<li>标签可用在有序列表<ol>和无序列表<ul>中。

(2) <ul>是无序列表标签。

(3) <ul>、<li>默认状态下是块元素,左对齐。

<ul>标签具有 type 属性,可以设定列表项前的项目符号样式。type 属性值可以取值为 disc(实心圆点)、square(正方形)和 circle(空心圆)。如果没有设定 type 属性,默认取值为 disc。

例 2-13 展示了一个无序列表,页面效果如图 2.24 所示。

【例 2-13】 无序列表示例。

```
01  <!DOCTYPE html>
02  <html>
03      <head>
04          <meta charset = "utf-8">
05          <title>ul 标签</title>
06      </head>
07      <body>
08          <ul>
09              <li>计算机科学与技术</li>
10              <li>软件工程</li>
11              <li>网络安全</li>
12          </ul>
13      </body>
14  </html>
```

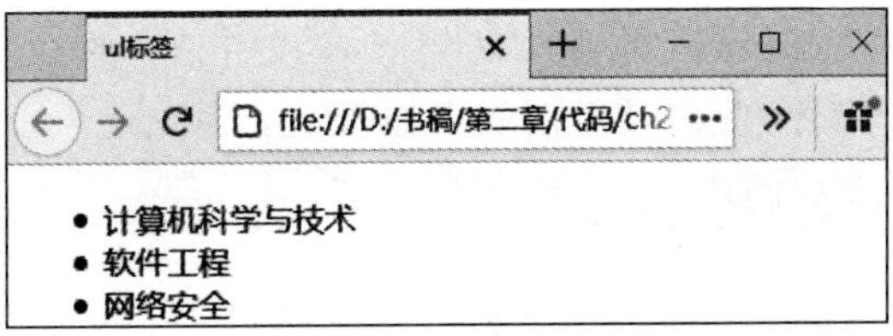

图 2.24 HTML 无序列表标签

例 2-14 展示了一个其他符号样式的无序列表,其页面效果如图 2.25 所示。

【例 2-14】 其他符号样式的无序列表。

```
01  <!DOCTYPE html>
02  <html>
03      <head>
04          <meta charset = "utf-8">
05          <title>ul 标签</title>
06      </head>
07      <body>
08          <ul type = "square">
09              <li>计算机科学与技术</li>
10              <li>软件工程</li>
11              <li>网络安全</li>
12          </ul>
```

```
13      </body>
14  </html>
```

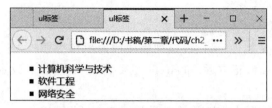

图 2.25　正方形样式无序列表显示

可以使用 Dreamweaver CC 实现无序列表，方法为：选择"插入"→"无序列表"菜单项，插入< ul >，然后多次选择"插入"→"列表项"菜单项插入< li >，这里不再赘述。

2. 有序列表

有序列表也是一个项目列表，它使用可以表示顺序的数字、字母等标记每一个项目，体现出项目的有序性。有序列表使用< ol >标签表示，列表项目使用< li >标签。< ol >标签也有 type 属性，属性的取值如下。

- 1：表示项目以 1、2、3…标记。
- a：表示项目以 a、b、c…标记。
- A：表示项目以 A、B、C…标记。
- i：表示项目以 i、ii、iii…标记。
- I：表示项目以 I、Ⅱ、Ⅲ…标记。

此外< ol >标签还有一个 start 属性，用来设定序列的起始数值。属性 type 有相应的 CSS 替换方法（设置 list-style-type 的值），属性 start 没有相应的 CSS 替换方法。

例 2-15 展示了一个有序列表，其页面效果如图 2.26 所示。

【例 2-15】　有序列表示例。

```
01  <! DOCTYPE html >
02  < html >
03      < head >
04          < meta charset = "utf - 8">
05          < title >ol 标签</title>
06      </head>
07  < body >
08      < ol type = "1" start = "1">
09          <li >JPEG </li>
10          <li > GIF </li>
11          <li > PNG </li>
12      </ol>
13  </body>
14  </html>
```

3. 定义列表

定义列表使用< dl >标签，并结合< dt >标签（定义列表中的项目）和< dd >标签（描述列表中的项目）实现对一个列表的描述。例 2-16 展示了一个定义列表，页面效果如图 2.27 所

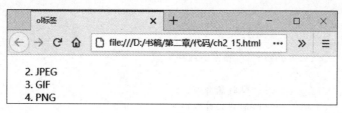

图 2.26 有序列表

示，定义列表侧重语义作用表达。

【例 2-16】 定义列表示例。

```
01 <!DOCTYPE html>
02 <html>
03     <head>
04         <meta charset="utf-8">
05         <title>dl 标签</title>
06     </head>
07     <body>
08         <dl>
09             <dt>太阳</dt>
10             <dd>一颗恒星</dd>
11             <dt>地球</dt>
12             <dd>一颗太阳的行星</dd>
13         </dl>
14     </body>
15 </html>
```

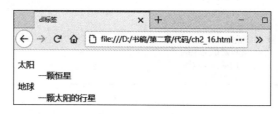

图 2.27 定义列表

4．列表嵌套

列表之间可以相互嵌套，列表项可以是另外一个列表。在二级菜单中会使用列表嵌套，可以访问 http://www.tjzhic.edu.cn/export/sites/tjzhic/ 的菜单栏，来观察具体使用情况，这里给出一个简化示例。例 2-17 展示了一个嵌套列表，页面效果如图 2.28 所示。在 Dreamweaver CC 中，使用属性面板的"缩进"功能也可以方便地创建嵌套列表。

【例 2-17】 列表嵌套示例。

```
01 <!DOCTYPE html>
02 <html>
03     <head>
04         <meta charset="utf-8">
05         <title>嵌套列表</title>
```

```
06      </head>
07      <body>
08          <ul>
09              <li><span>学院概况</span>
10                  <ul>
11                      <li>学院简介</li>
12                      <li>信息公开</li>
13                      <li>校园风光</li>
14                  </ul>
15              </li>
16              <li>学院新闻</li>
17              <li><span>系部设置</span>
18                  <ul>
19                      <li>计算机工程系</li>
20                      <li>自动化工程系</li>
21                      <li>基础课部</li>
22                  </ul>
23              </li>
24          </ul>
25      </body>
26 </html>
```

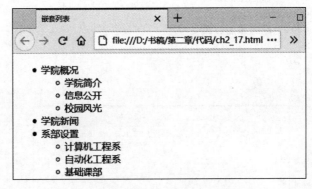

图 2.28　嵌套列表

5. 模仿制作目标 1 的菜单列表项

（1）建立文件组织结构。建立如图 2.29 所示的文件组织结构。复制文件夹 ch2_11，重命名为 ch2_18，重命名文件 ch2_11.html 为 ch2_18.html。

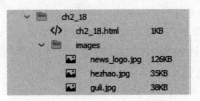

图 2.29　例 2-18 的文件组织结构图

（2）编写 ch2_18.html。代码如例 2-18 所示，引入<ul>标签，参考"中环新闻.html"中相应元素的位置，放在第一幅图像下方，代码为第 9～21 行。部分运行截图见图 2.30，菜单竖着显示,我们将在 CSS 中想办法去调整。

【例 2-18】 模仿制作目标 1 的菜单列表项。

```
01  <!DOCTYPE html >
02  < html >
03    < head >
04      < meta charset = "utf - 8">
05      < title >仿制 mubiao1 菜单</title >
06    </head >
07    < body >
08      < div >< img src = "./images/news_logo.jpg" width = "500px" /></div >
09      < div >
10        < ul >
11          < li >首页</li >
12          < li >中环要闻</li >
13          < li >新闻动态</li >
14          < li >教学科研</li >
15          < li >专题人物</li >
16          < li >招生就业</li >
17          < li >杨柳菁菁</li >
18          < li >学院报刊</li >
19          < li >光影中环</li >
20        </ul >
21      </div >
22      < h2 >中环学院三星电机第二期订制班顺利入职</h2 >
23      < hr />
24      < span >作者:managercui 审核: 发布时间:[2020 - 07 - 02]</span >
25      < p >< span >近日,中环学院三星电机第二期订制班 37 名优秀毕业生……
          </span ></p >
26      < div >< img src = "./images/hezhao.jpg" width = "200px" /></div >
27      < p >< span >自中环学院与三星电机有限公司开展校企合作以来……</span ></p >
28      < div >< img src = "./images/guli.jpg" width = "200px" /></div >
29    </body >
30  </html >
```

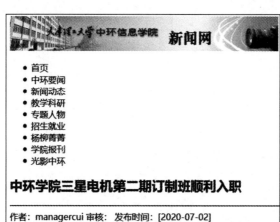

图 2.30 模仿制作目标 1 的菜单列表项

2.3.9　HTML 超链接标签< a >

超链接是超级链接的简称。超链接在本质上属于一个网页的一部分,它是指从一个网页指向一个目标的连接关系,这个目标可以是另一个网页,也可以是相同网页上的不同位置,还可以是一幅图片,一个电子邮件地址,一个文件,甚至是一个应用程序。而在一个网页中用来做超链接的对象,可以是一段文本或者是一幅图片。当浏览者单击已经链接的文字或图片后,链接目标将显示在浏览器上,并且根据目标的类型来打开或运行。因特网中各种资源被链接在一起后,才能真正构成一个网站。D:\18330033\mubiao1\中环要闻.html 网页的菜单就使用了文字链接,另外搜狐、新浪等网站首页也使用了超链接。

1. 简单的文字链接

简单的文字链接就是为文本加上超链接,以达到网页跳转的目的。文字链接的基本格式如下:

< a href = "链接目标">显示在网页中文字链接</a>

其中 href 属性值为要链接的目标地址。根据目标的不同,它可以是网页地址、图片的地址、一个文件的地址等。href 的值也涉及相对路径与绝对路径引用,需要多注意书写。

(1) 网页中能看到< a >标签之间的内容,链接目标 href 的属性值是隐藏的。

(2) 行内元素默认左对齐显示。浏览器中超链接的默认外观是:未被访问的链接带有下画线而且是蓝色的,已被访问的链接带有下画线而且是紫色的。

例 2-19 为文字超链接的示例。显示效果如图 2.31 所示,在链接的文本下面有一条下画线,两个文字超链接在同一行显示。当鼠标指针移动到超链接文本上时,鼠标指针的形状就会变成手形,同时浏览器左下角会出现超链接的 href 值。单击链接文本"百度",网页就会跳转到百度首页。需要注意 href="https://www.baidu.com"的协议是 https,另一个链接的协议是 http。

【例 2-19】 文字超链接。

```
01 <!DOCTYPE html >
02 < html >
03     < head >
04         < meta charset = "utf - 8">
05         <title>文字超链接</title>
06     </head>
07 < body >
08     < a href = "https://www.baidu.com">百度</a>
09     < a href = "http://www.tjzhic.edu.cn">天津理工大学中环信息学院</a>
10 </body>
11 </html>
```

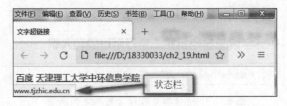

图 2.31　文字超链接

2．target 属性

target 属性定义了网页在浏览器中的打开方式,即被链接的文档在何处显示。属性的取值可以是_blank、_self、_parent 或者_top,这些取值分别代表的含义如下所示。

- _blank：在新浏览器窗口中打开网页。
- _self：默认属性值。在当前窗口或者同一框架中打开网页。
- _parent：在父框架中打开。
- _top：在当前的整个浏览器窗口中打开链接的页面。

例 2-19 中,target 属性值没有设定,其值默认为_self。单击"百度"时,会在当前窗口打开,当前页面不再显示。按"转到上一页键<-"会回显原来的窗口内容。例 2-20 中,target＝"_blank",则会在新浏览器窗口中打开网页。

【例 2-20】　在新窗口打开链接网页。

```
01  <!DOCTYPE html>
02  <html>
03      <head>
04          <meta charset = "utf-8">
05          <title>新窗口打开链接网页</title>
06      </head>
07      <body>
08          <a href = "https://www.baidu.com" target = "_blank">百度</a>
09          <a href = "http://www.tjzhic.edu.cn">天津理工大学中环信息学院</a>
10      </body>
11  </html>
```

3．锚点链接

锚点链接也叫书签链接,经常用于那些内容庞大烦琐的网页内部索引,通过单击命名锚点,便于浏览者查看网页内容。例如一个网页中展示了一篇很长的文章,分为若干章节,需要我们不断地下拉页面的滚动条进行阅读,不方便查找章节。我们可以创建直接跳转到页面某个章节的链接,将这些指向章节的链接放在页面顶部,这样阅读者就不用不停地滚动页面来寻找他们需要阅读的章节。百度百科中经常使用锚点链接来方便读者阅读,可以访问 https://baike.baidu.com/item/opencms♯2 来查看应用场景,这里的"♯2"就是锚点链接的效果。锚点链接的特点是浏览器地址栏的 url 只会改变"♯"的部分。

创建锚点链接的过程分为两步。

(1) 第一步要创建一个命名锚点,需要用到超链接标签的 name 属性,格式如下：

`<a name = "锚点名称"></a>`

(2) 定义了锚点后,第二步要创建一个超链接,将其链接到命名锚点的所在位置,超链接的 href 属性值为"♯锚点名称"。

例 2-21 中,我们通过锚点链接制作了专业介绍的网页内部索引。第 8、9 行是索引目录,其中第 9 行<a>标签的 href＝"♯rj"的属性引用值 rj 是在第 12 行的<a name＝"rj"></a>中定义的。从图 2.32 中可以看到,单击"软件工程"文字超链接之后,页面就定位到"rj"这个锚点位置了。注意在例 2-21 中,要使得效果明显,先要缩小浏览器窗口,再单击超链接,就会发现浏览器右侧的游标会移到窗口下方,且页面切换到了"软件工程"标题处。

【例 2-21】 锚点链接示例。

```
01  <!DOCTYPE html>
02  <html>
03      <head>
04          <meta charset = "utf - 8">
05          <title>锚点链接示例</title>
06      </head>
07      <body>
08          <p><a href = "#jk">计算机科学与技术</a></p>
09          <p><a href = "#rj">软件工程</a></p>
10          <h3><a name = "jk"></a>计算机科学与技术</h3>
11          <p>本专业培养适应社会经济发展需要,德智体美劳全面发展,掌握基本理论、基本知
识、基本技能和方法,具有较强实践能力、创新精神,能在行业工作现场从事技术应用、技术服务和技
术管理的高素质应用型专门人才.培养学生系统学习软硬件相结合的计算机基础理论和专业知识;
加强工程实践能力训练;掌握计算机硬件和软件设计、研究、开发及综合应用的专业技能;毕业生能
够在企事业单位、科研院所、计算机信息产业、党政机关、高等院校等从事计算机软硬件维护、移动平
台软件设计、嵌入式开发和科学研究等工作.</p>
12          <h3><a name = "rj"></a>软件工程</h3>
13          <p>本专业培养适应社会经济发展需要,德智体美劳全面发展,掌握基本理论、基本知
识、基本技能和方法,具有较强实践能力、创新精神,能在行业工作现场从事技术应用、技术服务和技
术管理的高素质应用型专门人才.培养学生系统学习计算机软件工程的基础理论和专业知识;强化
工程实践能力训练;掌握计算机软件设计基本方法、软件设计新技术等方面的专业技能;毕业生能够
在计算机信息产业、政府部门、企事业单位从事网站建设与维护工作,手机软件设计与开发工作,计
算机软件的设计开发、应用研究及运行管理和技术支持服务工作等.</p>
14      </body>
15  </html>
```

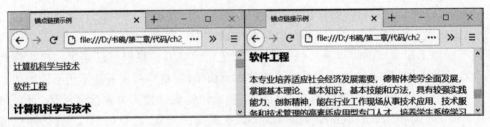

图 2.32 锚点链接

4. 邮箱地址链接

邮箱地址链接表示给链接的邮箱发送邮件,单击邮件链接就可以打开系统已经安装的
邮件应用程序,例如 Outlook,并且可以设置自动生成收件人地址,当用户写完邮件内容之
后,就可以直接发送邮件了。不过随着 Web 邮箱的兴起,直接公布邮箱也是一种选择,且不
用配置应用程序。邮箱地址链在链接的 href 属性中加入 mailto,然后加上冒号,后面直接
接上邮箱地址即可。例 2-22 定义了一个邮箱地址链接,图 2.33 演示了单击链接的效果。

【例 2-22】 邮箱地址链接。

```
01  <html>
02      <head>
```

```
03          <meta charset = "utf – 8">
04          <title>邮箱地址链接示例</title>
05      </head>
06      <body>
07          <a href = "mailto:58700865@qq.com">联系邮箱:58700865@qq.com</a>
08      </body>
09 </html>
```

图 2.33　邮箱地址链接

5.图像超链接

图像超链接是指对图像设置超链接。文字链接是在<a></a>标签对里插入文字,同样的道理,图像超链接就是在<a></a>标签对里嵌套图像元素。单击图像起到链接的效果,链接的目标地址也是通过<a>标签中的 href 属性定义的。例 2-23 为图像设置了超链接,其文件组织结构与图 2.14 中的 ch2_08 相似,运行效果如图 2.34 所示。单击图像以后,页面就跳转到了天津理工大学中环信息学院首页。

【例 2-23】　图像链接示例。

```
01 <!DOCTYPE html>
02 <html>
03     <head>
04         <meta charset = "utf – 8">
05         <title>图像链接示例</title>
06     </head>
07     <body>
08         <a href = "http://www.tjzhic.edu.cn/" target = "_blank"><img src = "./images/
    xiaohui.png"width = "100px" /></a>
09     </body>
10 </html>
```

图 2.34　图像超链接

6. 站内网页链接

站内网页链接的创建步骤如下所示。

（1）建立文件组织结构。建立如图 2.35 所示的文件组织结构。建立文件夹 ch2_24，复制文件夹 ch2_08、ch2_04.html、ch2_05.html、ch2_06.html。重命名 ch2_04.html 为 ch2_04_24.html，其他网页文件采用相同的办法重命名，方便与原来的文件加以区分。

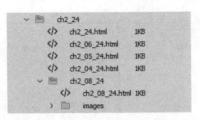

图 2.35　例 2-24 的文件组织结构图

（2）编写 ch2_24.html。例 2-24 中代码第 8～11 行完成了目录 ch2_24 下网页文件的组织链接工作，这里使用了相对路径。在实际网站开发中更多的是站内网页的链接，多采用相对路径方式，便于网站的迁移。其运行效果如图 2.36 所示。

【例 2-24】　站内网页链接示例。

```
01 <!DOCTYPE html>
02 <html>
03     <head>
04         <meta charset = "utf-8">
05         <title>站内网页链接</title>
06     </head>
07     <body>
08             <a href = "ch2_04_24.html" target = "_blank">示例 04 </a>
09         <a href = "ch2_05_24.html">示例 05 </a>
10         <a href = "ch2_06_24.html">示例 06 </a>
11         <a href = "ch2_08_24/ch2_08_24.html">示例 08 </a>
12     </body>
13 </html>
```

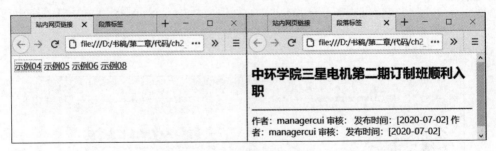

图 2.36　站内网页链接

7. 使用 Dreamweaver CC 建立站内网页链接

复制文件夹 ch2_24 到 D:\18330033，重命名为 ch2_24_bak，重命名 ch2_24.html 为 ch2_24_bak.html。使用 Dreamweaver CC 建立站内网页链接的步骤如下。

（1）打开 Dreamweaver CC。

（2）打开 D:\18330033\ch2_24_bak\ch2_24_bak.html，参见图2.37。

（3）在图2.37中，单击"拆分"，上面为设计区，下面为代码区。

（4）单击代码区，光标放在第11行末尾。

（5）插入超链接。在插入面板中单击 Hyperlink，在 Hyperlink 面板中"文本"处填入文字"示例08重复"，在"链接"处单击文件夹去找相应的网页文件。此时注意图2.38的两个椭圆位置，第一个选择文件 D:\18330033\ch2_24_bak\ch2_08_24\ch2_08_24.html，第二个选"文档"，然后单击"确定"按钮。

（6）此时观察代码区，第11行下多了第12行代码，至此完成了超链接的插入。

```
11   < a href = "ch2_08_24/ch2_08_24.html">示例08 </a>
12   < a href = "ch2_08_24/ch2_08_24.html" target = "_blank">示例08 重复</a>
```

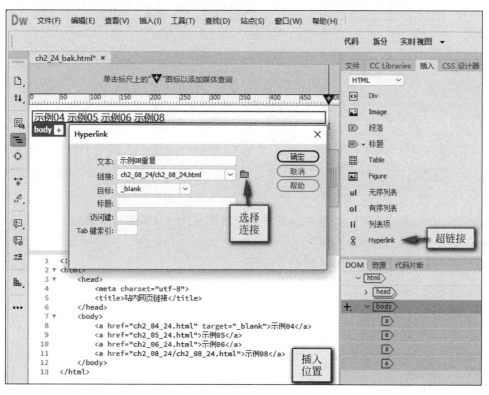

图2.37　Dreamweaver CC 制作站内网页链接

8．模仿制作目标1的菜单超链接

模仿制作目标1的菜单超链接的步骤如下。

（1）建立文件组织结构。建立如图2.39所示的文件组织结构。复制文件夹 ch2_18，重命名为 ch2_25，重命名文件 ch2_18.html 为 ch2_25.html。

（2）编写 ch2_25.html，引入< a >标签。代码如例2-25所示，参考网页"中环新闻.html"中相应元素的位置及 href 值，对第11行代码< li >首页</li >进行修改如下：

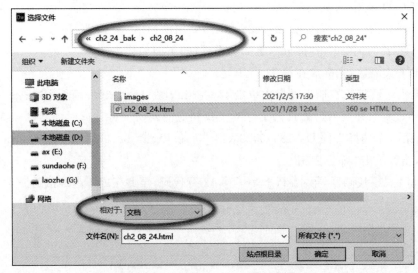

图 2.38　Dreamweaver CC 选择链接

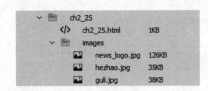

图 2.39　例 2-25 的文件组织结构图

<li><a href = "http://www.tjzhic.edu.cn/export/sites/tjzhic/">首页</a></li>

其中<li>标签嵌套了<a>标签。部分运行截图见图 2.40，菜单竖着显示，但文字设置了链接，有下画线，文字颜色为紫色。

【例 2-25】　模仿制作目标 1 的菜单超链接。

```
01 <!DOCTYPE html>
02 <html>
03     <head>
04         <meta charset = "utf - 8">
05         <title>仿制 mubiao1 菜单超链接</title>
06     </head>
07 <body>
08     <div><img src = "./images/news_logo.jpg" width = "500px" /></div>
09     <div>
10         <ul>
11             <li><a href = "http://www.tjzhic.edu.cn/export/sites/tjzhic/">首页</a></li>
12             <li><a href = "http://www.tjzhic.edu.cn/export/sites/
    tjzhic/zhxw/zhyw/">中环要闻</a></li>
13             <li><a href = "http://www.tjzhic.edu.cn/export/sites/
    tjzhic/zhxw/xwdt/">新闻动态</a></li>
14             <li><a href = "http://www.tjzhic.edu.cn/export/sites/
    tjzhic/zhxw/jxky/">教学科研</a></li>
15             <li><a href = "＃">专题人物</a></li>
```

```
16            <li><a href = "♯">招生就业</a></li>
17            <li><a href = "♯">杨柳菁菁</a></li>
18            <li><a href = "http://www.tjzhic.edu.cn/export/sites/tjzhic/zhxw/
   dzxb/">学院报刊</a></li>
19            <li><a href = "http://www.tjzhic.edu.cn/export/sites/
                      tjzhic/zhxw/gyls/">光影中环<a></li>
20          </ul>
21       </div>
22       <h2>中环学院三星电机第二期订制班顺利入职</h2>
23       < hr />
24       < span>作者:managercui 审核：发布时间:[2020 - 07 - 02]</span>
25       <p><span>近日,中环学院三星电机第二期订制班 37 名优秀毕业生……
       </span></p>
26       <div>< img src = "./images/hezhao.jpg" width = "200px" /></div>
27       <p><span>自中环学院与三星电机有限公司开展校企合作以来……</span></p>
28       <div>< img src = "./images/guli.jpg" width = "200px" /></div>
29    </body>
30 </html>
```

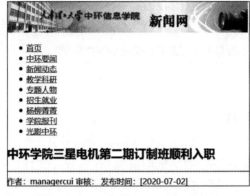

图 2.40　模仿制作目标 1 的菜单超链接

2.3.10　其他文本相关标签

1. 文本类标签

在网页中有时需要对文本设置加粗、斜体、下画线等,可以使用一些专门的文本类标签。此类控制字体样式的标签有很多,下面介绍几个常用的文本类标签,含义说明如下。

- <b></b>：对文字加粗显示。
- <i></i>：文字显示为斜体。
- <u></u>：文字被加上下画线。
- <s></s>：文字被加上删除线。
- < sup ></sup>：文字以上标的形式显示。
- < sub ></sub>：文字以下标的形式显示。

以上标签为行内元素,既没有从新的一行开始,显示完后也没有自动换行。例 2-26 为此类标签的应用示例,页面显示效果如图 2.41 所示。

【例2-26】 文本类标签使用示例。

```
01 <!DOCTYPE html>
02 <html>
03     <head>
04         <meta charset="utf-8">
05         <title>文本类标签示例</title>
06     </head>
07     <body>
08         <b>加粗的文字</b>
09         <i>斜体的文字</i>
10         <u>这是下画线</u>
11         <s>这是删除线</s>
12         <sup>上标</sup>
13         <sub>下标</sub>
14     </body>
15 </html>
```

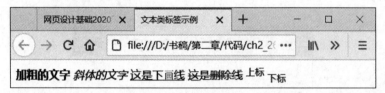

图2.41　文本类标签示例

2. 换行标签与字符实体

HTML页面源代码中出现的回车换行在网页浏览器解释时会被忽视,连续的多个空格在网页浏览器解释时仅仅保留一个空格的位置,有些特殊字符也需要以转义的方式书写。示例源代码如例2-27所示,其显示效果如图2.42所示。代码第8~10行,在网页浏览器解释时并没有换行,第11行
起到了换行作用;第12行源码中连续留了几个空格,在网页浏览器解释时仅仅保留了一个空格的位置;第13行的" "起到了空格的作用,每写一遍就会显示一个空格,注意书写时"&""；"是英文符号,不能缺少。代码第14行展示了其他特殊字符,含义见表格2.2。

【例2-27】 源代码中存在连续空格与换行。

```
01 <!DOCTYPE html>
02 <html>
03     <head>
04         <meta charset="utf-8">
05         <title>换行标签与字符实体示例</title>
06     </head>
07     <body>
08         <p>第一行
09
10         第二行</p>
11         <p>第三行<br/>第四行</p>
12         <p>第1列(空格)        第2列</p>
```

```
13        <p>第 1 列(空格)       第 2 列</p>
14        <p>特殊符号 &lt; &#60;&copy;&reg;&amp;特殊符号 </p>
15    </body>
16 </html>
```

图 2.42　换行标签与实体字符示例

表 2.2　字符实体含义及书写

显 示 结 果	描　　述	实 体 名 称	实 体 编 号
	空格		
<	小于号	&lt;	&#60;
>	大于号	&gt;	&#62;
&	和号	&amp;	&#38;
"	引号	&quot;	&#34;
'	撇号	'（IE 不支持）	&#39;
©	版权（copyright）	&copy;	&#169;
®	注册商标	&reg;	&#174;

2.3.11　预编排格式标签< pre >

有时我们想让源码中的文字排版格式生效，又不想使用换行标签、空格实体代码等对格式进行重新编排，此时可以使用 HTML 提供的预编排格式标签< pre >。只需要将做好排版的文字段落放在< pre >和</pre>之间，页面中的内容及其格式就会和源文件中的完全一样，已编排好的文本段落将原封不动地呈现到页面上。例 2-28 使用了预编排格式标签，页面效果如图 2.43 所示。因为< pre >的作用，代码第 9～11 行在网页浏览器解释时与源码的空格和换行保持一致，代码第 14～16 行的书信格式更适合使用< pre >标签来实现，代码第 13 行试着使用网页显示 HTML 源代码。更多的内容可以参考 https://www.w3school.com.cn/tags/tag_pre.asp。

【例 2-28】　预编排格式标签的使用。

```
01 <! DOCTYPE html >
02 < html >
03    < head >
04        < meta charset = "utf - 8">
05        < title >pre 标签示例</title>
06    </head>
```

```
07      < body >
08          < pre >
09              第一行
10
11              第二行
12          第 1 列(空格)            第 2 列
13          &lt;a  href = &quot; ♯ &quot;&gt;引入源代码 &lt;/a&gt;
14          尊敬的     先生
15                您好!
16                收到来信,现就有关事项解释如下:
17          </ pre >
18      </ body >
19 </html>
```

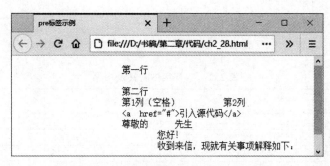

图 2.43　预编排格式标签＜pre＞示例

2.3.12　表格标签< table >

表格在网页中的用途十分广泛,它既可以用来显示表格型的文字、图片、超链接等,也可以用来对页面进行布局。

1. 表格的基本格式

表格是块元素,由一套相互嵌套的标签组成。一种常见的格式如下:

```
< table >
    < caption >…</caption>
    < tr >
        < th >…</th>
        < th >…</th>
        < th >…</th>
    </tr>
    < tr >
        < td >…</td>
        < td >…</td>
        < td >…</td>
    </tr>
</table>
```

其中,各标签含义如下。

• < table >…</ table >:用来声明表格的开始和结束。

- < caption >…</caption >：用来定义表格的标题，必须紧随 table 标签之后。通常这个标题会居中位于表格之上，每个表格只能规定一个标题。
- < tr >…</tr >：用来声明表格的一行。
- < th >…</th >：用来设置首行标题单元格，标题单元格中的文字默认加粗显示。
- < td >…</td >：用来设置一个个数据单元格的内容。

例 2-29 中定义的表格在页面中的显示效果如图 2.44 所示。显示上标题单元格< th >比数据单元格< td >的文字字体粗，其语义意义更重，在网页数据抓取分析时会起作用。

【例 2-29】 基本表格示例。

```
01 <! DOCTYPE html >
02 < html >
03     < head >
04         < meta charset = "utf - 8">
05         < title > table 标签示例</title >
06     </head >
07     < body >
08         < table border = 1 >
09             < caption >成绩单</caption >
10             < tr >
11                 < th >序号</th >
12                 < th >学号</th >
13                 < th >姓名</th >
14                 < th >分数</th >
15             </tr >
16             < tr >
17                 < td > 1 </td >
18                 < td > 18330001 </td >
19                 < td >小明</td >
20                 < td > 70 </td >
21             </tr >
22             < tr >
23                 < td > 2 </td >
24                 < td > 18330002 </td >
25                 < td >小刚</td >
26                 < td > 80 </td >
27             </tr >
28         </table >
29     </body >
30 </html >
```

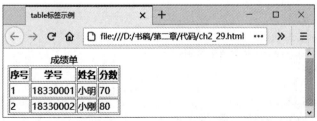

图 2.44　基本表格示例

049

2．常用属性

（1）<table>标签的常用属性

<table>标签的常用属性如表 2.3 所示。

表 2.3　<table>标签的常用属性

属性名称	属性值	属性描述
border	像素值	设置表格的边框
cellspacing	像素值或者百分比	规定单元格之间的空间
cellpadding	像素值或者百分比	规定的是单元边沿与单元内容之间的空间
width	像素值或者百分比	规定表格的宽度
height	像素值或者百分比	规定表格的高度
align	left/right/center	左对齐表格/右对齐表格/居中对齐表格
bgcolor	颜色名称/十六进制颜色值	规定表格的背景颜色
background	url	规定表格的背景图片
bordercolor	颜色名称/十六进制颜色值	规定边框的颜色

（2）<tr>、<th>、<td>标签的常用属性

<tr>、<th>、<td>标签的常用属性如表 2.4 所示。

表 2.4　<tr>、<th>、<td>标签的常用属性

属性名称	属性值	属性描述
width	像素值或者百分比	规定单元格的宽度
height	像素值或者百分比	规定单元格的高度
align	left/right/center	数据靠左/数据居中/数据靠右
valign	top/middle/bottom	数据靠上/数据居中/数据靠下
nowrap	无	在单元格中不换行
colspan	整数	合并单元格，规定单元格可横跨的列数
rowspan	整数	合并单元格，规定单元格可横跨的行数

通过对<table>、<tr>、<th>、<td>标签常用属性的学习，我们可以在页面中构造出复杂、漂亮的表格。例 2-30 使用 colspan 构建了一个较为复杂的表格，效果如图 2.45 所示。第 28～32 行代码在表格底部添加了一行（"平均分"）所在行，颜色为灰色，colspan＝"2"的作用是把"平均分"所在行的中间 2 列合成 1 列显示。

【例 2-30】　复杂表格示例。

```
01  <!DOCTYPE html>
02  <html>
03      <head>
04          <meta charset = "utf - 8">
05          <title>table 复杂表格示例</title>
06      </head>
07      <body>
08          <table border = 1>
09              <caption>成绩单</caption>
10              <tr>
```

```
11          <th>序号</th>
12          <th>学号</th>
13          <th>姓名</th>
14          <th>分数</th>
15        </tr>
16        <tr>
17          <td>1</td>
18          <td>18330001</td>
19          <td>小明</td>
20          <td>70</td>
21        </tr>
22        <tr>
23          <td>2</td>
24          <td>18330002</td>
25          <td>小刚</td>
26          <td>80</td>
27        </tr>
28        <tr bgcolor = "#D8D8D8">
29          <td>3</td>
30          <td colspan = "2">平均分</td>
31          <td>75</td>
32        </tr>
33      </table>
34    </body>
35 </html>
```

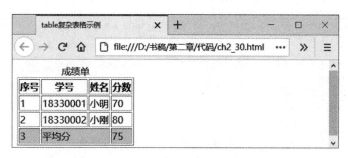

图 2.45　复杂表格示例

3. 使用 Dreamweaver CC 制作复杂表格

复制文件 ch2_30.html,重命名为 ch2_30_bak.html,删除 table 表格标签的内容并保存,然后按照以下步骤来制作复杂表格。

(1) 打开 Dreamweaver CC。

(2) 打开"ch2_30_bak.html",参见图 2.46。

(3) 在图 2.46 中,单击"拆分",上面为设计区,下面为代码区。注意椭圆处选择"设计",而不是"实时视图"。

(4) 单击代码区,光标放在第 7 行末尾。

(5) 插入表格。在插入面板中,单击 Table;在 Table 面板中,在"行数"一栏输入 4,在"列"一栏输入 4,边框粗细设置为 1;选择"顶部"样式,即上部带表头,标题填写"成绩单"。

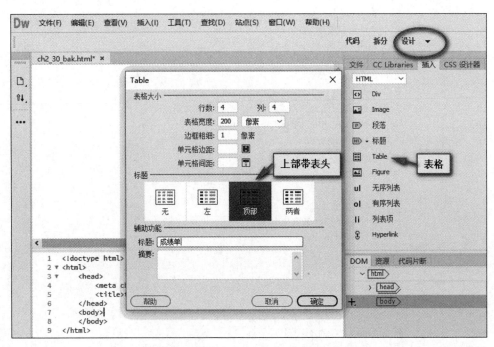

图 2.46　Dreamweaver CC 制作复杂表格

（6）合并单元格。在设计区填写表格内容，见图 2.47。合并单元格时，先选中要合并的单元格，右击选择"表格"→"合并单元格"即可完成单元格的合并。

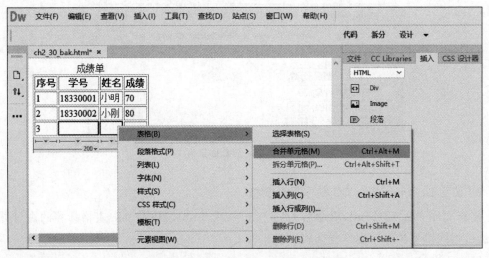

图 2.47　Dreamweaver CC 合并单元格

用 Ctrl＋F3 快捷键调出属性面板，使用属性面板也可以合并单元格，见图 2.48。

（7）合并单元格后，录入"平均分"等内容就完成了表格的制作。注意观察代码区的变化，可以搜索"dreamweaver cc table 操作"了解更多细节和内容。

4. 使用< table >模仿制作目标 1 菜单

使用< table >模仿制作目标 1 菜单的步骤如下。

图 2.48　用属性面板合并单元格

（1）建立文件组织结构。建立如图 2.49 所示的文件组织结构。复制文件夹 ch2_25，重命名为 ch2_31，重命名文件 ch2_25.html 为 ch2_31.html。

图 2.49　例 2-31 的文件组织结构图

（2）编写 ch2_31.html，替换< ul >、< li >、< td >嵌套< a >标签。其主要变化见例 2-31 代码第 10～22 行，部分运行截图见图 2.50。

【例 2-31】　使用< table >模仿制作目标 1 菜单。

```
01  <! DOCTYPE html >
02  < html >
03      < head >
04          < meta charset = "utf - 8">
05          <title>仿制 mubiao1 菜单</title>
06      </head>
07  < body >
08      < div >< img src = "./images/news_logo.jpg" width = "500px" /></div>
09      < div >
10          < table >
11              < tr >
12              <td>< a href = "http://www.tjzhic.edu.cn/export/
                        sites/tjzhic/">首页</a></td>
13              <td>< a href = "http://www.tjzhic.edu.cn/export/sites/
                    tjzhic/zhxw/zhyw/">中环要闻</a></td>
14              <td>< a href = "http://www.tjzhic.edu.cn/export/sites/
                    tjzhic/zhxw/xwdt/">新闻动态</a></td>
15              <td>< a href = "http://www.tjzhic.edu.cn/export/sites/
                    tjzhic/zhxw/jxky/">教学科研</a></td>
16              <td>< a href = "#">专题人物</a></td>
17              <td>< a href = "#">招生就业</a></td>
18              <td>< a href = "#">杨柳菁菁</a></td>
19              <td>< a href = "http://www.tjzhic.edu.cn/export/sites/
                    tjzhic/zhxw/dzxb/">学院报刊</a></td>
20              <td>< a href = "http://www.tjzhic.edu.cn/export/sites/
```

```
                        tjzhic/zhxw/gyls/">光影中环<a></td>
21                  </tr>
22                </table>
23            </div>
24            <h2>中环学院三星电机第二期订制班顺利入职</h2>
25            <hr />
26            <span>作者:managercui 审核: 发布时间:[2020-07-02]</span>
27            <p><span>近日,中环学院三星电机第二期订制班37名优秀毕业生……
              </span></p>
28            <div><img src="./images/hezhao.jpg" width="200px" /></div>
29            <p><span>自中环学院与三星电机有限公司开展校企合作以来……</span></p>
30            <div><img src="./images/guli.jpg" width="200px" /></div>
31    </body>
32 </html>
```

图 2.50 使用 table 标签制作目标 1 菜单

2.3.13 表单标签<form>

图 2.51 是一个常见的登录页面,我们将逐步讲解。

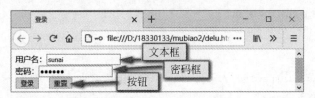

图 2.51 学习目标 2——登录表单

HTML 表单用于收集不同类型的用户输入,表单使用<form>标签定义。表单是一个包含表单元素的容器,表单元素允许用户在表单中(例如文本域、下拉列表、单选框、复选框等)输入信息,这些表单元素的输入作为一组数据统一传送给表单的后台处理页面。

表单有两个属性会经常用到,一个是 action 属性,其值是一个 URL 地址。action 表示表单提交后,服务器端接收处理数据的页面。另一个是 method 属性,它指定了表单的发送方式,发送方式只有 GET 及 POST 两种。其中 GET 方法通过 URL 传输用户输入的信息,POST 方法则通过一个单独的 HTTP 请求传输数据。

可以访问 https://www.w3school.com.cn/tiy/t.asp?f=html_form_submit 来体验一下<form>的作用,看看其是如何把数据从页面传递给服务器的。

默认状态下是块元素,左对齐。浏览器通常会在<form>标签元素前后分别放置一个换行符。

例 2-32 为 HTML＜form＞标签的应用示例，页面显示效果如图 2.51 所示。

【例 2-32】 登录表单。

```
01 <!DOCTYPE html>
02 <html>
03    <head>
04       <meta charset = "utf-8" />
05       <title>登录</title>
06 </head>
07    <body>
08       <form action = "handle.jsp" method = "post">
09 <label>用户名:</label><input type = "text" name = "username"
   id = "username"/><br />
10 <label>密码:</label><input type = "password" name = "password"
   id = "password" /><br />
11          <input type = "submit" value = "登录" />    
12          <input type = "reset" value = "重置" />
13          </form>
14    </body>
15 </html>
```

代码说明如下。

（1）代码第 8～13 行为表单。第 8 行＜form＞的属性 action＝"handle.jsp"，handle.jsp 是放在服务器端的处理输入数据文件，method＝"post"表示通过一个单独的 HTTP 请求传输数据。我们在设计页面时，这两个属性的取值不影响页面显示，可以临时赋个初值，具体取值需要参考设计文档需求。

（2）代码第 9 行＜label＞不会向用户呈现任何特殊效果。不过，它为鼠标用户改进了可用性。如果在 label 元素内单击文本，就会触发此控件，为后面 JavaScript 的处理做准备。＜input＞的 type 属性设定了输入数据的展示形式，type＝"text" 定义单行的输入字段，用户可在其中输入文本，在浏览器中展示出一个带边框的输入区域。它可以有一个值属性 value，用来设置文本框里的默认文本。name＝"username"用于服务器处理页面获取数据使用，其属性值需要和后台处理程序员协商，需要在设计文档中明确约定。该值不影响页面显示，这里仅给定一个初值。id＝"username"用于唯一标识该元素，为后面 JavaScript 的处理做准备。＜input＞一般书写为＜input type＝"text" />，以"/>"结束。

（3）代码第 10 行 type＝"password"可以像文本框一样输入数据，但会以黑点（或星号）回显用户所输入的实际字符。

（4）代码第 11 行 type＝"submit"用于定义提交按钮。单击"提交"按钮，会把表单数据发送到服务器。可以用值属性 value 来控制按钮上显示的文本。

（5）代码第 12 行 type＝"reset"用于定义重置按钮。重置按钮会清除表单中的所有数据。

（6）＜input＞是行内元素，代码第 9、10 行的＜br />起到换行作用。

2.3.14 报考信息表单

1. 编制报考信息表单

例 2-33 构建了一个报考信息表单，页面显示效果如图 2.52 所示。可通过该表单学习单选按钮、复选框、文本域及下拉列表等输入项。

【例 2-33】 报考信息表单。

```
01  <!DOCTYPE html>
02  <html>
03  <head>
04  <meta charset="utf-8">
05  <title>报考信息表单</title>
06  </head>
07  <body>
08  <form action="#" method="post">
09    <fieldset>
10      <legend>报考信息</legend>
11      <label>姓名:</label>
12      <input name="username" type="text" id="username"/><br />
13      <label>身份证号:</label><input type="text" name="id1"
    id="id1"/><br />
14      性别(单选):
15      <label>
16        <input type="radio" name="sex" value="male" id="sex_0"/>
17        男</label>
18      <label><input type="radio" name="sex" value="female"
        id="sex_1"/>
19        女</label><br />
20      爱好(多选):
21      <label>
22        <input type="checkbox" name="likes" value="swimming"
            id="likes_0"/>
23        游泳</label>
24      <label>
25        <input type="checkbox" name="likes" value="basketball"
            id="likes_1"/>
26        篮球</label>
27      <label>
28        <input type="checkbox" name="likes" value="football"
            id="likes_2"/>
29        足球</label>
30      <p>
31        <label>教育经历:</label>
32        <textarea name="textarea" rows="3" id="textarea">
          </textarea>
33      </p>
34      <label>报考专业:</label>
35      <select name="zhuanye">
36        <option value="wlgl">物流管理</option>
37        <option value="cwgl">财务管理</option>
38      </select>
39    </fieldset>
40    <input type="submit" name="submit" id="submit" value="提交">
41    <input type="reset" name="reset" id="reset" value="重置">
```

```
42       < input type = "button" name = "bt1" id = "bt1" value = "校验数据">
43   </form>
44   </body>
45   </html>
```

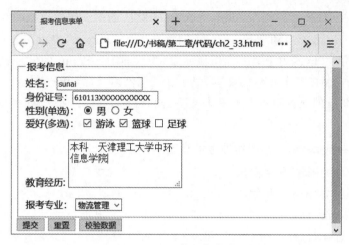

图 2.52　报考信息表单

代码说明如下。

（1）代码第 8～43 行为表单。

（2）代码第 9～39 行使用< fieldset >在页面画了个方框区域，第 10 行< legend >设置了方框区域信息提示"报考信息"。

（3）代码第 14～19 行为单选按钮组。type＝"radio"表示设定单选按钮。这里两个单选按钮的 name＝"sex"属性值必须相同，才能起到单选互斥的作用。第 16 行 value＝"male"的属性值用户看不到，是传递给服务器端处理数据页面的。id＝"sex_0"用于唯一标识该单选按钮项，为后面 JavaScript 的处理做准备。"男"是显示在浏览器页面上给用户看的。可以使用属性 checked＝"checked"定义默认被选中的选项。

（4）代码第 20～29 行为复选框组。type＝"checkbox"表示设定复选框。这里三个复选框的 name＝"likes" 属性值必须相同才表示是同一组。第 22 行的 value＝"swimming"属性值用户看不到，是传递给服务器端处理数据页面的。id＝"likes_0"用于唯一标识该复选框，为后面 JavaScript 的处理做准备。"游泳"是显示在浏览器页面上给用户看的。可以使用属性 checked＝"checked"定义默认被选中的选项。

（5）代码第 30～33 行为文本区域。< textarea >用于定义多行文本输入区域，其与文本框功能相似，可使用 rows 和 cols 属性定义文本域显示的行数和列数。rows＝"3"表示设定 3 行，浏览器显示时文本框高度变大。name＝"textarea"用于服务器处理页面获取数据使用，其属性值需要和后台处理程序员协商，需要在设计文档中明确约定。该值不影响页面显示，这里仅给定一个初值。id＝"textarea"用于唯一标识该元素，为后面 JavaScript 的处理做准备。

（6）代码第 34～38 行为下拉列表，用< select >、< option >组合实现。< select >标签使用 name 属性标识输入，name＝"zhuanye"用于服务器处理页面获取数据使用，其属性值需要和后台处理程序员协商,需要在设计文档中明确约定。<option>标签使用 value 属性定义该选项被选中时要传的数据值,value="wlgl"用户看不到,是传递给服务器端处理数据页面的。用户看到的是<option>标签间的内容"物流管理"。使用属性 selected="selected"表示默认的选中项。

(7)代码第 42 行为普通按钮,供用户单击,无默认动作。用户可以自定义实现其动作功能;多数情况下,用于启动 JavaScript 脚本。type="button"表示是普通按钮,name="bt1"标识输入,id="bt1"用于唯一标识该元素,为后面 JavaScript 的处理做准备。value="校验数据"用来控制按钮上显示的文本,显示在浏览器窗口,给用户看。

(8)name 和 id 的属性值不要含有中文字符和特殊字符,符合 Java 变量名的要求是必要的。

2. 使用 Dreamweaver CC 制作报考信息表单

报考信息表单的制作步骤如下。

(1)复制 ch2_33. html,重命名为 ch2_33_bak. html,清空<form>的所有内容。

(2)使用 Dreamweaver CC 打开 ch2_33_bak. html。单击"拆分",上面为设计区,下面为代码区。注意选择"设计",而不是"实时视图"。单击代码区,光标放在第 7 行末尾。

(3)插入表单 form。单击"插入"按钮,如图 2.53 所示,打开插入面板,选择"表单"菜单项。单击"表单"选项,就可以在页面中插入一个表单。

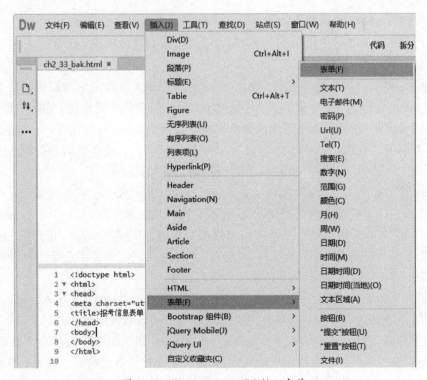

图 2.53　Dreamweaver CC 插入表单

(4)设置 form 属性。单击"窗口"→"属性"(或用 Ctrl+F3 快捷键)打开属性面板,选中图中的虚线框,如图 2.54 所示。

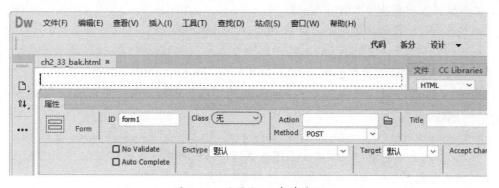

图 2.54　设置 form 表单属性

表单属性面板各项参数的含义如下。

- ID 是表单的唯一性标识，对应代码中的 name 和 id 属性。若将此处改成 registForm，则代码中的 name 和 id 都将改为 registForm。
- Action 对应表单中的 action 属性。表单提交时，指定服务器端处理该表单的应用程序 URL。
- Method 对应表单中的 method 属性，一般可以选择 GET 或 POST。
- Target 对应代码中的 target 属性，值选项包括"_blank""new""_parent""_self""_top"。当表单数据提交给服务器程序之后，经过处理，服务器返回给浏览器相应信息，这些信息的呈现方式就由"目标"的取值决定。
- Enctype 对应代码中的 enctype 属性，用于指定表单数据提交给服务器时数据使用的 MIME 编码格式，其值可以选择 application/x-www-form-urlencoded 或 multipart/form-data，前者是默认值，通常与 POST 方式配合使用。
- Class 对应代码中的 class 属性，用于定义表单的样式。

（5）插入域集。在表单红框内单击，选择菜单"插入"→"表单"→"域集"菜单项，设置标签信息为"报考信息"。

（6）插入文本框"姓名"。选定位置，在表单虚线框内单击，在设计区的"报考信息"后面（如果看代码区，光标在</legend></fieldset>之间），选择菜单"插入"→"表单"→"文本"菜单项。

（7）设置文本框属性。打开属性面板，如图 2.55 所示，修改 Text Field 为姓名。

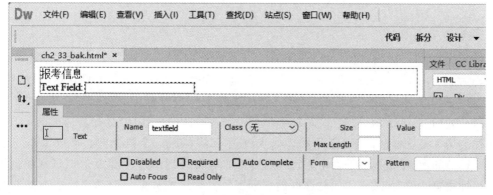

图 2.55　设置表单的文本属性

文本框属性面板各项参数的含义如下。

- Name 对应代码中的 name 和 id 属性,用于标识该元素。
- Size 对应代码中的 size 属性,用于限制文本框最多显示的字符数(显示的字符数可以小于最大能够容纳的字符数)。
- Max Length 对应代码的 maxlength 属性,用于设置文本框中最多可以输入的字符数。
- Disabled 对应代码为 disabled="disabled",用于标识该元素不可用,用户无法操作该元素,其中的值也无法提交给服务器程序。这种用法主要体现在,使用 JavaScript 代码控制某个元素只有符合相应条件下才能启用。
- Read Only 对应代码为 readonly="readonly",用于标识该元素不可以修改,用户无法输入数据,但其中的数据可以提交给服务端程序,这是与 Disabled 的区别。
- Value 对应代码的 value 属性,用于设置文本框初始显示的数据。
- Class 对应代码中的 class 属性,用于设置文本框的 CSS 样式类。

(8) 使用同样的方法插入文本框“身份证号”。

(9) 插入单选按钮组。选择菜单“插入”→“表单”→“单选按钮组”菜单项,会出现“单选按钮组”面板,如图 2.56 所示。“名称”是单选按钮的 name 属性,同一组中所有单选按钮的 name 属性一样。增加单选按钮■,删除单选按钮■,可以增减一个单选按钮。可以编辑一个单选按钮中的标签和值,单击标签列表中的选项可以对其编辑,其中“标签”是单选按钮显示在页面上的提示性内容,“值”是被选中的单选按钮提交到服务器程序的数据。“布局”指多个单选按钮在页面上的排列,可以使用换行符或表格,也可以直接修改代码,改变其布局。这里删除代码< br/>使其水平放置单选按钮。

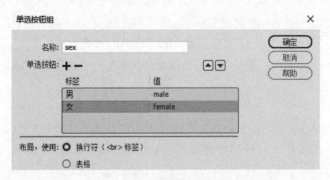

图 2.56 “单选按钮组”面板

(10) 设置单选按钮属性。打开属性面板,选中单选按钮,如图 2.57 所示。Checked 对应代码为 checked="checked",如果勾选,则单选按钮默认选中。其他属性这里不再赘述。

(11) 插入复选框组。选择菜单“插入”→“表单”→“复选框组”菜单项,会出现“复选框组”面板,如图 2.58 所示。“名称”是复选框的 name 属性,同一组中所有复选框的 name 属性一样。增加复选框按钮■,删除复选框按钮■,可以增减一个复选框。可以编辑一个复选框的标签和值,单击标签列表中的选项可以对其编辑,其中“标签”是复选框显示在页面上的提示性内容,“值”是被选中的复选框提交到服务器程序的数据。“布局”指多个复选框在页面上的排列,可以使用换行符或表格,也可以直接修改代码,改变其布局。这里删除代码

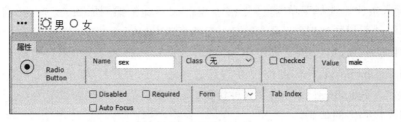

图2.57 单选按钮属性面板

使其水平放置复选框。打开属性面板,选中复选框,可以编辑属性,复选框属性面板的各项参数含义可以参考文本框与单选按钮属性面板的介绍。

图2.58 "复选框组"面板

(12)插入文本域。选择菜单"插入"→"表单"→"文本区域"菜单项,插入文本域。修改Text Area为"教育经历"。打开属性面板,选中文本域框,设置Rows=3。

(13)插入下拉列表。选择菜单"插入"→"表单"→"选择"添加下拉列表,打开属性面板,选中下拉列表,如图2.59所示。单击椭圆框"列表值"处,出现列表值面板,添加对应的列表值。单击项目标签列表中的选项可以对其编辑,其中"项目标签"是下拉列表显示在页面上的提示性内容,"值"是被选中的下拉列表项提交到服务器程序的数据。其他属性这里不再赘述。

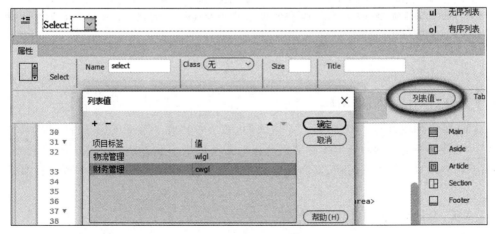

图2.59 下拉列表属性面板

（14）插入按钮。选择菜单"插入"→"表单"→"提交按钮"插入提交按钮，选择菜单"插入"→"表单"→"重置按钮"插入重置按钮，选择菜单"插入"→"表单"→"按钮"插入普通按钮，打开属性面板，修改其 value 属性值为"校验数据"，其他属性这里不再赘述。

在使用 Dreamweaver CC 制作报考信息表单的过程中，会存在插入位置把握不好的情况，文件 ch2_33_bak.html 就给出了这种情况，可以借助代码区来协助定位，也可插入完成后再移动修改代码区的代码。

2.3.15　网页头部分的常用标签

网页头部分指< head >与</head >之间的部分，它主要描述了关于网页文档的各种属性和信息，包括文档的标题、可以引用的脚本、指示浏览器在哪里找到样式表、提供的元数据等。网页头部分包含的绝大多数数据都不会真正作为页面内容显示给读者。下面将逐一介绍网页头部分的常用标签。

（1）< title >…</title >：标题元素，用于指定当前页面的标题，帮助用户更好地识别文件。标题元素有且仅有一个。

（2）< base >…</base >：定义了页面链接标签的默认链接地址。

（3）< link >…</link >：显示本文档和其他文档之间的关系，可以用它来指示浏览器在哪里找到样式表。

（4）< style >…</style >：文档本身的内部样式表，将在后续章节详述。

（5）< script >…</script >：用于包含脚本（一系列脚本语言写的命令），可以是 JavaScript 或者 VbScript。

（6）< meta >…</meta >：< meta >标签的常见功能如下。

- 设置本页面的显示字符集：< meta charset = "utf - 8" />
- 网页制作者信息：< meta name = "author" content = "作者信息" />
- 网站简介：< meta name = "description" content = "站点描述信息" />
- 版权所有者：< meta name = "Copyright" content = "版权拥有者" />
- 搜索关键字：< meta name = "keywords" content = "网站页面搜索关键字" />
- 设置网页到期时间：< meta http - equiv = "expires" content = "到期时间" />
- 设置页面的自动跳转（如 5 秒后自动跳转到百度首页）：< meta http - equiv = "Refresh" content = "5; url = http://www.baidu.com" />

2.4　HTML 与 XHTML

目前 XHTML 和 HTML 均被广泛地使用，初学者只要了解 XHTML 和 HTML 之间的差异，就能够避免在学习研究实际案例代码时被不同的书写方法所迷惑。了解语法上的不同，严格要求自己的编码习惯，提高代码的适用范围，会让编程者在实战中受益良多。

2.4.1　HTML 与 XHTML 简介

HTML（hyper text markup language，超文本标记语言）是由 Web 的发明者 Tim Berners-Lee 和同事 Daniel W. Connolly 于 1990 年创立的一种标记语言，它是标准通用化

标记语言 SGML 的应用。HTML 从诞生到现在经过了 30 多年的发展历程(读者可以在百度百科中搜索"HTML"来了解更多的内容),从最初仅用来表示文本逐渐转变到后来的富文本,甚至多媒体。HTML5 之前的版本仅用来表示内容、显示样式和简单的交互,后来的发展趋向于使用 CSS 来显示样式,使用 JavaScript 脚本语言来进行交互。但是,此时有许多功能在互联网上都要借助插件实现,例如播放多媒体、利用长连接进行通信、RPC(remote procedure call protocol,远程过程调用协议)等。于是 HTML5 出现了,它不仅仅是 HTML,还包含很多新加入的 API,如文件 API、WebSocket 等。所以,通常认为 HTML5 是 Web 应用开发所用到的 HTML、JavaScript、CSS3 等的总和。HTML5 会提高开发效率,方便用户使用,但有些标签不是所有浏览器都支持的,这在一定程度上限制了 HTML5 的使用。但随着时间的推移,新版本的浏览器开始支持这些 HTML5 的新标签,情况正在转好。我们在做一个项目时,还是要和需求方协商好,或者明确提示用户使用相应版本的浏览器。

XHTML(extensible hypertext markup language)是指可扩展的超文本标签语言。2000 年底,W3C 组织公布发行了 XHTML 1.0 版本。XHTML 1.0 是一种在 HTML4 基础上优化和改进的新语言,目的是基于 XML 应用。XHTML 是一种增强了的 HTML,是更严谨更纯净的 HTML 版本。它的可扩展性和灵活性可适应未来网络应用更多的需求,建立 XHTML 的目的就是实现 HTML 向 XML 的过渡。国际上在网站设计中推崇的 Web 标准就是基于 XHTML 的应用(即通常所说的 DIV+CSS)。XHTML 是当前和未来的 Web 标准之一。在应用上,XHTML 既能够利用 HTML 的文档对象模块(document object model,DOM),又能利用 XML 的文档对象模块。读者可以在百度百科中搜索 XHTML 来了解更多的内容。

2.4.2　HTML 与 XHTML 之间的差异

粗略来看,二者之间的差别可以分为两种,一个是功能上的差别,另一个是语法上的差别。关于功能上的差别,主要是 XHTML 可兼容各大浏览器、手机以及 PDA,并且浏览器也能快速正确地编译网页。关于语法,XHTML 使用 XML 的规则对 HTML 进行扩展,所以 XHTML 的语法更为严谨。下面介绍 XHTML 与 HTML 的一些语法差异。

1) 标签必须被正确地嵌套

在 HTML 中,即使有时候某些元素嵌套不正确,有些浏览器照样能够正确地显示,例如:

```
<b><i>粗体和斜体</b></i>
```

而在 XHTML 中,所有的元素都必须具有像 XML 那样的编排良好性,元素必须被正确地嵌套,例如:

```
<b><i>粗体和斜体</i></b>
```

2) XHTML 元素必须小写

对于所有的 HTML 元素和属性名,XHTML 中必须使用小写,因为 XML 是大小写敏感的。

3）XHTML 标签必须被关闭

所有标签都必须使用结束标签，或者在其开始标签中以"/>"结尾表示标签关闭，例如：

```
<p>这是一个段落</p>
换行：< br />
水平线：< hr />
一幅图片：< img src = "../images/flower.jpg" />
表单元素：< input type = "text" name = "user" />
```

而在 HTML 中，< br >、< hr >、< input type = "radio" name = "sex" value = "male" id = "sex_0">等在没有以"/>"结尾表示标签关闭时，有些浏览器也可以正常显示。

4）XHTML 元素的属性值都必须放在引号中

XHTML 所有的属性值都必须放在引号中，即使是以数字形式出现的属性值。另外，属性和属性值都必须完整成对写出，例如：

```
文本域：< textarea cols = "30" rows = "5"></textarea>
```

而在 HTML 中< table border=1 >也是被允许的。

5）XHTML 文档必须有一个根元素

所有的 XHTML 元素必须被嵌套在< html >根元素中，其余所有的元素均可有子元素，子元素必须是成对的且被正确嵌套在其父元素之中。

读者可以搜索"XHTML 和 HTML5 的区别"来了解更多的内容。HTML 与 XHTML 之间的语法差异需要我们给予重视，要遵守 XHTML 语法，这会让我们在项目迁移时受益，尤其是网页的访问终端越来越丰富时。使用 Dreamweaver CC 制作网页时，自动生成的代码与网页类型<!DOCTYPE html>密切相关，有时没有达到 XHTML 语法要求，我们要给予关注。

习题 2

一、简答题

1．HTML 文档的基本结构是什么？都使用了哪些标签？这些标签是如何嵌套的？

2．网页中的标题、段落和加粗文本分别使用了哪些 HTML 标签？

3．在浏览器中调试观看标题、段落默认状态下的盒模型，说明两者的不同之处。

4．网页中有几种形式的超链接？各举一例并编写代码实现。

5．网页中表单有哪些不同类型的 input？试着列举至少 3 个。

6．什么是 XHTML？XHTML 和 HTML 之间有什么差异？

二、操作题

1．在页面中插入一幅图片，标题信息为网页设计，图片宽度为 200 像素，高度为 120 像素，并在图片上设置一个超链接到 http://www.sohu.com。

2．制作一个界面美观、格式复杂的表格。

3．请自行设计并实现一个网站会员注册的前台页面，要求使用文本框、密码框、单选按钮、复选框、下拉列表和文本域。

4．找一个简单的新闻页面，试着模仿制作该页面。

第3章

CSS基础

本章学习目标

- CSS 概念、CSS 语法规则
- CSS 选择器
- CSS 常用属性与示例调试
- CSS 应用示例

本章首先向读者介绍 CSS 的概念在页面中引用 CSS 的方法以及 CSS 的语法规则,紧接着介绍 CSS 选择器的相关知识以及常用的 CSS 属性与示例调试,最后讲解三个简单的 CSS 应用实例。

3.1 CSS 概述

CSS(cascading style sheets)是层叠样式表。CSS2 规范于 1998 年 2 月通过 W3C 的审核与推荐。CSS 并不是专为 XHTML 所设计的,还可以被其他标记语言拿来制作排版样本,如 HTML、XML 文件都可以用 CSS 来美化页面的设计。学会了 CSS,在 HTML、XHTML 和 XML 文件中都可以使用。CSS 的功能在于为 HTML 元素设置样式,构建布局合理、样式美观的页面。

3.1.1 CSS 简介

1. CSS 的产生缘由

HTML 标签原本用于定义文档内容,但是浏览器默认的显示样式不美观,不能够满足人们需求。Netscape 和 IE 意图通过不断增加用于定义显示格式的标签和属性来解决显示样式的问题,例如< center >、< font >等格式标签及 align、color 等属性,结果仍不能满足美观页面的设计需要,反而使得混杂着文档格式标签的页面结构越发复杂,难以维护。为此,W3C 在 HTML 之外创造出了 CSS,解决了上述问题。

W3C 在 HTML4 之外创造出了 CSS,并废弃了许多用于控制显示格式的标签和属性。标签和属性被废弃就意味着在未来版本的 HTML 和 XHTML 中将不再支持这些标签和属性,所以在网页设计中应尽量避免使用这些被废弃的标签和属性。表 3.1 列出了一些应避免使用的标签和属性,这些标签和属性的功能将由专门应用于文档表现层的 CSS 替代。比如例 2-30 中< tr bgcolor＝"♯D8D8D8">虽然起到作用了,但不建议使用,推荐使用 CSS 方法替代。

表 3.1　一些应避免使用的 HTML 标签和属性

类型	标签或属性	描　　述
标签	< center >	定义居中的文本内容
标签	< font >、< basefont >	定义 HTML 字体
标签	< s >、< strike >	定义删除线文本
标签	< u >	定义下画线文本
属性	align	定义文本的对齐方式
属性	bgcolor	定义背景颜色

2. 引用 CSS 的大体步骤

引用 CSS 的步骤如下所示。

(1) 查看没有使用 CSS 前元素的默认方式。

(2) 理解要达到的效果,选择合适的 CSS 属性,必要时修改 HTML 代码。

(3) 选择恰当的引入方式,检验效果,并考虑设置 CSS 后对其他相关元素的影响,限定 CSS 规则的影响范围。CSS 的设计如果仅用于一个页面较容易;如果一个 CSS 文件要在网站的 100 个页面中使用,又要这 100 个页面中的 HTML 相关元素显示效果互不影响就很难了。

3. CSS 语法

CSS 语法的基本格式如下,属性和属性值之间以冒号隔开,每条样式规则都要以分号结束:

属性 1:属性值 1; 属性 2:属性值 2;

这里要特别强调,冒号和分号必须是英文输入法下输入的;属性名是约定好的,不能随意书写,多或者少一个字母是不允许的,一般都是小写的;属性值也是有取值范围的。CSS 的属性值没有加双引号,在 CSS 前期学习中,书写错误会影响学习的进度。

3.1.2　CSS 的引用方式及特性

CSS 的引用方式有内联样式、内部样式、外部样式三种,其 CSS 语法表现形式略有不同,具体如下。

内联样式:

style＝ "属性名 1: 属性值 1; 属性名 2: 属性值 2;"

内部样式和外部样式:

```
选择器 1{                        /＊选择页面中的元素 ＊/
属性名 1: 属性值 1;               /＊一条样式规则 ＊/
属性名 2: 属性值 2;               /＊又一条样式规则 ＊/
}
```

其中,选择器用于指定选择哪个或者哪些 HTML 元素,选择器选中的 HTML 元素使用花括号中的样式规则;"/*"和"*/"之间的内容是 CSS 注释。下面通过具体示例进行讲解。

1. 内联样式

内联样式又称为行内样式,它定义在 HTML 元素的开始标签里。使用 style 属性设置样式规则,并且样式规则仅对当前的 HTML 元素有效果。

【例 3-1】 CSS 内联样式示例。

```
01 <! DOCTYPE html >
02 < html >
03     < head >
04         < title > CSS 应用示例 </title >
05         < meta charset = "utf - 8" />
06     </head >
07     < body >
08         < p style = "color:red;font - size:25px;text - align:center;">猴子</p>
09         < p >马</p>
10         < p >牛</p>
11         < span >落叶松</span >
12         < span >白杨树</span >
13         < span >菊花</span >
14         < span >荷花</span >
15     </body >
16 </html >
```

代码第 8 行对段落"猴子"设置了样式,效果如图 3.1 所示。这里 color:red 表示设置颜色为红色,font-size:25px 表示设置字体大小为 25px,text-align:center 表示居中对齐。从图中可以看出,仅段落"猴子"为居中、红色,字体比其他文字大,其他文本呈现为默认显示样式。

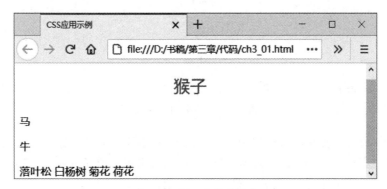

图 3.1 CSS 的内联样式

2. 内部样式

内部样式表是指将页面中需要应用的所有样式规则集中定义在页面头部分。使用 < style >样式标签定义,< style type= "text/css">与</style >之间定义样式规则。

【例 3-2】 CSS 内部样式示例。

```
01 <!DOCTYPE html>
02 <html>
03     <head>
04         <title>CSS 内部样式示例</title>
05         <meta charset = "utf-8" />
06         <style type = "text/css">
07         p {
08             font-size:20px;
09             text-align:center;
10         }
11         </style>
12     </head>
13     <body>
14         <p style = "color:red;font-size:25px;text-align:center;">猴子</p>
15         <p>马</p>
16         <p>牛</p>
17         <span>落叶松</span>
18         <span>白杨树</span>
19         <span>菊花</span>
20         <span>荷花</span>
21     </body>
22 </html>
```

代码第 6～11 行的<style>标签位于<head>与</head>之间,样式中的 p{…}表示要对页面中所有的段落元素定义显示样式。效果如图 3.2 所示。这里 font-size:20px 表示设置字体大小为 20px,text-align:center 表示居中对齐。

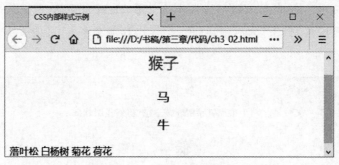

图 3.2 CSS 的内部样式

从图中可以看出,所有段落都居中。要注意此种内部样式的写法影响的范围是所有段落<p>。段落"猴子"没有受 font-size:20px 的影响,采用的是 font-size:25px。这是 CSS 的一个特点,相同的属性名称,离元素最近的起作用。

3. 外部样式

外部样式将网页的样式信息与网页内容完全分离开来,网页本身存储的是文档内容,而内容如何呈现是在外部的样式表文件中定义的。样式文件也是普通的文本文件,它的后缀名为".css",注意存储编码为"utf-8",使用 Notepad++新建、编辑、存储为 CSS 类型文件即可;使用普通的文本编辑器也可以打开。由于样式文件与页面文件分开存储,我们需要在页面文件的头部使用< link >标签将定义好的样式导入。

样式文件的组织结构如图 3.3 所示,其中 ch3_03. html 与 ch3_03. css 同在目录 ch3_03 内。

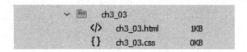

图 3.3 外部样式文件的组织结构

【例 3-3】 CSS 外部样式示例。

ch3_03. html 文件内容如下:

```
01 <! DOCTYPE html >
02 < html >
03    < head >
04        < title >CSS 外部样式示例</title>
05        < meta charset = "utf - 8" />
06    < link href = "ch3_03.css" rel = "stylesheet" type = "text/css">
   <!-- 引入文件 ch3_03.css -->
07        < style type = "text/css">
08        p {
09            font - size:20px;
10            text - align:center;
11        }
12        </style >
13    </head >
14    < body >
15        < p style = "color:red;font - size:25px;text - align:center;">猴子</p>
16        < p >马</p>
17        < p >牛</p>
18        < span >落叶松</span >
19        < span >白杨树</span >
20        < span >菊花</span >
21        < span >荷花</span >
22    </body >
23 </html >
```

ch3_03. css 文件内容如下:

```
01 p {
02     color: blue;
03     font - size: 12px; }
04 span {
05     font - size: 12px;
06     color: red; }
```

例 3-3 运行如图 3.4 所示。ch3_03. html 文件代码第 6 行使用< link >标签引入的外部样式表 ch3_03. css,其中 href 属性指定了要引入的样式表文件的路径。ch3_03. css 文件代码第 3 行 font-size:12px,ch3_03. html 文件代码第 9 行 font-size:20px,都设置字体大小,从运行效果看是 font-size：20px 在起作用。试着修改 ch3_03.html，把代码第 6 行移动到代码第 12 行后，再观察一下运行结果，会发现 font-size：12px 在起作用。所以在引入多个 CSS 文件时，我们要注意 CSS 文件的先后顺序。

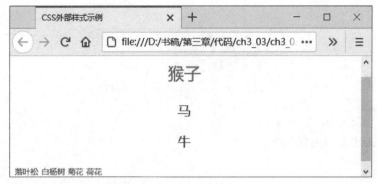

图 3.4　外部样式

4. CSS 的特性

CSS 有以下两种特性。

（1）传递（继承性）原则。父元素设置的样式规则会传递给子元素。

（2）就近原则。如果没有为 HTML 元素定义任何样式，那么元素将按照浏览器的默认设置显示，如第 2 章中所有示例都是按照浏览器的缺省设置显示的。

事实上，允许同时以上述几种方式规定样式信息。也就是说，样式可以写在单个的 HTML 元素内，也可以规定在 HTML 的头部分，或者定义于一个外部的 CSS 文件中。如果同一个 HTML 元素同时通过上述多种方式定义了样式规则，例如在文件 ch3_03.html 中，我们对段落"猴子"在内联样式中设置了 font-size：25px，在内部样式中设置了 font-size：20px，在外部样式 ch3_03.css 中设置了 font-size：12px，那么最终呈现在页面上的效果到底是使用的哪一条规则呢？这些层叠的规则一般将会按照就近原则，按从上到下的顺序，离元素最近的起作用。一般情况下，我们要避免在多处对相同的属性名设置不同的属性值，这也是 CSS 设计的一个难点，需要通过文档来约定。使用 Firefox 浏览器，按 F12 键调试可以查看调试 CSS，选中段落"猴子"，其调试如图 3.5 所示，画横线的代码表示该 CSS 没有起作用。

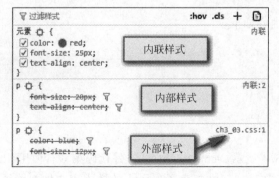

图 3.5　CSS 调试

3.2 CSS 定义选择器

在 CSS 语法中,"选择器"指明了花括号中所定义的样式规则的作用对象,也就是样式规则对页面中的哪些元素起作用。下面介绍一些常用的 CSS 选择器。

3.2.1 标签选择器

标签选择器是对 HTML 元素标签应用相应的 CSS 样式。假设对标签<p>设置 CSS,则标签选择器的写法为:

```
p {                          /*选择页面中所有标签<p>的元素 */
    属性名 1: 属性值 1;        /*一条样式规则 */
    属性名 2: 属性值 2;        /*又一条样式规则 */
}
```

在例 3-2 中,CSS 内部样式采用标签选择器对<p>设置了样式,具体如下:

```
07    p {
08        font - size:20px;
09        text - align:center;
10    }
```

其作用范围是所有的标签<p>。从图 3.2 可以看出段落"马"和段落"牛"都按标签<p>选择器设置的 CSS 显示,段落"猴子"因为设置了内联样式,覆盖了标签<p>选择器的显示效果。

3.2.2 id 选择器

我们可以对 HTML 元素定义一个 id 属性,然后根据属性 id 选择元素,id 属性值就是这个元素的唯一标识符。不允许在一个页面中对多个 HTML 元素定义相同的 id 属性值。

设某标签元素 id="demo",则其属性值为 demo,其 id 选择器的写法为:

```
♯demo {                     /*选择页面中 id = "demo"的元素 */
属性名 1: 属性值 1;          /*一条样式规则 */
属性名 2: 属性值 2;          /*又一条样式规则 */
}
```

复制 ch3_01. html,重命名为 ch3_04. html,其内容见例 3-4。代码第 14 行设置了 id="houzi"来唯一标识段落"猴子";代码第 6~11 行为 CSS 内部样式;第 7 行"♯houzi"定义了 id 选择器,具体 CSS 规则不再赘述。其运行效果见图 3.1,建议使用 id 选择器替换内联样式,而不要在标签中设置 style 属性。

【例 3-4】 id 选择器示例。

```
01 <!DOCTYPE html >
02 < html >
03     < head >
```

```
04        <title> id 选择器示例</title>
05        < meta charset = "utf - 8" />
06        < style type = "text/css">
07        #houzi {
08            color:red;
09            font - size:25px;
10            text - align:center;}
11        </style>
12    </head>
13    < body >
14        < p id = "houzi">猴子</p>
15        <p>马</p>
16        <p>牛</p>
17        < span >落叶松</span>
18        < span >白杨树</span>
19        < span >菊花</span>
20        < span >荷花</span>
21    </body>
22 </html>
```

3.2.3　class 选择器

与 id 属性一样，HTML 中的元素可以定义一个 class 属性。不同的是，多个不同的 HTML 元素可以定义相同的 class 属性值。class 属性值相同的元素可以由 CSS 类选择器选取并定义相同的样式规则。

设某标签元素 class="demo"，则其属性值为 demo，其 class 选择器的写法为：

```
.demo {                    /* 选择页面中 class = "demo"的元素 */
属性名 1: 属性值 1;           /* 一条样式规则 */
属性名 2: 属性值 2;           /* 又一条样式规则 */
}
```

假如我们的目标是设置< span >落叶松</span >、< span >白杨树</span >的字体大小为 25px，则可以使用 class="shu"，把"落叶松"和"白杨树"归到 shu 类，并进一步设置 CSS 规则。

复制 ch3_04.html，重命名为 ch3_05.html，其内容见例 3-5。代码第 18、19 行设置了 class="shu"来标识"落叶松"和"白杨树"，代码第 11、12 行".shu"定义了 class 选择器，具体 CSS 规则不再赘述，其运行效果见图 3.6，这里 class 选择器选中了两个< span >元素，另外两个< span >元素"菊花"和"荷花"不受影响。class 选择器还可以和标签选择器结合使用，用于更精确地选择元素。例如选择器"span.shu"表示选择所有 class 属性值为 shu 的 < span >元素。

【例 3-5】　class 选择器示例。

```
01 <! DOCTYPE html >
02 < html >
03    < head >
04        <title> class 选择器示例</title>
```

```
05        < meta charset = "utf - 8" />
06        < style type = "text/css">
07        ♯ houzi {
08            color:red;
09            font - size:25px;
10            text - align:center;}
11        . shu {
12            font - size:25px;        }
13        </ style >
14    </head >
15    < body >
16        < p id = "houzi">猴子</p>
17        < p >马</p>
18        < p >牛</p>
19        < span class = "shu">落叶松</span>
20        < span class = "shu">白杨树</span>
21        < span >菊花</span>
22        < span >荷花</span>
23    </body >
24 </html >
```

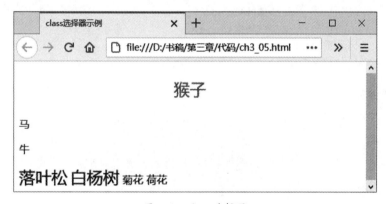

图 3.6　class 选择器

3.2.4　后代选择器

后代选择器也称为包含选择器,用来选择特定元素或元素组的后代。后代选择器用两个常用选择器中间加一个空格表示,其中前面的常用选择器用于选择父元素,后面的常用选择器用于选择子元素,样式最终会应用于选定的子元素。一般可结合 DOM 来表示后代选择器。

复制 ch3_05.html,重命名为 ch3_06.html,其内容见例 3-6。在 Dreamweaver CC 中打开,ch3_06.html 对应的 DOM 见图 3.7。结合代码第 7 行,可知 body ♯houzi 的 body 为父标签,♯houzi 是在 body 的子标签层选择的。body span 是典型的写法,是使用 Dreamweaver CC 设计 CSS 时的默认写法,表示选择 body 下的所有 span 标签。因为 body 是默认的父标签,所以经常省略。需要特别注意的是父子标签之间有空格,书写时容易出错。例 3-6 的运行效果见图 3.6。

073

【例 3-6】 后代选择器示例。

```
01 <!DOCTYPE html >
02 < html >
03    < head >
04        < title > class 选择器示例</title >
05        < meta charset = "utf - 8" />
06        < style type = "text/css">
07        body # houzi {
08            color:red;
09            font - size:25px;
10            text - align:center;}
11        body span.shu {
12            font - size:25px;        }
13        body span { }
14        </style >
15    </head >
16    < body >
17         < p id = "houzi">猴子</p >
18        < p>马</p >
19        < p>牛</p >
20        < span class = "shu">落叶松</span >
21        < span class = "shu">白杨树</span >
22        < span>菊花</span >
23        < span>荷花</span >
24    </body >
25 </html >
```

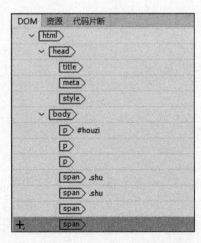

图 3.7　ch3_06.html 对应的 DOM

3.2.5　分组选择器

当几种元素样式属性相同时,可以共同调用一个声明,元素之间用逗号分隔。
ch3_03.css 内容如下:

```
01 p {
02     color: blue;
03     font - size: 12px;     }
04   span {
05         font - size: 12px;
06         color: red; }
```

可以改写为：

```
01 p{
02    color: blue;}
03 p,span  {  font - size: 12px;     }
04   span{
05     color: red;}
```

把 font-size：12px 放在"p, span"选择器中，表示< p >和< span >都使用该样式规则。要注意与后代选择器的区分，用逗号分隔的是分组选择器，表示并列；用空格分隔的是后代选择器，表示父子关系，会进一步限定选择元素的范围。

3.2.6　通用选择器

通用选择器为"＊"，表示选择页面中所有元素。例如：

```
＊ {                          /＊选择页面中所有元素 ＊/
      font - size: 12px;       /＊设置字体大小为 12px ＊/
  }
```

表示选择页面中所有元素，将字体大小都设置为 12px。

通用选择器"＊"的用法一般是设置盒模型的 margin、padding 属性，以避开不同浏览器的默认值不同，提升显示的一致性。其写法如下：

```
＊ {                                /＊选择页面中所有元素 ＊/
      margin:0px;padding:0px;
  }
```

结合 DOM 图，通用选择器"＊"要放在其他选择器的上面，在 CSS 文件中一般放在最前面。打开 ch3_06_bak. html 文件，可以观看通用选择器"＊"的效果。

3.2.7　伪类选择器

有时候需要用文档以外的其他条件来应用元素的样式，例如鼠标悬停、鼠标经过某个HTML 元素等，这时我们就需要用到伪类选择器。超链接伪类选择器的语法如下：

```
a:link { … }              /＊选择未被访问的超链接 ＊/
a:visited { … }           /＊选择已访问的超链接 ＊/
a:hover { … }             /＊当鼠标移动到超链接上 ＊/
a:active { … }            /＊已选定的超链接 ＊/
```

以上代码分别定义了未被访问的超链接样式、已访问过的超链接样式、鼠标移动到超链接上的样式和选定的超链接样式。之所以称之为伪类，就是说它不是一个真实的类。正常的类是以点开始,后边跟一个类属性值;而它是以 a 开始后边跟个冒号,再跟状态限定字符。例如在"a:hover"选择器中定义的样式,只有当鼠标移动到该链接上时它才生效,而"a:visited"只对已访问过的超链接生效。使用伪类选择器可以让用户体验大大提高,例如我们可以设置鼠标移动到超链接上时改变颜色或字体大小等属性来告知用户这个是可以单击的。例 3-7 设置了鼠标移动到超链接上的样式,在 Firefox 浏览器中打开文件 ch3_07.html,按 F12 键调试,单击椭圆处的":hov"切换到伪类选择器调试,页面效果如图 3.8 所示。当鼠标放在超链接上时,超链接文本的样式发生了相应的变化。

【例 3-7】 超链接伪类选择器示例。

```
01 <!DOCTYPE html>
02 <html>
03     <head>
04         <meta charset = "utf-8">
05         <title>伪类选择器示例</title>
06         <style type = "text/css">
07             a:hover {               /* 当鼠标移动到超链接上 */
08             font-size: 20px;        /* 设置字体大小 20px */
09             color:red;              /* 设置文字颜色为红色 */
10             }
11         </style>
12     </head>
13     <body>
14         <a href = "https://www.baidu.com">百度</a>
15         <a href = "http://www.tjzhic.edu.cn">天津理工大学中环信息学院</a>
16     </body>
17 </html>
```

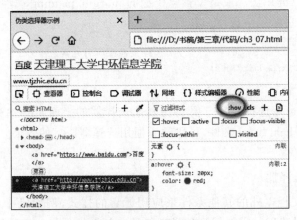

图 3.8　伪类选择器调试

读者可以参考 https://www.w3school.com.cn/css/css_pseudo_classes.asp 了解其他的伪类选择器,例如(:focus)。有些实现也可以借助 JavaScript 的事件来完成。

3.2.8　高级选择器

下面介绍的一些选择器在某些低版本的浏览器中可能无效,因为浏览器目前对这些选择器的支持还不太完善,所以网站中功能很重要的元素应该避免使用这些高级选择器。

1．子选择器

子选择器与后代选择器不同,子选择器仅指它的直接后代,或者你可以理解为作用于子元素的直接后代。而后代选择器作用于所有后代元素。后代选择器通过空格来连接两个选择器,而子选择器通过">"连接两个选择器,即"选择器> 选择器"。读者可以搜索"子选择器"来了解更多的内容。

2．相邻同胞选择器

除了上面的子选择器与后代选择器,有时我们可能还希望找到相邻的两个元素当中的下一个。读者可以搜索"相邻同胞选择器"来了解更多的内容。

例如,一个标题 h1 元素后面紧跟了两个段落元素,想选择位于 h1 元素之后的第一个段落元素,并对它应用样式,此时就可以使用相邻同胞选择器,代码如下:

```
h1 + p{                        /*选择紧邻 h1 元素的 p 元素 */
font-weight: bold;            /*设置字体加粗显示 */
}
```

3．属性选择器

属性选择器根据元素的属性来匹配选择元素。例如通过判断 HTML 标签的某个属性是否存在,或者通过判断 HTML 标签的某个属性是否和某个值相等来选择元素。读者可以搜索"属性选择器"来了解更多的内容。

例如,选择具有 title 属性的超链接和选择 title 属性值为 pic 的超链接,代码如下:

```
a[title] {…}                   /*选择具有 title 属性的超链接 */
a[title = "pic"] {…}           /*选择 title 属性值为"pic"的超链接 */
```

3.3 CSS 的字体属性

学习 CSS 的属性需要查看 CSS 参考手册,读者可以参考网页 http://css.doyoe.com/ 和 https://www.w3school.com.cn/css/css_reference.asp 来在线了解有哪些属性名称及属性值的范围,并学习具体案例。这里仅给出常见的属性及其使用方法。

3.3.1 字体属性名称及属性值

1．字体属性概述

我们想要学习了解图 3.9 所示的文字效果是如何形成的,就需要学习字体属性。

字体对应 font。CSS 中常用的字体属性及部分取值如下。

1) 字体属性 font-family

字体属性 font-family 用于设置文本显示时使用的字体名称,可设置多个字体名称,按优先顺序排列,以逗号隔开。

（1）语法:font-family:字体名称 1,字体名称 2,…;

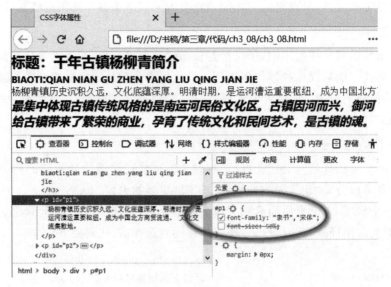

图 3.9　CSS 的字体属性

body { font - family: helvetica, verdana, sans - serif; }

（2）属性取值说明。如果字体名称包含空格或中文，则应使用引号括起。

（3）设置的字体浏览器未必支持，在不影响效果的情况下，要选常见的字体。

2）字体大小属性 font-size

字体大小属性 font-size 用于设置文本字体大小。

（1）语法：font-size: xx-small ｜ x-small ｜ small ｜ medium ｜ large ｜ x-large ｜ xx-large ｜ 长度值 ｜ 百分比;

（2）属性取值说明

① xx-small 等固定的值：类比于衣服的尺码。

② 长度值：不允许出现负值，长度常用的单位是 px(像素)。

③ 百分比：百分比取值是基于父对象中字体的尺寸，不允许为负值。

3）字体样式属性 font-style

字体样式属性 font-style 用于设置文本显示样式。

（1）语法：font-style: normal ｜ italic;

（2）属性取值说明。

① normal：用于指定文本字体样式为正常的字体，为默认值。

② italic：用于指定文本字体样式为斜体。

4）字体粗细属性 font-weight

字体粗细属性 font-weight 用于设置文本的粗细程度。

（1）语法：font-weight: normal ｜ bold ｜ bolder ｜ lighter ｜ 整数值(100 ｜ 200 ｜ ... ｜ 900);

（2）属性取值说明：

① normal：表示正常的字体，相当于数字值 400。

② bold：表示粗体，相当于数字值 700。

③ bolder：用于定义比继承值更重的值。

④ lighter：用于定义比继承值更轻的值。

⑤ 整数值：用数字表示字体粗细，取值为 100｜200｜300｜400｜500｜600｜700｜800｜900。

5）属性 font-variant

属性 font-variant 用于设置文本是否为小型的大写字母。

（1）语法：font-weight：normal｜small-caps；

（2）属性取值说明。

① normal：表示正常的字体。

② small-caps：表示小型的大写字母字体。

其他更多的文本类属性请查阅 CSS 手册。

2．字体样式示例

假设 ch3_08.html 与 demo.css 同时存放在 ch3_08 目录下，其样式示例见例 3-8。

【例 3-8】 CSS 字体样式示例。

ch3_08.html 内容如下：

```
01  <!DOCTYPE html>
02  <html>
03    <head>
04      <meta charset = "utf-8" />
05      <link type = "text/css" href = "./demo.css" rel = "stylesheet" />
06      <title>CSS 字体属性</title>
07    </head>
08    <body>
09      <div>
10          <h2>标题：千年古镇杨柳青简介</h2>
11          <h3>biaoti:qian nian gu zhen yang liu qing jian jie</h3>
12          <p id = "p1">杨柳青镇历史沉积久远,文化底蕴深厚.明清时期,是运河漕运重要
                        枢纽,成为中国北方商贸流通、文化交流集散地.</p>
13          <p id = "p2">最集中体现古镇传统风格的是南运河民俗文化区.古镇因河而兴,御
                        河(京杭大运河杨柳青河段)给古镇带来了繁荣的商业,孕育了传统
                        文化和民间艺术,是古镇的魂.</p>
14      </div>
15    </body>
16  </html>
```

demo.css 内容如下：

```
01  * { margin:0px;}
02  h3 {    font-variant:small-caps;}
03  #p1{
04     font-family:"隶书","宋体", sans-serif;
05     font-size:50%;}
06  #p2{
07     font-size:20px;
08     font-style:italic;
09     font-weight:bold; }
```

ch3_08.html 文件代码第 5 行引入了外部样式表 demo.css，ch3_08.html 第 11 行与 demo.css 第 2 行通过标签选择器 h3 关联起来，ch3_08.html 第 12 行与 demo.css 第 3 行通过 id 选择器"♯p1"关联起来。在 Firefox 浏览器中打开 ch3_08.html，按 F12 键，选中第一个段落<p id="p1">，见图 3.9。注意图中椭圆处的方框，这里没有选中 font-size:50%，通过单击方框，可以改变选中状态，通过变化我们能加深对该属性的理解。也可在 Firefox 浏览器调试窗口增删改查属性及取值，观看属性的作用。

3.3.2 使用 Dreamweaver CC 编辑字体属性

使用 Dreamweaver CC 编辑字体属性时，首先复制文件夹 ch3_08，重命名为 ch3_08_bak，重命名 ch3_08.html 为 ch3_08_bak.html；修改 ch3_08_bak.html，删除第 5 行；删除 demo.css。步骤如下。

（1）打开 Dreamweaver CC，打开 ch3_08_bak.html，单击"拆分"，上面为设计区，下面为代码区，见图 3.10。

图 3.10　CSS 设计器创建内部样式

（2）单击椭圆处的"CSS 设计器"，打开 CSS 设计面板；单击"源"处的按钮，选择"在页面中定义"，在页面中添加内部样式；此时会出现"源<style>"显示，观察 ch3_08_bak.html 的变化，发现添加了内部样式的框架代码。

（3）按图 3.11 的步骤，添加 font 属性：第 1 步选中"源<style>"；第 2 步在设计区选择要添加 CSS 的元素；第 3 步单击按钮，会自动出现 body div h3 选择器；第 4 步单击 T 按钮，切换到文本面板；第 5 步设置 font-variant:small-caps。注意观察代码的变化，使用 Dreamweaver CC 的 CSS 设计器可以避免书写错误，适于初学者。

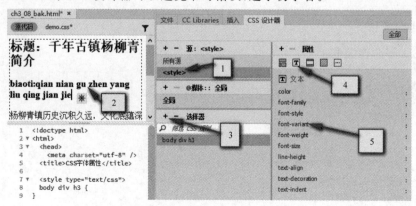

图 3.11　CSS 设计器添加 font 属性

（4）重复上面的步骤，添加其他元素的 font 属性。有些属性需要手动录入属性值，如 font-family。另外，*｛margin:0px;｝需要在代码区直接录入，注意录入位置放在其他选择器前面。

3.4　CSS 的文本属性

3.4.1　文本属性名称及属性值

1. 文本属性概述

我们想要学习了解图 3.12 所示的文字效果是如何形成的，就需要学习文本属性。

图 3.12　CSS 的文本属性

文本对应 text。CSS 中常用的文本属性及部分取值如下。

1）颜色属性 color

颜色属性 color 用于设置文本颜色。

（1）语法：color：颜色值。

（2）属性取值说明。

颜色值的表示方法有很多，常用的有 Color Name（颜色名称）、HEX（十六进制数）、RGB 等形式。

① 颜色名称表示方法：用 red、blue、pink 等表示颜色的英文单词表示，颜色单词可以查阅 CSS 手册。

② 十六进制数颜色表示方法：即 ♯RRGGBB 或者 ♯RGB，其中 RR 表示红色值，GG 表示绿色值，BB 表示蓝色值，三种颜色的取值范围是 00～FF。如果每种颜色在两位上的数字都相同，则可以简写为 ♯RGB，例如 ♯FF8800 可以缩写为 ♯F80。

③ RGB 颜色表示方法：即 rgb(R，G，B)，其中 R 表示红色值，G 表示绿色值，B 表示

蓝色值。三者可以取正整数（范围为 0～255），或者取百分数（范围为 0～100.0％）。

　　④ 与颜色密切相关的透明度属性 opacity 用于设置对象的不透明度，其语法为 opacity:数值；数值被约束在[0.0－1.0]范围内，如果超过了这个范围，其计算结果将截取到与之最相近的值。

　　2）文本对齐属性 text-align

文本对齐属性 text-align 用于设置文本显示时的对齐方式。

　　（1）语法：text-align：left ｜ right ｜ center ｜ justify。

　　（2）属性取值说明。

　　① left：表示文本内容左对齐，为默认取值。

　　② right：表示文本内容右对齐。

　　③ center：表示文本内容居中对齐。

　　④ justify：表示文本内容两端对齐。

　　3）文本装饰属性 text-decoration

文本装饰属性 text-decoration 用于设置文本装饰，它属于复合属性，可分拆为三个独立属性，介绍如下。

　　（1）属性 text-decoration-line。

属性 text-decoration-line 用于设置装饰线条，主要体现在位置上。

　　① 语法：text-decoration-line：none ｜ underline ｜ overline ｜ line-through ｜ blink。

　　② 属性取值说明。

- none：指定文字无装饰，为默认取值。
- underline：指定文字的装饰是下画线。
- overline：指定文字的装饰是上画线。
- line-through：指定文字的装饰是贯穿线。
- blink：指定文字的装饰是闪烁。

　　（2）属性 text-decoration-style。

属性 text-decoration-style 用于设置装饰线条的线型。

　　（1）语法：text-decoration-style：solid ｜ double ｜ dotted ｜ dashed ｜ wavy。

　　（2）属性取值说明。

- solid：表示实线。
- double：表示双线。
- dotted：表示点状线条。
- dashed：表示虚线。
- wavy：表示波浪线。

　　4）属性 text-decoration-color

属性 text-decoration-color 用于设置装饰线条的颜色。

　　（1）语法：text-decoration-color：颜色值。

　　（2）属性取值说明。颜色值见属性 color 的取值说明。

　　5）文本缩进属性 text-indent

文本缩进属性 text-indent 用于设置文本的首行缩进。

（1）语法：text-indent：长度值｜百分比。

（2）属性取值说明。

① 长度值：用长度值指定文本的首行缩进距离，允许为负值。

② 百分比：用百分比指定文本的首行缩进距离，允许为负值。

6）行高属性 line-height

行高属性 line-height 用于设置文本行的行高。

（1）语法：line-height：normal｜长度值｜百分比。

（2）属性取值说明。

① normal：允许内容顶开或溢出指定的容器边界，为默认值。

② 长度值：用长度值指定行高，不允许为负值。

③ 百分比：用百分比指定行高，其百分比取值是基于字体的高度尺寸，不允许为负值。

其他更多的文本类属性请查阅 CSS 手册。

2. 文本样式示例

假设 ch3_09.html 与 demo.css 同时存放在 ch3_09 目录下，其样式示例见例 3-9。

【例 3-9】 CSS 文本样式示例。

ch3_09.html 与 ch3_08.html 内容相同，见示例 3-8，这里不再赘述。demo.css 内容如下：

```
01  *  { margin:0px;}
02  h2 {
03      text-align:center;
04      text-decoration:underline double red;
05  }
06  /* 注意:
07      text-decoration:underline double red;
08      等价于以下三条样式:
09      text-decoration-line:underline;
10      text-decoration-style:double;
11      text-decoration-color:red;
12  */
13  h3 {    color:rgb(255,0,0);}
14  #p1{
15      color:rgb(100%,0%,0%);
16      font-size:18px;
17      text-indent:36px;
18      line-height:18px;
19      opacity:0.5;
20      }
21  #p2{
22      font-size:12px;
23      text-indent:24px;
24      line-height:150%; }
```

ch3_09.html 文件代码第 5 行引入了外部样式表 demo.css，ch3_09.html 第 10 行与 demo.css 第 2 行通过标签选择器 h2 关联起来，text-align：center 使标题文本居中，text-decoration 设置下画线（underline）为线形双线（double），颜色为红色（red）。ch3_09.html 第 11 行与 demo.css 第 13 行通过标签选择器 h3 关联起来，设置颜色为红色。ch3_09.html 第 12 行与 demo.css 第 14 行通过 id 选择器"♯p1"关联起来，颜色设置为红色，使用了百分比的方式，字体大小设置为 18px，首行缩进（text-indent:36px）是字体大小 18px 的 2 倍，表示缩进 2 个字符；行高（line-height）设置为 18px，恰好装下文字（默认设置情况也是如此）。如果设置的值比 18px 大，则行边框与文字之间有缝隙，表现为行间距大；如果设置的值比 18px 小，则文字会超出行边框，表现为行间距小，2 行文字有重叠。文字透明度（opacity）设置为 0.5，则文字看起来有点淡。ch3_09.html 第 13 行与 demo.css 第 21 行通过 id 选择器"♯p2"关联起来，这里行高（line-height:150％）使用百分比方式，相当于行高的值为 12×150％＝18px。在 Firefox 浏览器中打开 ch3_09.html，按 F12 键，选中第一个段落＜p id＝"p1"＞，见图 3.12。注意图中椭圆处的方框，通过单击方框，可以改变选中状态，通过变化我们能加深对该属性的理解。也可在 Firefox 浏览器调试窗口增删改查属性及取值，观看属性的作用。

3.4.2　使用 Dreamweaver CC 编辑文本属性

使用 Dreamweaver CC 编辑文本属性时，首先复制文件夹 ch3_09，重命名为 ch3_09_bak，重命名 ch3_09.html 为 ch3_09_bak.html；修改 ch3_09_bak.html，删除第 5 行；删除 demo.css。步骤如下。

（1）打开 Dreamweaver CC，打开 ch3_09_bak.html，单击"拆分"，上面为设计区，下面为代码区，与图 3.10 相似。

（2）单击椭圆处的 CSS 设计器，打开 CSS 设计面板；单击"源"处的按钮⊞，选择"在页面中定义"，在页面中添加内部样式；此时会出现"源＜style＞"显示，观察 ch3_09_bak.html 的变化，发现添加了内部样式的框架代码。

（3）按类似图 3.11 的步骤，添加 text 属性。＊｛margin:0px;｝需要在代码区直接录入，注意录入位置放在其他选择器前面。

3.5　CSS 的背景属性

3.5.1　背景属性名称及属性值

1. 背景属性概述

我们想要学习了解图 3.13 所示的页面背景效果是如何形成的，就需要学习背景属性。背景属性 background 用于设置对象的背景特性。它属于复合属性，相对比较复杂，可分拆为多个独立属性。此处讲解常用的四个独立属性，参见语法：

```
background: background - color || background - image || background - repeat || background -
position;
```

1）属性 background-color
属性 background-color 用于设置背景颜色。

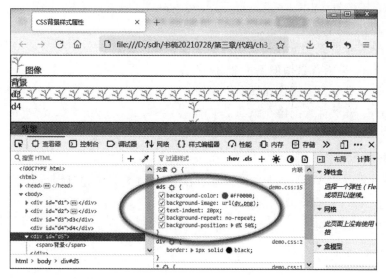

图 3.13 CSS 的背景属性

（1）语法：background-color：颜色值。

（2）属性取值说明。颜色值见属性 color 的取值说明。

2）属性 background-image

属性 background-image 用于设置背景图像。

（1）语法：background-image：图像 | none。

（2）属性取值说明

① 图像：可以使用 url（图像路径）的方式引用背景图像。当同时定义了背景颜色和背景图像时，背景图像覆盖在背景颜色之上。

② none：无背景图像。

3）属性 background-position

属性 background-position 用于设置背景图像的位置。

（1）语法：background-position：水平方向位置 垂直方向位置。

① 水平方向位置可取值：left | center | right |百分比 | 长度值。

② 垂直方向位置可取值：top | center | bottom |百分比|长度值。

（2）属性取值说明。

① left：表示背景图像在横向上填充从最左边开始，为默认值。

② right：表示背景图像在横向上填充从最右边开始。

③ center：表示背景图像在横向或者纵向上居中。

④ top：表示背景图像在纵向上填充从最顶部开始，为默认值。

⑤ bottom：表示背景图像在纵向上填充从最底部开始。

⑥ 百分比：表示用百分比指定背景图像填充的位置，可以为负值，其参考的尺寸为容器大小减去背景图片大小。容器的 width、height 对百分比的效果影响较大。

⑦ 长度值：表示用长度值指定背景图像填充的位置，可以为负值。

4）属性 background-repeat

属性 background-repeat 用于设置背景图像如何铺排填充。

（1）语法：background-repeat：repeat ｜ no-repeat ｜ repeat-x ｜ repeat-y。

（2）属性取值说明。

① repeat：表示背景图像在横向和纵向平铺，为默认值。

② no-repeat：表示背景图像不平铺，仅显示一次。

③ repeat-x：表示背景图像在横向上平铺。

④ repeat-y：表示背景图像在纵向上平铺。

更多的背景属性请查阅 CSS 手册。

2. 背景样式示例

假设 ch3_10. html 与 demo. css 同时存放在 ch3_10 目录下，其样式示例见例 3-10。

【例 3-10】 CSS 背景样式示例。

ch3_10. html 内容如下：

```
01 <!DOCTYPE html >
02 < html >
03     < head >
04         < meta charset = "utf - 8" />
05         < link href = "demo.css" type = "text/css" rel = "stylesheet" />
06         < title > CSS 背景样式属性</title >
07     </head >
08     < body >
09         < div id = "d1" >< img src = "./shu.png" >< span >图像</span ></div >
10         < div id = "d2" >< span >背景</span ></div >
11         < div id = "d3" > d3 </div >
12         < div id = "d4" > d4 </div >
13         < div id = "d5" >< span >背景</span ></div >
14     </body >
15 </html >
```

demo. css 内容如下：

```
01 * { margin:0px; padding:0px;         }
02 div {       border: 1px solid black;}
03 #d1 {      background - color: #FFFFFF}
04 #d2 {
05     background - image: url(shu.png);
06     background - repeat: no - repeat;          }
07 #d3   {
08     background - image: url(shu.png);
09     background - repeat: repeat - x;          }
10 #d4 {
11     background - image: url(shu.png);
12     background - repeat: repeat - y;
13     height: 40px;
14     background - position: 50 % 0 % ;}
15 #d5{
16     background - color: #FF0000;
17     background - image: url(dy.png);
18     text - indent: 20px;
```

```
19      background – repeat: no – repeat;
20      background – position: 0 % 50 % ;      }
```

代码说明如下。

（1）ch3_10.html 文件代码第 5 行引入了外部样式表 demo.css，运行效果见图 3.13。

（2）ch3_10.html 第 9 行与 demo.css 第 3 行通过 id 选择器"♯d1"关联起来，第 10 行与 demo.css 第 4 行通过 id 选择器"♯d2"关联起来。"♯d1"是把 shu.png 作为图像引入，"♯d2"是把 shu.png 作为背景引入，背景图像不占据正常的 HTML 文档位置，所以文字"背景"显示在背景图像上，而使用<img>标签插入的图像会占据页面的位置，文字"图像"在侧面显示。

（3）ch3_10.html 第 11 行与 demo.css 第 7 行通过 id 选择器"♯d3"关联起来，第 12 行与 demo.css 第 10 行通过 id 选择器"♯d4"关联起来。"♯d3"与"♯d4"都引入了 shu.png，不同之处在于"♯d3"的 background-repeat 为 repeat-x，是横向平铺；"♯d4"的 background-repeat 为 repeat-y，是纵向平铺。

（4）仔细观察会发现"♯d3"的图片 shu.png 没有显示全，这里也是图像用作背景与一般图像不同的地方，一般图像会膨胀出来，而用作背景的图像不会，超出范围会截断。这点对我们调试盒子模型以及观察一些属性非常有用。

（5）ch3_10.html 第 13 行与 demo.css 第 15 行通过 id 选择器"♯d5"关联起来，"♯d5"引入了 dy.png，同时用 text-indent：20px 使文字偏移开背景图像，background-repeat 为 no-repeat，不平铺。background-position：0% 50%使得背景图像靠左垂直居中。

（6）demo.css 第 2 行设置了 border 属性，画了个边框，使得各元素区分明显，便于观察。具体含义参考后面边框属性的讲解。

（7）在 Firefox 浏览器中打开 ch3_10.html，按 F12 键，选中"♯d5"，见图 3.13。注意图中椭圆处的方框，通过单击方框，可以改变选中状态，通过变化我们能加深对该属性的理解。也可在 Firefox 浏览器调试窗口增删改查属性及取值，观看属性的作用。

CSS 的高效还在于允许我们在书写样式规则时使用简写方案，通过简写可以让 CSS 文件更小。在设置 CSS 背景时就可以使用以下的简写方案，将原本定义在多条规则中的语句合并成为一条语句：

```
background: color url repeat attachment position;
```

按照上面的简写方案，demo.css 第 15～20 行的 background 相关部分可以简写如下：

```
background: ♯FF0000  url(dy.png)  no – repeat  0 %  50 % ;
```

3.5.2　使用 Dreamweaver CC 编辑背景属性

使用 Dreamweaver CC 编辑背景属性时，首先复制文件夹 ch3_10，重命名为 ch3_10_bak，重命名 ch3_10.html 为 ch3_10_bak.html；修改 ch3_10_bak.html，删除第 5 行；删除 demo.css。步骤如下。

（1）打开 Dreamweaver CC，打开 ch3_10_bak.html，单击"拆分"，上面为设计区，下面为代码区，与图 3.10 相似。

（2）单击椭圆处的 CSS 设计器，打开 CSS 设计面板；单击"源"处的按钮 ⊞，选择"在页面中定义"，在页面中添加内部样式；此时会出现"源< style >"显示，观察 ch3_10_bak.html 的变化，发现添加了内部样式的框架代码。

（3）按图 3.14 的步骤，添加背景属性：第 1 步选中"源< style >"；第 2 步在设计区选择要添加 CSS 的元素，注意此时选择的是整个 div；第 3 步单击按钮 ⊞，会自动出现"♯d1"选择器；第 4 步单击斜纹"背景"按钮，切换到背景面板；第 5 步设置相应的背景属性，注意观察代码的变化，使用 Dreamweaver CC 的 CSS 设计器可以避开书写错误，适于初学者。

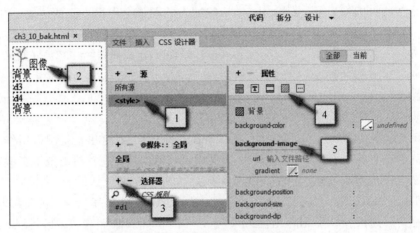

图 3.14　CSS 设计器添加背景属性

（4）＊｛ margin:0px; padding:0px;｝与 div ｛ border:1px solid black;｝需要在代码区直接录入，注意录入位置放在其他选择器前面。

3.6　CSS 的列表属性

3.6.1　列表属性名称及属性值

1. 列表属性概述

想要学习了解图 3.15 所示的页面列表效果是如何形成的，就需要学习列表属性。

列表属性 list-style 用于设置列表项目相关内容。它属于复合属性，可分拆为 3 个独立属性，参见语法：

list - style: list - style - type || list - style - position || list - style - image;

1）属性 list-style-type

属性 list-style-type 用于设置列表项目符号。

（1）语法：list-style-type:none | disc | circle | square | decimal。

（2）属性取值说明。

① none：表示无项目标记。

② disc：表示项目标记是实心圆点，为默认值。

图 3.15 CSS 的列表属性

③ circle：表示项目标记是空心圆圈。

④ square：表示项目标记是实心方块。

⑤ decimal：表示项目标记是阿拉伯数字。

⑥ 其他更多的属性取值请查阅 CSS 手册。

2）属性 list-style-position

属性 list-style-position 用于设置列表项符号的位置。

（1）语法：list-style-position：outside | inside。

（2）属性取值说明

① outside：表示列表项目标记放置在文本以外，且环绕文本不根据标记对齐，为默认值。

② inside：表示列表项目标记放置在文本以内，且环绕文本根据标记对齐。

3）属性 list-style-image

属性 list-style-image 用于设置列表项标记的图像。

（1）语法：list-style-image：none | 图像。

（2）属性取值说明。

① none：表示列表项标记不指定图像，为默认值。

② 图像：表示可以使用绝对或相对地址指定列表项标记图像。如果图像地址无效，默认列表项标记将被 list-style-type 属性值代替；如果图像地址有效，list-style-type 属性值设置失效。

列表属性也可以简写，写法如下：

```
list-style: url(./xjt.png) outside none;   /* 属性顺序依次是 image、position 和 type */
```

2. 列表样式示例

ch3_11_from_ch2_13. html 来自 ch2_13. html，只是引入了 demo. css，略做修改。假设与 demo. css 同时存放在 ch3_11 目录下，其列表样式示例见例 3-11。

【例 3-11】 CSS 列表样式示例。

ch3_11_from_ch2_13. html 内容如下：

089

```
01 <!DOCTYPE html>
02 <html>
03     <head>
04         <meta charset = "utf-8">
05         <link href = "demo.css" rel = "stylesheet" type = "text/css">
06         <title>CSS 列表属性</title>
07     </head>
08     <body>
09         <ul>
10             <li>计算机科学与技术</li>
11             <li>软件工程</li>
12             <li>网络安全</li>
13         </ul>
14     </body>
15 </html>
```

demo.css 内容如下:

```
01 body ul li {
02     list-style-image: url(dy.png);
03     list-style-type: square;
04     list-style-position: inside; }
```

ch3_11_from_ch2_13.html 文件代码第 5 行引入了外部样式表 demo.css,第 10 行与 demo.css 第 1 行通过标签选择器 body ul li 关联起来,我们也可以使用标签选择器 body ul 来关联起来。在 Firefox 浏览器中打开 ch3_11_from_ch2_13.html,按 F12 键,选中第一个列表项,见图 3.15。注意图中椭圆处的方框,通过单击方框,可以改变选中状态,通过变化我们能加深对该属性的理解。也可在 Firefox 浏览器调试窗口增删改查属性及取值,观看属性的作用。list-style-type:none 无标记在菜单栏中经常使用,可以试着修改一下赋值,观看效果。

3.6.2 使用 Dreamweaver CC 编辑列表属性

使用 Dreamweaver CC 编辑列表属性时,首先复制文件夹 ch3_11,重命名为 ch3_11_bak,重命名 ch3_11_from_ch2_13.html 为 ch3_11_from_ch2_13_bak.html;修改 ch3_11_from_ch2_13_bak.html,删除第 5 行;删除 demo.css。步骤如下。

(1) 打开 Dreamweaver CC,打开 ch3_11_from_ch2_13_bak.html,单击"拆分",上面为设计区,下面为代码区,与图 3.10 相似。

(2) 单击椭圆处的 CSS 设计器,打开 CSS 设计面板;单击"源"处的按钮 ⊞,选择"在页面中定义",在页面中添加内部样式;此时会出现"源<style>"显示,观察代码区的变化,发现添加了内部样式的框架代码。

(3) 按图 3.16 的步骤,添加列表属性:第 1 步选中"源<style>";第 2 步在设计区选择要添加 CSS 的元素;第 3 步单击按钮 ⊞,会自动出现"body ul li"选择器;第 4 步单击"边框"按钮,切换到边框面板,向上稍拖动鼠标,找到 list-style-type 属性,设置相应的值;第 5 步设置相应列表属性,注意观察代码的变化。

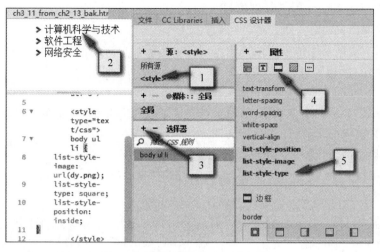

图 3.16　CSS 设计器添加列表属性

3.7　CSS 的边框属性

3.7.1　边框属性名称及属性值

1. 边框属性概述

我们想要学习了解图 3.17 所示的页面边框效果是如何形成的,就需要学习边框属性。

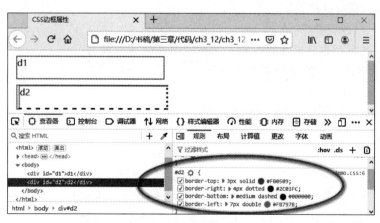

图 3.17　CSS 的边框属性

边框属性 border 用于设置对象的边框特性。它属于复合属性,可分拆为 3 个独立属性。参见语法:

```
border: border - width || border - style || border - color;
```

1) 属性 border-width

属性 border-width 用于设置边框的宽度。

（1）语法：border-width：长度值{1，4}。

（2）属性取值说明。

{1，4}表示边框宽度值可以在四个方向上分别进行设置，可以写 1～4 个宽度值。其设置规则如下所示（外边距、内边距等属性也涉及 4 个方向上的相关属性值设置，同样适用本规则）。

① 如果提供全部四个参数值，将按上、右、下、左（顺时针）的顺序作用于四边。

② 如果只提供一个，将用于全部的四边。

③ 如果提供两个，第一个用于上、下，第二个用于左、右。

④ 如果提供三个，第一个用于上，第二个用于左、右，第三个用于下。

代码如下所示：

```
border - width: 1px 5px 10px 15px;        / * 分别设置上、右、下、左边的宽度 * /
border - width: 1px;                       / * 设置四条边宽都为 1px * /
border - width: 1px 5px;                   / * 设置上下边宽 1px, 左右边宽 5px * /
border - width: 1px 5px 10px;              / * 设置上边宽 1px, 左右边宽 5px, 下边宽 10px * /
```

2）属性 border-style

属性 border-style 用于设置边框的样式。

（1）语法：border-style：[none ｜ solid ｜ dashed ｜ dotted ｜ double]{1，4}。

（2）属性取值说明。

① none：表示无轮廓。

② solid：表示实线轮廓。

③ dashed：表示虚线轮廓。

④ dotted：表示点状轮廓。

⑤ double：表示双线轮廓。

⑥ {1，4}表示边框样式可以在四个方向上分别进行设置。

⑦ 其他更多属性取值请查阅参考手册。

3）属性 border-color

属性 border-color 用于设置边框的颜色。

（1）语法：border-color：颜色值{1，4}。

（2）属性取值说明。

{1，4}表示边框颜色可以在四个方向上分别进行设置。

可以对上下左右其中一个边框进行单独设置，此类属性共有 4 个，如下所示。

① border-top：border-width ｜｜ border-style ｜｜ border-color。

② border-bottom：border-width ｜｜ border-style ｜｜ border-color。

③ border-left：border-width ｜｜ border-style ｜｜ border-color。

④ border-right：border-width ｜｜ border-style ｜｜ border-color。

可以对上下左右其中一个边框的每个独立属性进行单独设置，此类属性按照以下方式组合：border-[top ｜ bottom ｜ left ｜ right]-[width ｜ style ｜ color]，共 12 个属性，分别为。

① border-top-width ｜ border-top-style ｜ border-top-color。

② border-bottom-width ｜ border-bottom-style ｜ border-bottom-color。

③ border-left-width ｜ border-left-style ｜ border-left-color。

④ border-right-width ｜ border-right-style ｜ border-right-color。

如果单独对一条边设置，以上边为例，可以使用 border-top-width、border-top-style 和 border-top-color 属性。同样，只要将属性中的 top 替换为 left、bottom 和 right 就可以对另外三条边进行单独设置。

CSS 边框的宽度和边框类型必须设置，否则边框不能被显示。如果边框四条边的宽度、线型和颜色属性一样，则可以使用简写方案，代码如下所示：

```
border: 1px solid black;      /* 依次设置宽度、线型和颜色 */
```

2. 边框样式示例

假设 ch3_12.html 与 demo.css 同时存放在 ch3_12 目录下，其样式示例见例 3-12。

【例 3-12】 CSS 边框样式示例。

ch3_12.html 内容如下：

```
01 <!DOCTYPE html>
02 <html>
03    <head>
04    <meta charset = "utf - 8" />
05    <link href = "demo.css" rel = "stylesheet" type = "text/css">
06    <title>CSS 边框属性</title>
07    </head>
08    <body>
09        <div id = "d1"> d1 </div>
10        <div id = "d2"> d2 </div>
11    </body>
12 </html>
```

demo.css 内容如下：

```
01 div {
02        width:280px;
03        height:40px;
04        margin:10px; }
05 #d1 {  border: 2px solid #FD070B;   }
06 #d2 {
07      border - top: 3px solid #FB0509;
08      border - right: 4px dotted #2C03FC;
09      border - bottom: medium dashed #000000;
10      border - left: 7px double #FB797B;    }
```

ch3_12.html 文件代码第 5 行引入了外部样式表 demo.css，ch3_12.html 第 10 行与 demo.css 第 6 行通过 id 选择器"#d2"关联起来。为了使方框 4 边显示明显，设置了元素 div 的宽度、高度和页边距。在 Firefox 浏览器中打开 ch3_12.html，按 F12 键，选中"#d2"，见图 3.17。注意图中椭圆处的方框，通过单击方框，可以改变选中状态，通过变化能加深对该属性的理解。也可在 Firefox 浏览器调试窗口增删改查属性及取值，观看属性的作用。

3.7.2 使用 Dreamweaver CC 编辑边框属性

使用 Dreamweaver CC 编辑边框属性时,首先复制文件夹 ch3_12,重命名为 ch3_12_bak,重命名 ch3_12.html 为 ch3_12_bak.html;修改 ch3_12_bak.html,删除第 5 行;删除 demo.css。步骤如下。

(1) 打开 Dreamweaver CC,打开 ch3_12_bak.html,单击"拆分",上面为设计区,下面为代码区,与图 3.10 相似。

(2) 单击椭圆处的 CSS 设计器,打开 CSS 设计面板;单击"源"处的按钮 ⊞,选择"在页面中定义",在页面中添加内部样式;此时会出现"源< style >"显示,观察代码区的变化,发现添加了内部样式的框架代码。

(3) 按图 3.18 的步骤,添加边框属性:选择"♯d2",第 1 步单击边框,调出边框面板;第 2 步单击"上边框",设置相应的 width、style、color 值。重复这个过程,完成其他元素的 CSS 设置。

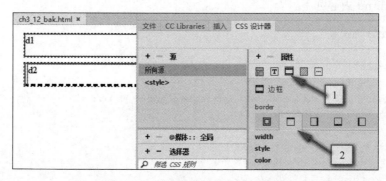

图 3.18 CSS 设计器添加边框属性

3.8 CSS 的区块属性

3.8.1 区块属性名称及属性值

1. 区块属性概述

我们想要学习了解图 3.19 所示的页面效果是如何形成的,就需要学习区块属性。

CSS 边距属性主要是指 margin(外边距)属性和 padding(内边距)属性,属性取值为一个宽度值,需要结合 CSS 盒模型讲解它们的具体含义。CSS 盒模型规定了处理元素内容(element)、内边距(padding)、边框(border)和外边距(margin)的方式。如图 3.20 所示,元素最里边的部分是实际的内容;直接包围内容的是内边距;内边距的边缘是边框;边框以外是外边距,外边距默认是透明的,因此不会遮挡其后的任何元素。元素的背景(background)应用于由内容和内边距、边框组成的区域。

1) 外边距属性 margin

外边距属性 margin 用于设置元素对象的外边距。

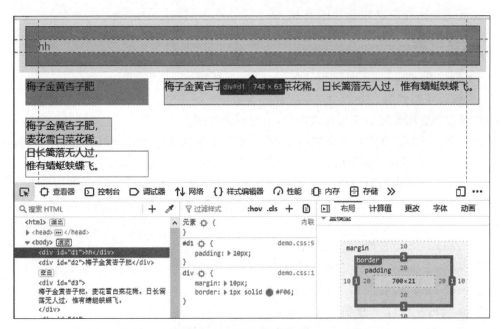

图 3.19　CSS 的区块属性

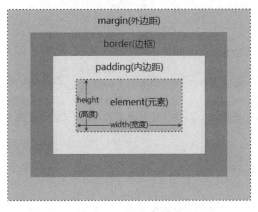

图 3.20　CSS 盒模型

（1）语法：margin：［长度值｜百分比］{1，4}。

（2）属性取值说明。

① 长度值：用长度值来定义外边距，可以为负值。

② 百分比：用百分比来定义外边距，水平方向上参照其包含块 width 进行计算，垂直方向上参照 height，可以为负值。

③ {1，4}表示外边距可以在四个方向上分别进行设置，可以写 1~4 个长度值。

（3）可以对上下左右其中一个方向的外边距进行单独设置，此类属性共有 4 个，如下所示。

① margin-top：长度值｜百分比。

② margin-bottom：长度值｜百分比。

③ margin-left：长度值｜百分比。

④ margin-right：长度值｜百分比。

2）内边距属性 padding

内边距属性 padding 用于设置元素对象的内边距。

（1）语法：padding：［长度值｜百分比］{1，4}。

（2）属性取值说明。

① 长度值：用长度值来定义内边距，不允许为负值。

② 百分比：用百分比来定义内边距，水平方向上参照其包含块 width 进行计算，垂直方向上参照 height，不允许为负值。

③ {1，4}表示内边距可以在四个方向上分别进行设置，可以写 1~4 个长度值。

（3）可以对上下左右其中一个方向的内边距进行单独设置，此类属性共有 4 个，如下所示。

① padding-top：长度值｜百分比。

② padding-bottom：长度值｜百分比。

③ padding-left：长度值｜百分比。

④ padding-right：长度值｜百分比。

margin 属性和 padding 属性也有类似于 border 属性的简写方法，如下所示：

```
margin: 5px;                    / * 设置外边距都为 5px * /
margin: 5px 10px;               / * 设置上下外边距 5px，左右外边距 10px * /
margin: 5px 10px 15px;          / * 设置上外边距 5px，左右外边距 10px，下外边距 15px * /
margin: 5px 15px 20px 25px;     / * 分别设置上、右、下、左外边距 * /
padding: 5px;                   / * 设置内边距都为 5px * /
padding: 5px 10px;              / * 设置上下内边距 5px，左右内边距 10px * /
padding: 5px 10px 15px;         / * 设置上内边距 5px，左右内边距 10px，下内边距 15px * /
padding: 5px 15px 20px 25px;    / * 分别设置上、右、下、左内边距 * /
```

3）尺寸属性

尺寸属性用于定义块级元素的大小，即宽度和高度。属性如表 3.2 所示。

表 3.2　CSS 尺寸属性

属 性 名 称	属 性 值	说 明
height	像素值/百分比	定义元素的高度
width	像素值/百分比	定义元素的宽度
max-height	像素值/百分比	定义元素的最大高度
min-height	像素值/百分比	定义元素的最小高度
max-width	像素值/百分比	定义元素的最大宽度
min-width	像素值/百分比	定义元素的最小宽度

宽度属性 width、高度属性 height 仅设定元素盒模型中的灰色部分，元素在页面中的实际尺寸还要加上内边距、方框、外边距的尺寸。min-width 定义了最小宽度，当元素自身尺寸小于 min-width 时，min-width 也会占据设定大小的宽度值；当元素自身尺寸大于 min-width 时，min-width 不起作用，元素会自动外展，不受 min-width 的限定。网页 https://blog. csdn. net/m0_38102188/article/details/80612233 对 min-width、width 和 max-width

之间的区别与联系作了详尽的解释,供参考。实际中可以通过比较 min-height、height 和 max-height 来观察理解效果,更容易设计示例。

2. 区块样式示例

【例 3-13】 CSS 区块样式示例。

ch3_13.html 内容如下:

```
01  <!DOCTYPE html>
02  <html>
03    <head>
04      <meta charset = "utf - 8" />
05    <link href = "./demo.css" type = "text/css" rel = "stylesheet" />
06    <title>CSS 尺寸属性</title>
07    </head>
08    <body>
09    <div id = "d1"> hh </div>
10    <div id = "d2">梅子金黄杏子肥</div>
11    <div id = "d3">梅子金黄杏子肥,麦花雪白菜花稀.日长篱落无人过,惟有蜻蜓蛱蝶飞.</div>
12    <div id = "d4">梅子金黄杏子肥,麦花雪白菜花稀.日长篱落无人过,惟有蜻蜓蛱蝶飞.</div>
13    <div id = "d5"></div>
14    </body>
15  </html>
```

demo.css 内容如下:

```
01  div {
02      margin:10px;
03      border:1px solid #F06;}
04  #d1 {
05      padding:20px;
06      max - height:40px;
07      }
08  #d2{
09      min - width:200px;
10      height:40px;
11      background - color: #FF0000;
12      display:inline - block;}
13  #d3 {
14      min - width:200px;
15      min - height:40px;
16      background - color: #F5FF0C;
17      display:inline - block;}
18  #d4 {
19      max - width:140px;
20      max - height:40px;
21      background - color: #F5FF0C;}
22  #d5 {
23      min - height: 40px;
24      max - width: 200px; }
```

ch3_13.html 文件代码第 5 行引入了外部样式表 demo.css。为了使得区块区域明显,我们设置了元素 div 的边框,根据需要设置了不同 div 的背景色。ch3_13.html 第 9 行与 demo.css 第 4 行通过 id 选择器"♯d1"关联起来。在 Firefox 浏览器中打开 ch3_13.html,按 F12 键,选中"♯d1",见图 3.19。我们发现外边距 margin 对应黄色,内边距对应紫色,元素自身对应浅蓝色;内容"hh"没有设置宽度和高度,此时宽度为页面宽度,高度为 hh 文字元素的默认高度。id 选择器"♯d2"设置了最小宽度 min-width:200px,虽然其元素内容"梅子金黄杏子肥"没有那么宽,但是"♯d2"仍然在页面上占据了 200px 的宽度。通过使用 display:inline-block 使得"♯d2"与"♯d3"同行显示,当我们进一步缩小页面窗口时,因为 "♯d2"与"♯d3"的宽度和超出了页面宽度的大小,会使得"♯d3"换行显示,这也是我们设定元素尺寸时需要考虑的问题。"♯d4"通过设定 max-width:140px 迫使元素内容换行显示,设定"♯d4"的背景色为黄色,同时设定了 max-height:40px,这样"♯d4"的内容就会溢出,超出的部分占据"♯d5"的位置来显示。如果"♯d5"处有文字等内容,则会产生文字重叠,这也是我们在访问页面时常见的显示错误。注意背景并没有跟着内容同样溢出去占据 "♯d5"的位置。

3.8.2 使用 Dreamweaver CC 编辑区块属性

使用 Dreamweaver CC 编辑区块属性时,首先复制文件夹 ch3_13,重命名为 ch3_13_bak,重命名 ch3_13.html 为 ch3_13_bak.html;修改 ch3_13_bak.html,删除第 5 行;删除 demo.css。步骤如下。

(1) 打开 Dreamweaver CC,打开 ch3_13_bak.html,单击"拆分",上面为设计区,下面为代码区,与图 3.10 相似。

(2) 单击椭圆处的 CSS 设计器,打开 CSS 设计面板;单击"源"处的按钮 ➕,选择"在页面中定义",在页面中添加内部样式;此时会出现"源<style>"显示,观察代码区的变化,发现添加了内部样式的框架代码。

(3) 按图 3.21 的步骤,添加区块属性:选择"♯d1",第 1 步单击布局,调出布局面板;第 2 步找到 max-height,设置相应的值。重复这个过程,完成其他元素的 CSS 设置。

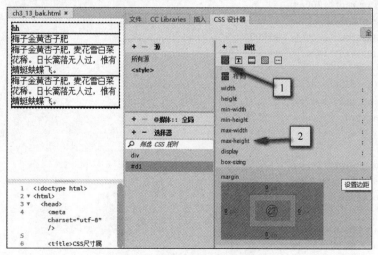

图 3.21　CSS 设计器添加区块属性

3.9 CSS 的布局属性

3.9.1 布局属性名称及属性值

如果没有 CSS 的作用,则在默认的情况下,块级元素会按顺序、每次另起一行的方式一直往下排。我们可以通过 CSS 来改变这种 HTML 的默认布局模式,把块级元素摆放到想要的任何位置上去,也可以通过 CSS 来改变块级元素的宽度和高度。

布局属性包括溢出属性 overflow、显示属性 display、浮动属性 float 和清除浮动属性 clear,下面分别加以介绍。

1. 溢出属性 overflow

溢出属性 overflow 用于设置元素对象处理溢出内容的方式。

(1) 语法:overflow:visible | hidden | scroll | auto。

(2) 属性取值说明。

① visible:对溢出内容不做处理,内容可能会超出容器,为默认值(除 body 对象和 textarea)。

② hidden:隐藏溢出容器的内容且不出现滚动条。

③ scroll:隐藏溢出容器的内容,溢出的内容将以卷动滚动条的方式呈现。

④ auto:当内容没有溢出容器时不出现滚动条,当内容溢出容器时出现滚动条,按需出现滚动条,此为 body 对象和 textarea 的默认值。

(3) 可以对水平或者垂直方向的其中一个方向进行单独设置,包含以下两个属性。

① overflow-x:visible | hidden | scroll | auto。

② overflow-y:visible | hidden | scroll | auto。

2. 显示属性 display

显示属性 display 用于设置元素对象是否显示以及如何显示。

(1) 语法:display:none | inline | block | inline-block。

(2) 属性取值说明。

① none:表示元素对象被隐藏。

② inline:指定对象转换为内联元素显示。

③ block:指定对象转换为块级元素显示。

④ inline-block:指定对象转换为内联块元素显示。

⑤ 其他更多的属性取值请查阅 CSS 参考手册。

3. 浮动属性 float

浮动属性 float 用于设置元素对象是否浮动以及如何浮动。

(1) 语法:float:none | left | right。

(2) 属性取值说明。

① none:设置对象为不浮动,为默认值。

② left:设置对象浮动在左侧。

③ right：设置对象浮动在右侧。

4. 清除浮动属性 clear

清除浮动属性 clear，用于设置元素对象不允许有浮动对象的边（左边或右边）。

（1）语法：clear：none｜left｜right｜both。

（2）属性取值说明。

① none：允许两边（左边和右边）都可以有浮动对象，为默认值。

② left：不允许左边有浮动对象，即清除左侧存在浮动元素时产生的影响。

③ right：不允许右边有浮动对象，即清除右侧存在浮动元素时产生的影响。

④ both：两边都不允许有浮动对象，即清除两侧存在浮动元素时产生的影响。

3.9.2　布局属性示例

1. 溢出属性 overflow 示例

【例 3-14】 CSS 溢出属性 overflow 示例。

ch3_14.html 内容与 ch3_13.html 相同，这里不再列出。demo.css 内容如下：

```
01 div {
02     margin:10px;
03     border:1px solid #F06;}
04 #d1 {
05     padding:20px;
06     max-height:40px;     }
07 #d2{
08     min-width:200px;
09     height:40px;
10     background-color:#FF0000;
11     display:inline-block;}
12 #d3 {
13     min-width:200px;
14     min-height:40px;
15 background-color: #F5FF0C;
16     display:inline-block;}
17 #d4 {
18     max-width:140px;
19     max-height:40px;
20 background-color: #F5FF0C;
21     overflow:scroll;}
22 #d5 {
23     min-height: 40px;
24     max-width: 200px; }
```

ch3_14.html 文件代码第 5 行引入了外部样式表 demo.css。"#d4"通过设定 max-width:140px 迫使元素内容换行显示，设定"#d4"的背景色为黄色，同时设定了 max-height:40px，这样"#d4"的内容就会溢出，超出的部分占据"#d5"的位置来显示。现在增加了第 21 行代码 overflow:scroll，溢出部分就隐藏在"#d4"设定的范围内，并可以通过滚动条来查看隐藏的内容，如图 3.22 所示。

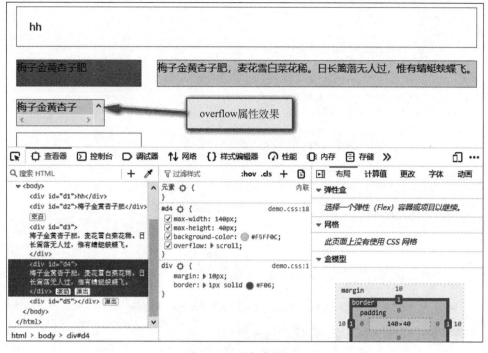

图 3.22　溢出属性示例

2. 显示属性 display 示例

【例 3-15】　CSS 显示属性 display 示例。

新建文件夹 ch3_15，复制第 2 章 ch2_18 的内容，重命名 ch2_18.html 为 ch3_15.html，在 ch3_15.html 中通过<link>标签引入外部样式 demo.css。ch3_15.html 与 ch2_18.html 基本相同，仅多了<link href="demo.css" type="text/css" rel="stylesheet" />一句，这里不再列出。demo.css 内容如下：

```
01 div ul li {
02        display: inline-block;
03        width: 70px;}
```

ch3_15.html 文件代码第 5 行引入了外部样式表 demo.css。设置 li 标签为 display：inline-block，这样使得 li 标签为行内块元素，去掉了其前后的换行符，li 都放在了一行内显示。效果如图 3.23 所示。

3. 浮动属性 float 示例

【例 3-16】　CSS 浮动属性 float 示例。

ch3_16.html 内容如下：

```
01 <!DOCTYPE html>
02 <html>
03   <head>
04     <meta charset="utf-8" />
05     <link href="./demo.css" type="text/css" rel="stylesheet" />
```

```
06    <title>CSS浮动属性</title>
07    </head>
08    <body>
09    <div id="head">网页顶部分</div>
10    <div id="content">
11        <div id="left">左侧部分</div>
12        <div id="right">右侧部分</div>
13        <div id="clf"></div>
14    </div>
15    <div id="foot">网页底部</div>
16    </body>
17  </html>
```

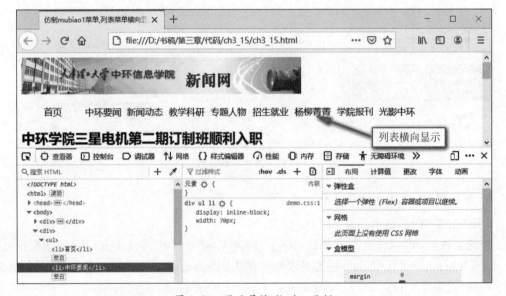

图 3.23　显示属性 display 示例

demo.css 内容如下：

```
01  * {
02      font-size:30px;}
03  div {
04      border:1px solid red;}
05  #left {
06      float:left;
07      width:150px;
08      height:80px;
09      background: yellow;}
10  #right {
11      float:right;
12      width:200px;
13      height:100px;
14      background: green;}
15  #clf {
16      clear:both;}
```

ch3_16.html 文件代码第 5 行引入了外部样式表 demo.css。ch3_16.html 由头部（head）、中部（content）、尾部（foot）上下排列组成，默认情况下就可以达到自上而下的排列。默认情况下，中部的左侧部分（left）、右侧部分（right）也是上下排列的，而我们想要将左侧部分、右侧部分放在一行显示，只需将♯left 设置为 float:left,♯right 设置为 float:right，即可达到同行显示的效果，如图 3.24 所示。因为♯left 设置为 width:150px,♯right 设置为 width:200px，两者的和 350px 小于页面宽度，所以在♯left 与♯right 会有一段空白没有背景颜色的部分。浮动的元素自动被转换为一个块级元素。一个元素设置了浮动，显示的层级就提高了，会影响它后面没有设置浮动的元素，这些被影响的元素会跑到浮动层的下面去，所以下面的元素要使用 clear 属性来清除浮动，保证正确的显示效果，故需要在♯clf 中设置 clear:both，以清除浮动属性 float 对后面元素的影响。

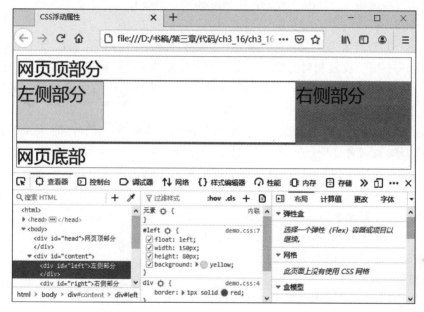

图 3.24　浮动属性 float 示例

3.10　CSS 的定位属性

3.10.1　元素定位机制

元素定位方式有以下四种。

（1）常规文档流（普通流）定位：元素在页面中的显示位置由元素在 HTML 文档中出现的位置决定，元素按照自己原本的显示特征在页面中从左到右、从上到下一个接一个地排列显示。

（2）浮动定位：元素设置了浮动属性。元素显示时就脱离了常规文档流，按照浮动的特性去显示，它可能会影响常规文档流中其他元素的显示。

（3）相对定位：元素对象遵循常规流，但是它会参照自身在常规流中的位置，通过定义

103

偏移属性进行偏移。偏移时不会影响常规文档流中的任何元素。

（4）绝对定位：元素对象脱离了常规文档流，通过定义偏移属性进行偏移，此时偏移属性参照的是离自身最近的定位祖先元素。如果没有定位的祖先元素，则一直回溯到 body 元素。

3.10.2　定位属性名称及属性值

1. 定位属性概述

1）定位属性 position

定位属性 position 用于定义元素对象的定位方式，需要结合 4 个偏移量属性 top、bottom、left、right 共同确定元素具体的定位位置。

（1）语法：position：static ｜ relative ｜ absolute ｜ fixed。

（2）属性取值说明。

① static：元素对象遵循常规文档流，为默认值，此时 4 个偏移量属性无效。

② relative：用于设置相对定位。元素对象也会遵循常规文档流，但是它将参照自身在常规流中的位置，根据 top、bottom、left、right 这 4 个偏移量属性的取值进行一定的位置偏移，偏移时不会影响常规文档流中的任何元素。

③ absolute：用于设置绝对定位。元素对象脱离了常规文档流，此时该元素在页面中定位时的参照物是离它自身最近的定位祖先元素，即从其父元素开始逐层向上查找，直到找到一个祖先元素设置了定位属性为止，那么该祖先元素就是参照物；如果没有找到定位的祖先元素，则一直回溯到 body 元素，body 元素就是参照物。它的偏移位置不影响仍然处在常规文档流中的任何元素。

④ fixed：与绝对定位 absolute 一致，但是其偏移量定位始终是以页面窗口为参考，并且当出现滚动条时，对象也不会随着滚动。

2）偏移量属性

偏移量属性共有 4 个，用于配合定位属性计算元素的偏移量。

（1）语法如下：

① top：auto ｜ 长度值 ｜ 百分比。

② bottom：auto ｜ 长度值 ｜ 百分比。

③ left：auto ｜ 长度值 ｜ 百分比。

④ right：auto ｜ 长度值 ｜ 百分比。

（2）属性取值说明

auto：无特殊定位，根据 HTML 定位规则在文档流中分配。

（3）层叠属性 z-index

层叠属性 z-index 用于设置对象的层叠顺序。非常规文档流元素之间、非常规文档流元素与常规文档流元素之间都有可能存在位置重叠的情况，可以通过层叠属性来设置元素的显示优先级。

（1）语法：z-index：auto ｜ 整数值。

（2）属性取值说明。

① auto：元素在当前层叠上下文中的层叠级别是 0，为默认值。

② 整数值：用整数值来定义堆叠级别，可以为负值。

③ 整数值越大的元素，其层叠级别越高，层叠级别大的显示在上面，层叠级别小的显示在下面。

2. CSS 定位示例

【例 3-17】 CSS 定位示例。

ch3_17. html 内容如下：

```
01 <!DOCTYPE html>
02 <html>
03   <head>
04     <meta charset = "utf-8" />
05     <link href = "./demo.css" type = "text/css" rel = "stylesheet" />
06     <title>CSS 定位属性</title>
07   </head>
08   <body>
09     <p id = "p1">我是段落 1</p>
10     <p id = "p2">我是段落 2</p>
11     <p id = "p3">我是段落 3</p>
12     <p id = "p4">我是段落 4</p>
13     <p id = "p5">我是段落 5,脱离了普通流</p>
14     <p id = "p6">我是段落 6,普通流</p>
15     <div id = "d1">
16         <p id = "p7">我是段落 7,普通流</p>
17         <div>
18             <p id = "p8">我是段落 8,脱离了普通流</p>
19         </div>
20         <p id = "p9">我是段落 9,普通流</p>
21     </div>
22   </body>
23 </html>
```

demo. css 内容如下：

```
01 * {
02     font-size:25px;
03     margin:0px;}
04 p{
05     border:1px solid #3A8;}
06 #p2{
07     color:red;
08     position:relative;
09     top:20px;
10     left:40px;}
11 #p5{
12     color:blue;
13     position:absolute;
14     top:20px;
15     left:100px;}
16 #d1 {
```

```
17        position:relative;
18        background:#FD9;}
19   #p8{
20        color:#F6F;
21        position:absolute;
22        top:5px;
23        left:15px;
24        z-index:-1;}
25   #d3 {                    /* 在 body 中嵌套一个子元素(id="d3")即可看到效果 */
26        width:100px;
27        height:200px;
28        position:fixed;
29        top:50px;
30        left:50px;
31        background:red;}
```

　　ch3_17.html 文件代码第 5 行引入了外部样式表 demo.css。本例中段落 2(♯p2)、段落 5(♯p5)、段落 8(♯p8)使用了定位属性 position。图 3.25 显示了段落 2(♯p2)被选中时的调试状态,改变 position 属性选中或不选中的状态,通过观察前后变化可知 relative 是相对当前常规文档流做的偏移(top:20px 是相对其本该出现的位置往下偏移了 20px),而且也没有影响段落 3 的位置。段落 5(♯p5)是绝对偏移(position:absolute,见代码第 13 行),它脱离了当前常规文档流,定位偏移(top:5px)相对于窗口,所以离页面顶部较近。段落 8(♯p8)也是绝对偏移(position:absolute),但是其父元素(♯d1)设置了 position:relative,见代码第 17 行,所以段落 8(♯p8)的偏移是相对于父元素(♯d1)的。我们在调试状态下不选中 z-index:-1,即可观察到效果。

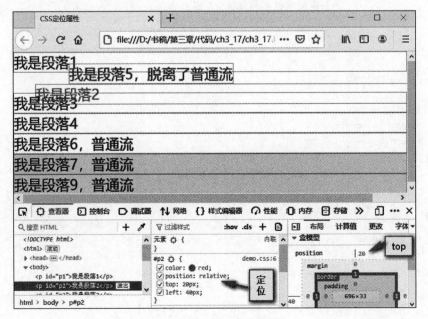

图 3.25　CSS 的定位属性

3.11 CSS 应用实例

3.11.1 CSS 实现的翻页

【**例 3-18**】 CSS 实现的翻页。

ch3_18.html 页面源代码如下：

```
01   <!DOCTYPE html>
02   <html>
03     <head>
04       <title>实用的翻页样式</title>
05       <link href = "demo.css" rel = "stylesheet" type = "text/css" />
06     </head>
07   <body>
08     <ul>
09       <li class = "first"><a href = "#">1</a></li>
10       <li><a href = "#">2</a></li>
11       <li><a href = "#">3</a></li>
12       <li><a href = "#">4</a></li>
13       <li><a href = "#">5</a></li>
14       <li><a href = "#">6</a></li>
15       <li><a href = "#">7</a></li>
16       <li><a href = "#">8</a></li>
17       <li><a href = "#">9</a></li>
18     </ul>
19   </body>
20   </html>
```

demo.css 文件内容如下：

```
01   ul {
02   background:white;                 /* 设置列表背景颜色 */
03   width:400px;                      /* 设置列表宽度为 400px */
04   height:25px;                      /* 设置列表高度为 25px */
05   list - style - type:none;         /* 去掉列表项目符号 */
06   padding:10px;                     /* 设置内边距为 10px */
07   }
08   ul li {
09   float:left;                       /* 设置所有的列表项向左浮动 */
10   margin - right:5px;               /* 设置右外边距 */
11   }
12   ul li a {
13   display:block;                    /* 元素转换为块级元素 */
14   padding:3px 8px;                  /* 设置内边距 */
15   border:1px solid #f60;            /* 设置边框 */
16   text - decoration:none;           /* 去掉超链接的下画线 */
17   color:black;                      /* 设置超链接颜色为黑色 */
18   }
```

```
19    ul li a:hover, ul li.first a {       /* 鼠标经过时的超链接样式 */
20    background:green;                     /* 设置背景颜色为绿色 */
21    color:white;                          /* 设置字体颜色为白色 */
22    font - weight:bold;                   /* 设置字体加粗显示 */
23}
```

例 3-18 的运行效果如图 3.26 所示。

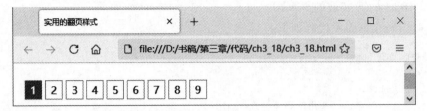

图 3.26　实用的翻页样式

3.11.2　CSS 实现的新闻列表样式

【例 3-19】　CSS 实现的新闻列表样式。

ch3_19.html 页面源代码如下：

```
01    <!DOCTYPE html >
02    < html >
03    < head >
04        < title >新闻列表样式</title>
05        < link href = "demo.css" rel = "stylesheet" type = "text/css" />
06    </head >
07    < body >
08        < div id = "news">
09        < h1 >新闻列表</h1>
10        < div id = "left">
11            < img src = "./news.jpg" />
12            < p class = "desc">中环学院经济与管理系代表队荣获全国一等奖</p>
13        </div >
14        < div id = "right">
15            < ul >
16            < li >< a href = " # ">中环学院召开 2021 年 4 月份纪委例会</a></li>
17            < li >< a href = " # ">举办 2018 级学生简历制作培训会　</a></li>
18            < li >< a href = " # ">与天津环博科技公司举行签约授牌仪式</a></li>
19            < li >< a href = " # ">蓝桥杯大赛(天津赛区)中荣获多项佳绩</a></li>
20            < li >< a href = " # ">中环学院召开 2021 年 4 月份安全工作会</a></li>
21            </ul >
22            < p class = "more">< a href = " # ">更多 …</a></p>
23        </div >
24        </div >
25    </body >
26    </html >
```

demo.css 文件内容如下：

```
01    * {
02    margin: 0px;                                /* 设置外边距为 0px */
03    padding: 0px;                               /* 设置内边距为 0px */
04    }
05    img {
06        width:190px;
07    }
08    h1 {
09    height: 30px;                               /* 设置高度为 30px */
10    line - height: 30px;                        /* 设置行高为 30px */
11    font - size: 17px;                          /* 设置字体大小为 17px */
12    border - bottom: 2px solid green;           /* 设置底边边框 */
13    }
14    #news {
15    width: 550px;                               /* 设置宽度为 500px */
16    }
17    #left {
18    width: 200px;                               /* 设置宽度为 200px */
19    float: left;                                /* 设置左浮动 */
20    padding: 15px 10px;                         /* 设置上下内边距为 15px,设置左右内边距为 10px */
21    }
22    #right {
23    width: 300px;                               /* 设置宽度为 300px */
24    float: right;                               /* 设置右浮动 */
25    padding: 8px;                               /* 设置内边距为 8px */
26    }
27    #right ul {
28    list - style - type: none;                  /* 设置列表无项目符号 */
29    line - height: 180%;                        /* 设置行距为 180% */
30    padding - left:10px;                        /* 设置左内边距为 10px */
31    border - left: 1px dashed #aaa;             /* 设置左侧边框 */
32    }
33    #right ul li {
34    font - size: 12px;                          /* 设置字体大小为 12px */
35    padding - left: 20px;                       /* 设置左内边距为 20px */
36    background: url(./xjt.png) no - repeat center left;      /* 设置背景图像 */
37    }
38    #right ul li a, p.more a{
39    text - decoration: none;                    /* 去掉超链接的下画线 */
40    }
41    #right ul li a:hover {
42    color: #f60;                                /* 设置鼠标经过超链接时的颜色 */
43    }
44    p.desc {
45    font - size: 13px;                          /* 设置字体大小为 13px */
46    text - align: center;                       /* 设置文本对齐方式为居中 */
47    padding - top: 10px;                        /* 设置上内边距为 10px */
48    }
49    p.more {
50    font - size: 12px;                          /* 设置字体大小为 12px */
51    text - align: right;                        /* 设置文本对齐方式为居右 */
52    font - weight: bold;                        /* 设置文本加粗显示 */
53    }
```

例 3-19 的页面运行效果如图 3.27 所示。

图 3.27　新闻列表样式

3.11.3　学习目标 1 的 CSS 模仿

如图 3.28 所示,目录 ch3_20 的结构如下:mubiao1 文件夹下存放的是第 2 章提到的学习目标网页 http://www.tjzhic.edu.cn/export/sites/tjzhic/zhxw/zhyw/news/1125.html 在本地的副本。mofang 文件夹下存放的 ch3_20.html 与 ch2_25.html 的内容基本相同,只是引入了自编的 demo.css,并添加了 div 标签来划分区域。

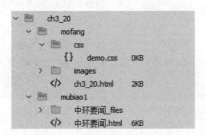

图 3.28　目录 ch3_20 结构图

【例 3-20】　学习目标 1 的 CSS 模仿示例。

ch3_20.html 的内容如下:

```
01  <!DOCTYPE html>
02  <html>
03      <head>
04          <meta charset = "utf - 8">
05          <title>仿制 mubiao1 菜单超链接</title>
06      <link href = "css/demo.css" rel = "stylesheet" type = "text/css">
07      </head>
08      <body>
09          <div id = "head"><img src = "./images/news_logo.jpg" /></div>
10          <div id = "nav">
11              <ul>
12          <li><a href = "http://www.tjzhic.edu.cn/export/sites/
                        tjzhic/">首页</a></li>
13              <li><a href = "http://www.tjzhic.edu.cn/export/sites/
```

```
                      tjzhic/zhxw/zhyw/">中环要闻</a></li>
14        <li><a href = "http://www.tjzhic.edu.cn/export/sites/tjzhic/
                      zhxw/xwdt/">新闻动态</a></li>
15        <li><a href = "http://www.tjzhic.edu.cn/export/sites/tjzhic/
                      zhxw/jxky/">教学科研</a></li>
16        <li><a href = "♯">专题人物</a></li>
17        <li><a href = "♯">招生就业</a></li>
18        <li><a href = "♯">杨柳菁菁</a></li>
19        <li><a href = "http://www.tjzhic.edu.cn/export/sites/tjzhic/
                      zhxw/dzxb/">学院报刊</a></li>
20        <li><a href = "http://www.tjzhic.edu.cn/export/sites/tjzhic/
                      zhxw/gyls/">光影中环</a></li>
21        </ul>
22        </div>
23        <div id = "main">
24        <h2>中环学院三星电机第二期订制班顺利入职</h2>
25        <hr />
26        <span>作者:managercui 审核:发布时间:[2020 - 07 - 02]</span>
27        <p><span>近日,中环学院三星电机第二期订制班 37 名优秀毕业生……
                  </span></p>
28        <div><img src = "./images/hezhao.jpg" /></div>
29        <p><span>自中环学院与三星电机有限公司开展校企合作以来……</span></p>
30        <div><img src = "./images/guli.jpg" /></div>
31        </div>
32 </body>
33 </html>
```

demo.css 的内容如下:

```
01  * {
02      padding: 0px;
03      margin:0px;}
04  body {
05      text - align: center;
06      margin: 0 auto;
07  }
08  ♯nav {
09       height: 45px;
10      margin: 0 auto;
11  }
12  ♯nav ul li {
13      display: inline - block;
14      list - style - type: none;
15      min - width: 100px;
16      line - height: 45px;
17  }
18  ul li a {
19      text - decoration: none;
20      font - size: 14px;
21      font - weight: bold;
22  }
23  ♯main {
24      max - width: 1000px;
```

```
25        margin: 0 auto;
26    }
27    #main h2 {
28        margin - top: 15px;
29        margin - bottom: 5px;
30        color: #232D82;
31        font - size: 20px;
32    }
33    #main hr {
34        width: 900px;
35        margin: 10px auto;
36    }
37    #main span {
38        font - size: 12px;
39        color: #333;
40    }
41    #main p  {
42        line - height: 180 %;
43        text - align: justify;
44        padding - top: 5px;
45        text - indent: 28px;
46    }
47    #main p  span {
48        font - size: 14px;
49        color: #222;
50    }
51    #main div img {
52        margin: 0 auto;
53        padding - top: 10px;
54        padding - bottom: 15px;
55    }
```

例 3-20 的页面运行效果如图 3.29 所示。

图 3.29　添加 CSS 样式后学习目标 1 的显示图

3.12 Bootstrap 简介

3.12.1 Bootstrap 概述

Bootstrap 是美国 Twitter 公司的设计师 Mark Otto 和 Jacob Thornton 基于 HTML、CSS、JavaScript 开发的简洁、直观、强悍的前端开发框架,使得 Web 开发更加快捷。Bootstrap 提供了优雅的 HTML 和 CSS 规范,由动态 CSS 语言 Less 写成。Bootstrap 容易上手,移动设备优先,支持多个常见的浏览器及响应式设计,用户通过各种尺寸的设备浏览网站均可获得良好的视觉效果。与先写好 HTML 代码再去设计 CSS 不同,我们在使用 Bootstrap 时,需要先查看 Bootstrap 的文档,知道 Bootstrap 已经为我们提供了哪些样式,然后再使用 HTML 代码给标签设置相应的 id、class 等 CSS 选择器,就可以让网页呈现出一个较好的效果。

3.12.2 使用字形图标

【例 3-21】 使用字形图标。

ch3_21.html 的内容如下:

```
01  <!DOCTYPE html>
02  <html>
03  <head>
04      <meta charset = "utf-8">
05      <title>Bootstrap 实例 - 如何使用字形图标(Glyphicons)</title>
06      <link rel = "stylesheet" href = "https://cdn.staticfile.org/
                     twitter-bootstrap/3.3.7/css/bootstrap.min.css">
07      <script src = "https://cdn.staticfile.org/
                     jquery/2.1.1/jquery.min.js"></script>
08      <script src = "https://cdn.staticfile.org/twitter-bootstrap/
                     3.3.7/js/bootstrap.min.js"></script>
09      <style type = "text/css">
10          span {
11              font-size:25px;
12              color:red;}
13      </style>
14  </head>
15  <body>
16  <button type = "button" class = "btn btn-default btn-lg">
17      <span class = "glyphicon glyphicon-user"></span> User
18  </button>
19  <button type = "button" class = "btn btn-default btn-sm">
20      <span class = "glyphicon glyphicon-user"></span> User
21  </button>
22  <button type = "button" class = "btn btn-default btn-xs">
23      <span class = "glyphicon glyphicon-user"></span> User
24  </button>
```

```
25    </body>
26    </html>
```

例 3-21 的页面运行效果如图 3.30 所示。代码第 6~8 行引入了相应的 CSS、JavaScript 文件。class＝"btn btn-default btn-lg"设置了 3 个类属性值,通过它们来引入 Bootstrap 已经为我们设定好的 CSS 样式,注意这里不是 CSS 的后代选择器。class＝"glyphicon glyphicon-user"设置了两个类属性值,来引入字形图标的 CSS 样式。网页 https://www.runoob.com/try/demo_source/bootstrap3-glyph-icons.htm 给出了字形图标对应的 class 属性值,在需要使用字形图标的 HTML 标签设置对应的 class 属性值即可。

图 3.30　使用字形图标

习题 3

一、简答题

1. 什么是 CSS? 页面中如何引用 CSS 文件?

2. 为什么要使用 CSS 样式文件?

3. CSS 样式的三种调用方式有什么不同? 优先级有什么不同?

4. CSS 样式的语法结构是什么? 如何定义一条样式规则?

5. 如何选择页面中不同的 HTML 元素? CSS 都有哪些选择器?

二、操作题

1. 使用 CSS 设计一个美观的文章显示页面。

2. 使用 CSS 实现一个二级导航菜单页面。

第4章

JavaScript基础

- 掌握 JavaScript 脚本的语言基础
- 理解 DOM 及常用系统对象
- 学会使用 JavaScript 操作 DOM 元素、属性和 CSS 样式
- 掌握 JavaScript 基于事件驱动的编程模型及常用事件
- 掌握 jQuery 框架的基本使用

本章首先向读者介绍 JavaScript 脚本的语言基础，然后讲解 DOM、BOM（Browser Object Model，浏览器对象模型）及常用系统对象，在此基础上向读者介绍 JavaScript 作为开发网页的脚本语言是如何操作 DOM 元素、属性和 CSS 的，接着阐明 JavaScript 基于事件驱动的编程模型及常用事件，最后介绍一个强大的 JavaScript 框架 jQuery 的基本使用方法。

4.1 JavaScript 语言基础

4.1.1 JavaScript 简介

JavaScript（JS）是一种具有函数优先、轻量级、解释型或即时编译型的编程语言。JavaScript 与 Java 是完全不同的两门编程语言。JavaScript 是 Netscape 在 Web 诞生初期创造的，由 Netscape 的 Brendan Eich 设计，最初将其脚本语言命名为 LiveScript，后来 Netscape 在与 Sun 合作之后将其改名为 JavaScript。目前，JavaScript 作为开发 Web 页面的脚本语言众所周知，在过去的十年间，Node. js 的发展让浏览器环境外的 JavaScript 编程也变得开始流行起来。本章的讲解内容主要涉及 JavaScript 在 Web 页面的应用。

JavaScript 由 ES（ECMAScript）规范、DOM 和 BOM 三个部分组成。

ES 规范描述了该语言的语法和基本对象，是 JavaScript 脚本语言的核心。2010 年以来，几乎所有的浏览器都支持 ES5，即 ECMAScript 标准第 5 版。到了 2015 年，ES6 版的发布增加了类和模块等重要的新特性。从 ES6 开始，ES 规范改为每年发布一次，语言版本也改为以发布年份来标识，例如 ES2019 和 ES2020。

DOM 模型描述处理网页内容的方法和接口。简单来讲，每个载入浏览器的 HTML 文档都会成为一个 Document 对象，Document 对象让我们可以使用 JavaScript 脚本对

HTML 页面中的所有元素进行访问。

BOM 模型描述与浏览器进行交互的方法和接口,浏览器对象中的 Window 对象表示浏览器中打开的窗口。在 JavaScript 中,Window 对象就是全局对象,也就是说,要引用当前窗口根本不需要特殊的语法,可以把窗口的属性作为全局变量来使用。例如,DOM 模型中的 Document 对象就是 Window 对象的一个属性,可通过 window. document 属性对其进行访问,也可以只写 document。

4.1.2 JavaScript 的初步探索

1. 如何引入 JavaScript

在网页设计时,浏览器是 JavaScript 的宿主环境,也就是说需要浏览器来运行 JavaScript 代码。我们可以使用< script ></ script >标签将 JavaScript 语言编写的程序代码嵌入到 HTML 页面中,也可以使用< script ></ script >标签将外部独立的". js"程序文件导入到 HTML 页面中。JavaScript 的源代码在发往客户端运行之前不需要编译,而是直接将文本格式的 JavaScript 代码随同网页一起发送给浏览器,然后由客户端浏览器解释运行。浏览器环境允许 JavaScript 代码动态地添加或删除 HTML 文档元素,动态地获取操作 HTML 文档元素及其 CSS 样式,为页面的鼠标键盘等操作事件(如用户单击页面中某个按钮等)绑定响应代码,在数据被提交到服务器之前进行数据校验等。

Web 页面的根元素是< html >标签,嵌入页面中的 JavaScript 脚本程序必须位于< script >与</ script >标签之间。JavaScript 脚本可被放置在页面的< head >区域,也可以放置在< body >区域。如果页面加载前需要 JavaScript 初始化一些数据,则应放在< head >区域;如果有大量数据需要加载,又不想影响页面加载的速度,则可以将其放在< body >区域。

< script >和</ script >之间可以任意编写 JavaScript 代码。对于一些非常落后的浏览器,需要给< script >标签加上属性 type= "text/javascript"。不过现在已经没有必要这样做了,JavaScript 是所有现代浏览器以及 HTML5 中的默认脚本语言。需要注意的是由于目前较为流行的浏览器没有硬性统一标准,它们对某些 JavaScript 代码的"理解"不同,会造成 JavaScript 代码兼容性较差。因此在编写 JavaScript 脚本时,尽量采用通用的写法,必要时借助第三方框架来实现。

2. 控制台

浏览器作为 JavaScript 的宿主环境时,它必须负责解释执行嵌入或者导入到网页中的 JavaScript 脚本程序。浏览器自带的开发者工具也会提供脚本程序的控制台,方便开发者调试、查看脚本执行时的错误信息以及观察脚本可能的输出信息。以 Google 浏览器为例,打开 Web 开发者工具的方法是按下 F12 键,或者按下 Ctrl+Shift+I 组合键。Web 开发者工具通常会以一组面板的形式出现在浏览器窗口底部或者右侧,用户也可以设置其显示为独立的窗口。在面板中选择切换到 Console 标签页,这里便是 JavaScript 的控制台了。

3. JavaScript 脚本执行顺序

在页面中不同位置导入的 JavaScript 脚本,正常情况下会按照代码出现的顺序依次加载执行。如果脚本中需要操作文档内容,则要等待 HTML 文档加载完成后再执行脚本。此时可以将脚本代码放在文档的最后,也可以将 JavaScript 脚本代码放在 window. onload

事件的回调函数中,表示当文档内容加载完毕后再执行脚本。

4. JavaScript 基础示例

在系统学习 JavaScript 语言之前,有必要展示一个示例,结合具体代码让读者对 JavaScript 脚本程序有个初步体会。

【例 4-1】 JavaScript 示例。

```
01 <!DOCTYPE html>
02 <html>
03 <head>
04     <meta charset = "UTF - 8">
05     <title>JavaScript 示例</title>
06 </head>
07 <body>
08     <script>
09         window.onload = function(){
10             console.log("Hello JavaScript!");
11             let p1 = document.querySelector("#p1");
12             let p2 = document.createElement("p");
13             p2.id = "p2";
14             p2.append("段落 p2,由 JavaScript 脚本动态创建");
15             p1.after(p2);
16         let btn = document.querySelector("#btn");
17             btn.addEventListener("click", function(){
18                 p1.style.border = "1px solid red";
19             });
20             console.log("JavaScript, I know you!");
21         }
22     </script>
23     <button type = "button" id = "btn">按钮</button>
24     <p id = "p1">段落 p1,一个 HTML 文档中的元素</p>
25 </body>
26 </html>
```

在浏览器中运行页面,打开 Web 开发者工具,切换到控制台,初始运行效果如图 4.1 所示。

图 4.1　第一个 JavaScript 示例运行效果

本例中第 23 行和第 24 行使用 HTML 代码定义了一个按钮和一个段落,第 8~22 行使用<script>标签嵌入了一段 JavaScript 脚本,第 9~21 行则是具体的 JavaScript 代码部分。下面结合页面效果图来分析本例代码。

（1）第 9 行和第 21 行。window. onload 方法用于定义当浏览器窗口文档及相关资源加载完毕后立刻执行的操作。有时我们要把待执行的 JavaScript 脚本程序放在 window. onload＝function()｛…｝这段代码的大括号中，这意味着当 HTML 文档加载完成后浏览器才会去执行 function()｛…｝这个匿名函数中的程序，即本例中的第 10～19 行代码。之所以要这样做，是因为我们可能编写了用于操作网页文档元素的脚本代码。如果脚本要操作的页面文档元素出现在脚本代码之后，浏览器在解释执行脚本程序时，程序要操作的对象还没有被加载，此时便会产生错误。正如本例代码所示，JavaScript 脚本嵌入在前，页面元素出现在后，如果我们把第 9 行和第 20 行删除后重新执行页面，就会在控制台出现运行错误的消息提示。读者可以自行验证。

（2）第 10 行和第 20 行。console. log()用于在控制台中输出信息，在图 4.1 中的控制台我们可以看到输出的两行字符串。

（3）第 11 行使用 let 关键字声明了一个变量 p1，同时将页面文档中的一个元素对象赋值给它。在这里我们使用 document（文档对象）的 querySelector()方法来获取页面中的元素，该方法通过传入一个选择器字符串（与第 3 章讲解的 CSS 选择器是一致的）来选取页面文档中的元素。本例中我们获取了第 23 行定义的 id 为 p1 的段落元素，并将这个元素赋值给了变量 p1。

（4）第 12 行使用 let 关键字声明了一个变量 p2，同时使用 document. createElement("p")方法创建了一个新的段落元素对象，并将新创建的这个对象赋值给了 p2。

（5）第 13 行给新创建的段落元素定义 id 属性值为 p2。

（6）第 14 行给元素 p2 添加了一段文本内容。

（7）第 15 行将元素 p2 动态插入到 p1 代表的页面元素之后。在原本的 HTML 代码中并不存在第二个段落，页面执行后显示的第二个段落正是我们使用 JavaScript 脚本动态创建并添加到第一个段落之后的。

（8）第 16 行获取了页面中的按钮元素并赋值给声明的变量 btn。

（9）第 17～19 行使用元素对象的 addEventListener()方法给按钮绑定了事件监听器。方法中的第一个参数 click 表明该监听器用于监听的事件类型是单击事件；第二个参数定义了事件发生后要执行的脚本代码，通常使用一个匿名函数进行封装。结合本例来讲，只要用户单击了页面中的按钮，就说明在该按钮上发生了一个单击事件，此时监听器就能够监听到事件的发生，从而触发我们事先定义好的脚本代码的执行。在本例中对应的就是第 18 行代码，该行代码通过脚本动态修改了元素 p1 的样式，给段落 1 添加了一个红色边框样式。单击页面中的按钮后，页面呈现的效果如图 4.2 所示。

图 4.2 用户单击按钮后的页面效果图

通过学习示例 4-1,读者应该能够对作为网页脚本的 JavaScript 有一个初步的认识体会。JavaScript 基于事件驱动的编程方式以及对 DOM 元素和 CSS 样式的可操作性,为构建页面的动态交互效果等提供了实现路径。接下来我们需要先学习 JavaScript 语言部分的基础知识。

4.1.3　JavaScript 的词法结构

作为一门编程语言,词法结构是最基本的程序编写规则,它规定了如何命名变量、如何分割语句、如何写注释等内容。

1. 程序文本

JavaScript 语言是区分大小写字母的,也就是说它的变量、函数名、关键字以及其他的标识符必须始终保持一致的大小写形式。例如 while 关键字必须写成 while。如果写成了 While 或者 WHILE,它就不是关键字了。

2. 注释

JavaScript 的注释有两种:一种是单行注释,以“//”开头直到本行的末尾为止;另一种是多行注释,以“/ ＊”开头,以“＊/”结尾,中间的注释内容能够跨行。

3. 标识符

在 JavaScript 中,标识符用于命名常量、变量、属性、函数和类。JavaScript 词法规定,标识符必须以字母、下画线(_)或者美元符号($)开头,后续字符则可以是字母、数字、下画线(_)或者美元符号($)。为了能够让程序有效区分标识符和数值,JavaScript 标识符的首字母不能为数字。以下列举了一些合法的标识符:

```
01 i
02 a2
03 school_name
04 _property
05 $ car
```

JavaScript 语言自身使用了一些单词,这些单词作为构成语言的一部分被称为关键字,在编写程序时不能够使用这些关键字作为变量的名称。JavaScript 中常用的关键字有:as、break、case、catch、class、const、continue、default、do、else、export、extends、false、finally、for、from、function、get、if、import、in、instanceof、let、new、null、of、return、set、static、super、switch、target、this、throw、true、try、typeof、var、void、while、with、yield。

4. 字面量

在 JavaScript 程序中直接出现的用于赋值或参与某种运算的数据(类型不限)值称为字面量。以下列举了一些字面量:

```
01 32                    // 数值 32
02 64.35                 // 数值 64.35
03 "hello everyone!"     // 一个字符串
04 "flowers"             // 另一个字符串
05 true                  // 布尔值 true
```

```
06 null                          // 空
07 {"a": 1, "b": "car"}          // 一个对象
```

5. 语句分割

在一般的编程语言中都是使用分号(;)作为语句结束的标志,JavaScript 也采用这种方式。但是在 JavaScript 中,如果两条语句分别写在两行,则分号是可以省略的。在具体编程实践时建议加上分号,可以使代码保持清晰,以增加程序的可阅读性。

4.1.4 JavaScript 的原始类型

程序都是通过操作值来工作的,性质相同、具有相同特征的值被设计为一种类型。在 JavaScript 中,类型可以分为两大类,一类是对象类型,另一类是原始类型。其中原始类型又包括数值、字符串和布尔值等,此外还有一些比较特殊的值和对象。本节讲解原始类型,对象类型在 4.1.5 节中介绍。

在介绍具体类型之前,我们先来了解 JavaScript 中的一个一元操作符 typeof。typeof 可以放在任意操作数前面,用于确定该操作数的类型,例如 console.log(typeof 5)将在控制台输出表示类型的字符串 number,说明数字 5 的类型是 number(数值)。下面我们就从数值类型开始介绍。

1. 数值类型

JavaScript 的数值类型能够表示整数和实数。当 JavaScript 程序中出现数值时,它就被称为数值字面量。整数和实数的表示方法有所不同,整数默认采用基数为 10 的数字序列表示,也支持二进制(基数为 2,前缀为 0b 或者 0B)、八进制(基数为 8,前缀为 0o 或者 0O)、十六进制(基数为 16,前缀为 0x 或者 0X)。实数可以使用传统表示方法,用小数点分割整数部分和小数部分。也可以使用指数记数法表示,即通过在实数值后面加上字母 e(或 E)、一个可选的加号或者减号、一个整数指数来表示,其值为实数值乘以 10 的指数次幂。以下列举了一些数值字面量:

```
01 5                             // 数值 5
02 0b1011                        // 二进制数值 1011
03 0xFF                          // 十六进制数值 FF
04 45.3                          // 实数 45.3
05 1.635e-21                     // 实数 1.635×10⁻²¹
```

JavaScript 采用 64 位浮点格式表示数值,因此能够表示的数值个数是有限的。如果计算中遇到了上溢出(即超过最大的可表示数值)时,结果是一个特殊的无穷值 Infinity。同样地,也存在负无穷值-Infinity。如果运算中出现了比最小可表示数值更加接近 0 的数值时,JavaScript 会返回 0。此外,如果在运算中无法得到一个有意义的数值时,系统会返回一个特殊的"非数值"(NaN,Not a Number)。JavaScript 预定义了全局常量 Infinity 和 NaN,以对应无穷和非数值,这样一来,被 0 除在 JavaScript 中也不是错误,也能够返回一个结果。以下列举了这样的一些情况:

```
01 console.log(1/0);             // 输出:Infinity
02 console.log(-1/0);            // 输出:-Infinity
```

```
03 console.log(0/0);                    // 0/0 没有意义,输出:NaN
04 console.log("car" * 4);              // 字符串"car"无法转换为数值,输出:NaN
```

需要注意的是,JavaScript 中的任意数值(包括 Infinity、−Infinity)和 NaN,使用 typeof 运算符求得的结果都是 number。

JavaScript 数值可以进行算术运算,常见的算术运算操作符有+(加法)、−(减法)、*(乘法)、/(除法)、%(取模)、**(取幂)。除此之外,JavaScript 还通过一个名为 Math 的对象提供一组常量及函数,以支持更复杂的数学运算。例如 Math. E 为自然对数的底数,Math. sqrt()为求平方根的函数,Math. sin()为正弦函数。更多的常量和方法可以通过 console. log(Math)将 Math 对象打印输出到控制台后查看。

2. BigInt 类型

ES2020 为 JavaScript 定义了一种新的数值类型 BigInt,它是一种特殊的数字类型,提供了对任意长度整数的支持。我们可以通过将 n 附加到整数字段的末尾来创建 BigInt 的字面量值,也可以调用 BigInt()函数,从字符串或数字中生成 BigInt 类型的值。

BigInt 大多数情况下可以像常规数值类型一样使用,但是不可以把 BigInt 和常规数值类型混合使用。如果需要,我们可以调用 BigInt()或者 Number()进行显示转换。

3. 字符串类型

在 JavaScript 程序中,被放在一对匹配的单引号、双引号或者反引号(' 、"或者`,称为定界符)中的字符序列,就是字符串,也称为字符串字面量。由单引号作为定界符的字符串字面量中可以包含双引号和反引号。同样地,由双引号和反引号作为定界符的字符串中也可以包含另外两种引号。需要注意的是,反引号作为定界符是 ES6 中才出现的新特性,它还可以在字符串字面量中包含 JavaScript 表达式。例如以下代码,第 3 行反引号中的 ${和} 之间的内容被解析为表达式,输出时被求值为 kitty:

```
01 let name = "kitty";                  // 声明变量 name,值为 kitty
02 console.log("Hello ${name}");        // 双引号作为定界符,输出:Hello ${name}
03 console.log(`Hello ${name}`);        // 反引号作为定界符,输出:Hello kitty
```

定界符和其他一些特殊字符也可以使用反斜杠进行转义,便于在字符串中表达无法直接表示的字符,例如\\表示反斜杠本身,\n 表示换行符,\t 表示水平制表符,\'表示单引号,\"表示双引号等等。

我们知道对数值使用加号(+)操作符,结果是两个参与运算的数的和。而对两个字符串使用加号(+),那么会按字符串出现的先后顺序拼接称为一个长字符串。此外,JavaScript 给我们提供了获取字符串长度的属性以及大量操作字符串的方法。列举几个简单的示例如下(更多字符串操作方法参见字符串的原型对象,可以使用 console. log(String. prototype)语句输出到控制台查看):

```
01 let s = "I love JavaScript!";        // 声明变量 s,值为一个字符串
02 console.log(s.length);               // 获取字符串长度,输出:18
03 console.log(s.indexOf("a"));         // 字符串中第 1 个字母 a 的位置,输出:8
04 console.log(s.startsWith("I lo"));   // 是否以"I Lo"开头,输出:true
```

4. 符号类型

符号类型是 ES6 新增的数据类型。Symbol 值表示唯一的标识符,其用途就是确保对象属性使用唯一的标识符,避免属性冲突。我们可以使用 Symbol()来创建这种类型的值,如下所示,它能够保证值的唯一性:

```
01 let id1 = Symbol("id");              // 创建 Symbol 类型值 id1
02 console.log(typeof id1);             // 输出:symbol
03 let id2 = Symbol("id");              // 创建 Symbol 类型值 id2
04 console.log(id1 == id2);             // 结果:false
```

5. null

null 通常用于表示某个值是不存在的。console.log(typeof null)的输出结果是 object,因此可以把 null 看成一个特殊的对象,用于表示"没有对象"或者"没有值"。

6. undefined

JavaScript 中的 undefined 也表示值不存在,例如某个已声明但未初始化的变量的值就是 undefined,没有明确返回值的函数的返回值也是 undefined。与 null 不同的是,undefined 不是 JavaScript 的语言关键字,而是作为一个预定义的全局常量而存在。console.log(typeof undefined)的输出结果是 undefined。

7. 布尔类型

布尔类型的值表示逻辑真或者逻辑假,只有两个取值:true 和 false。在 JavaScript 语言中,对待类型转换是非常灵活的。如果在需要一个布尔值的时候(例如作为条件判断的语句),程序员却提供了一个其他类型的值,JavaScript 会自动进行类型转换。在进行类型转换时,除了 undefined、null、0、-0、NaN 和空字符串会转换为 false 外,其他的所有的值(也包括对象、数组等)都转换为 true。

4.1.5 JavaScript 的对象

1. 对象类型简介

JavaScript 中除了原始类型外,其他都是对象类型。实际上,任何不是字符串、数值(包括 Infinity、-Infinity 和 NaN)、true、false、null、undefined 的值都是对象。JavaScript 中的对象就是一些值的无序集合,每个值都会有一个唯一的名字,这个名字通常就是一个字符串,对象就是由字符串到值的映射组成的,每一个字符串到值的映射称为对象的一个属性。因此对象也可以理解为是属性的无序集合,属性都包含一个名字(称为属性名)和一个值(称为属性值)。其中属性名可以是任意字符串,但是一个对象中不能存在两个同名的属性。属性值可以是任意的 JavaScript 值(原始值、对象、函数等)。当属性值是一个函数的时候,这个属性通常被叫作对象的方法。在 C、C++、Java 及其他的强类型语言中,对象的属性必须事先定义,一般都是固定好数量的;而在 JavaScript 中,可以随时为对象创建任意多个属性。JavaScript 对象的一些属性也可以继承于其他对象,这个其他对象就称为"原型"。

2. 创建对象

在 JavaScript 中,可以通过对象字面量、new 操作符和 Object.create()三种方法来创建一个对象。

1）对象字面量

使用对象字面量是创建对象最简单的方式，将对象的属性定义在一对花括号{}中，属性定义时采用冒号分隔属性名和属性值，形式为"属性名：属性值"；多个属性之间使用逗号（,）分割，书写在最后一个属性后边的逗号可以省略。下面展示了几个使用对象字面量定义对象的例子：

```
01 let a = {};                          // 空对象,没有属性的对象
02 let b = {x : 2, y : 3};              // 包含两个数值属性值的对象
03 let c = {name : "JavaScript", version : "ES6 "}; // 包含两个字符串属性值的对象
04 let d = {"p1": b, "p2": c};          // 包含两个对象属性值的对象
05 let book = {              // 其中 press 的属性值就是一个使用字面量定义的对象
06     title : "网页设计实践",
07     press : {name : "清华大学出版社", address : "北京"}
08 };
```

2）new 操作符

JavaScript 对象还可以使用 new 操作符进行创建和初始化。new 操作符后边需要跟一个函数调用，这个函数用于初始化新创建的对象，具备这种功能的函数被称为构造函数（constructor）。在 JavaScript 语言中内置的一些类型都有对应的构造函数，构造函数的首字母一般为大写形式，代码示例如下：

```
01 let o = new Object();                // 创建一个空对象,与{}相同
02 let d = new Date();                  // 创建一个表示当前时间的日期对象
03 let a = new Array("C","Java","JavaScript"); // 创建一个数组对象,并初始化了该对象
```

3）Object. create()方法

要理解 Object. create()方法，必须明白 JavaScript 中关于原型对象的概念。JavaScript 语言中几乎所有的对象都有一个与之关联的对象，这个关联的对象称为原型（prototype）对象，对象可以从其原型对象中继承属性。我们可以通过"对象名. 属性名"来获取对应的属性值。为了更好地理解原型对象的概念，给出以下三行代码：

```
01 let o = {x : 1};          // 使用字面量方式定义一个对象,包含一个属性 x
02 console. log(typeof o. name);        // 控制台输出结果:undefined
03 console. log(typeof o. toString);    // 控制台输出结果:function
```

第 2 行代码的输出结果是 undefined，这很容易理解，我们并没有显式地给对象 o 定义属性名为 name 的属性，因此求对应的属性值（o. name）肯定是不存在的（或者说是未定义的）。同样地，我们也没有显式地给对象 o 定义属性名为 toString 的属性，但是程序运行结果不仅显示这个属性是有定义的，而且知道其属性值的类型是 function，那么这个 toString 属性是从何而来呢？答案正是来自与对象 o 相关联的原型对象。这个原型对象中定义了属性名为 toString 的属性，而 o 对象继承了这个属性，o. toString 实际上获取的是原型对象的 toString 属性。

正如前面所述，既然 JavaScript 语言中几乎所有的对象都有一个原型对象，那么我们如何访问对象的原型对象呢？JavaScript 语言中凡是具有原型对象的对象都内置了一个隐含

属性,这个隐含属性的属性名称为__proto__(注意:属性名中 proto 的前后都是两个下画线),其对应的属性值就是原型对象(确切地说是指向原型对象的引用)。

实际上,在 JavaScript 中通过对象字面量或者 new Object()创建的所有对象关联的都是同一个原型对象,可以由以下代码得到验证,第 1、2 行分别通过字面量方式和 new 操作符创建了两个不同的对象 o1 和 o2;第 3 行分别通过各自的隐含属性__proto__访问其原型对象并比较,结果为 true(注:JavaScript 中三个等号是全等,只有类型和值都相等才返回真值),说明 o1 和 o2 的原型对象是同一个;第 4 行比较了 o1 和 o2 继承于原型对象的属性 toString,结果也是 true,再次印证了二者的原型对象是同一个。既然对象字面量或者 new Object()创建的所有对象共享一个原型对象,我们暂且称之为"Object 类的原型对象"。

```
01 let o1 = {x : 1};                        // 使用字面量方式定义一个对象,包含一个属性 x
02 let o2 = new Object();                    // 使用 new 操作符创建一个空对象
03 console.log(o1.__proto__ === o2.__proto__ );   // 控制台输出结果:true
04 console.log(o1.toString === o2.toString);  // 控制台输出结果:true
```

上面的示例代码是经由 Object 类的某个具体对象的隐含属性__proto__访问到了"Object 类的原型对象",已经验证了"Object 类的原型对象"只有一个,那么我们能否通过别的方法找到它呢?答案是可以的,这要从原型对象本身是如何创建的开始说起。原型对象本身也是属于 Object 类的,创建它时也要调用该类型的构造函数。Object 类型的构造函数是 Object(注意这里说的 Object 是个函数)使用 console.log(typeof Object)语句打印输出的结果是 function。一个类型的构造函数是唯一的,这个类型的对象共用的原型对象也是唯一的,因此我们很容易联想到它们之间应该有某种联系。事实也正是如此,因为构造函数在本质上也是对象,它也可以拥有自己的属性。在一个类型的构造函数中也确实存在这样一个特殊的属性,它的属性值为该类型的原型对象,这个属性的属性名称为 prototype,因此可以用"构造函数.prototype"访问该类型的原型对象。以 Object 类型为例,Object.prototype 就是 Object 类的原型对象,可以通过代码 console.log({}.__proto__ === Object.prototype)的输出结果进行验证,结果是 true,说明 Object.prototype 就是 Object 类型的原型对象。

原型对象的好处就是一个类型的所有具体对象都可以继承属性(也可以说是共享属性),原型对象本身可能也会存在它的原型对象,这样就构成了一个链条,称为原型链。原型链最终会终止于 Object.prototype,因为 Object.prototype.__proto__的值为 null,Object.prototype 这个原型对象本身不再有原型对象了,这也是我们之前说几乎所有(而不是全部)对象都有原型对象的原因。JavaScript 原型和原型链实现了类的继承机制。

理解了原型的概念,就比较容易理解第三种创建对象的方式了。第三种方式使用 Object.create()方法创建对象,该方法接收的第一个参数可以显式地指定新对象的原型对象,传入 null 可以创建一个没有原型对象的新对象(这样的对象在实际应用中意义不大)。结合以下示例,我们以 o1 为原型创建了一个新对象 o2,则 o2 就继承了 o1 的属性,所以 o2.x+o2.y 的结果为 3:

```
01 let o1 = {x : 1, y : 2};                  // 使用字面量方式定义一个对象 o1
02 let o2 = Object.create(o1);               // 使用 o1 作为原型创建新对象 o2
03 console.log(o2.x + o2.y);                 // 输出结果:3
```

JavaScript 中能够以任意原型创建新的对象这种技术非常强大,用途也比较广泛。

3. 对象属性的访问、设置与删除

通过对象的属性名称获取属性可以使用点(.)或者方括号([])操作符两种方式,例如 book.title 和 book["title"]都是表示获取 book 对象的 title 属性。需要注意的是,通过方括号这种方法访问对象属性时,属性名称是通过字符串来表示的。字符串可以在程序运行期间修改和创建,从而增强属性访问的灵活性。

创建新的属性或者修改已有的属性值时也是使用点或者方括号这两个操作符,删除属性则是使用 delete 操作符(注意它是删除属性本身,而不是仅仅删除属性值)。相关示例代码如下:

```
01 let press = {};                    // 使用字面量方式创建一个空对象 press
02 press.name = "清华大学出版社";        // 创建 press 对象的一个新属性并赋值
03 press["address"] = "北京";          // 创建 press 对象的另一个新属性并赋值
04 press.address = "天津";             // 修改了一个属性值
05 delete press["name"];              // 删除了 press 对象的 name 属性
06 console.log(press.name);           // name 属性已删除,输出:undefined
```

4. 对象属性的特性

一个对象既可以创建定义属性,也可以从其原型对象链中继承属性。有时需要对二者进行区分,我们就把对象从原型对象链中继承的属性称为继承属性,非继承属性则称为自有属性。针对对象而言,它对属性的访问操作等权限有时需要谨慎对待。例如对某些继承属性是不允许用户程序去删除的,删除了会导致所有同类对象都不能使用该属性了,甚至会破坏整个系统。因此每个属性都具有默认的一些属性特性。属性特性有以下 3 个。

(1) 可写特性(writable):指是否可以设置属性的值。

(2) 可枚举特性(enumerable):指是否可以在一些循环语句(如 for-in)中返回属性的名称。

(3) 可配置特性(configurable):指是否可以删除属性,以及是否可以修改其特性。

默认情况下,我们创建的对象的所有自有属性都是可写、可枚举和可配置的,而许多 JavaScript 内置对象拥有只读(不可写)、不可枚举、不可配置的特性。

5. 属性的测试与枚举

在实际开发时,经常需要检查某个对象是否拥有某个属性,有时也会遍历对象的所有属性。我们可以使用多种方法判断一个对象是否拥有某个属性,直接查询相应属性、使用 in 操作符或者使用 hasOwnProperty()方法。简单示例如下:

```
01 let o = {x : 1, y : 2};                       // 使用字面量方式定义一个对象 o
02 console.log(o.x !== undefined);               // 输出:true,说明 o 有属性 x
03 console.log(o.z !== undefined);               // 输出:false,说明 o 没有属性 z
04 console.log("y" in o);                        // 输出:true,说明 o 有属性 y
05 console.log("toString" in o);                 // 输出:true,说明 o 有属性 toString,是继承属性
06 console.log(o.hasOwnProperty("y"));           // o 有自有属性 y,输出:true
07 console.log(o.hasOwnProperty("toString"));    // toString 不是 o 的自有属性,输出:false
```

遍历对象的属性时会列出对象所有具有可枚举特性的属性,可以使用 for-in 循环进行

枚举。用户代码给对象添加的属性是可枚举的,对象继承的内置属性是不可枚举的。

6. 序列化对象

当程序需要保存对象或者在网络中进行传输时通常需要将对象转换为字符串,之后再把字符串解析为对象,这种将对象转换为字符串的过程就是对象序列化(serialization)。转换后的字符串称为 JSON 字符串。JSON 是 JavaScript Object Notation 的简写形式,含义就是 JavaScript 对象表示法。JSON 语法是 JavaScript 语法的子集,不能够表示所有的 JavaScript 值,它能够支持字符串、有限数值、true、false、null 以及在这些原始值的基础上构建起来的对象和数组。JSON 具有高效通用的优点,是语言无关的纯数据规范,在实践中就连很多非 JavaScript 程序都支持它。JavaScript 中使用函数 JSON. stringify() 和 JSON. parse() 来序列化和反序列化(恢复)JavaScript 对象。把需要序列化的 JavaScript 对象作为参数传递给 JSON. stringify() 函数就得到了该对象的 JSON 字符串;相反地,把一个 JSON 字符串传递给 JSON. parse() 函数就能重建原来的对象。简单示例如下:

```
01 let o = {x : 1, y : 2};              // 使用字面量方式定义一个对象 o
02 let s = JSON.stringify(o);           // 获取对象 o 序列化后的结果
03 console.log(typeof s);               // 对象 o 序列化后的类型是字符串,输出:string
04 console.log(s);                      // 输出:{"x":1,"y":2}
05 let o1 = JSON.parse(s);              // 恢复重建为一个新对象 o1
```

4.1.6 JavaScript 的基础语法

1. 类型转换

JavaScript 语言中的类型转换非常灵活。例如当程序需要一个布尔类型的值的时候,JavaScript 会尝试将其他类型自动转换为布尔类型。参见下面的示例:

```
01 console.log("6" * "7");             // 字符串转换为数字,输出:42
02 let a = "5";                        // a 为字符串 5
03 console.log(32 - a);                // 字符串 a 转换为了数值 5,结果是 27
04 console.log(20 + "JavaScript");     // 20 转换为了字符串
```

2. 表达式

表达式是能够被求得一个值的 JavaScript 短语。例如,直接嵌入在程序中的一些字面量是最简单的表达式,一个变量名也是一个表达式。此外我们还可以通过操作符来组合简单的表达式,从而构建更复杂的表达式。

JavaScript 中的表达式主要分为以下 9 种。

1) 主表达式

那些独立存在、不再包含更简单表达式的表达式称为主表达式,主要包括常量、字面量值、变量引用以及某些语言关键字,示例如下:

```
01 "JavaScript";                       // 字符串字面量
02 92.5                                // 数值字面量
03 /^\w + $/                           // 正则表达式
04 true                                // 布尔值
```

```
05 false                         // 布尔值
06 this                          // 求值为当前对象
07 null                          // 空值
08 i                             // 变量引用
09 undefined                     // 全局常量
```

2）对象与数组创建表达式

对象和数组的创建初始化也是表达式,其值就是新创建的对象或者数组。使用字面量方式或者构造函数方式创建对象都可以,示例如下:

```
01 []                            // 空数组
02 {}                            // 空对象
03 [1, 2]                        // 两个元素的数组
04 {x:1, y:2}                    // 两个属性的对象
05 new Object()                  // 空对象
06 new Array()                   // 空数组
```

3）属性访问表达式

属性访问表达式用于对对象的属性或者数组元素进行求值。对属性求值可以使用点(.)或者方括号([]),示例如下:

```
01 let o = {x:1, y:{i:3, j:4}};  // 定义对象 o
02 let a = [5,6,[7,8]];          // 定义数组 a
03 console.log(o.x);             // 输出:1
04 console.log(o.y.j);           // 输出:4
05 console.log(o["y"].i);        // 输出:3
06 console.log(a[1]);            // 输出:6
07 console.log(a[2][1]);         // 输出:8
```

ES2020 提供了一个新的属性访问表达式,用于安全的访问嵌套的对象属性,使用操作符"?.",称为可选链。如下示例,o 是一个对象,o.y 是一个有效的属性访问表达式,得到的值是 null。第 4 行使用 o.y.k 会使得程序抛出一个错误,而使用 o.y?.k 或者 o.y?.["k"]则可以避免该错误,输出 undefined。

```
01 let o = {x:1, y:null};        // 定义对象 o
02 console.log(o.y?.k);          // 输出 undefined
03 console.log(o.y?.["k"]);      // 输出 undefined
04 console.log(o.y.k);           // 程序报错,错误类型 TypeError
```

4）函数定义与调用表达式

JavaScript 语言使用关键字 function 定义函数,对函数的定义和调用也是一种表达式。后续章节会详细介绍函数,此处讨论表达式时先给出如下示例:

```
01 let sum = function(a,b){return a + b;};  // 定义用于求和的函数 sum
02 let c = sum(5,6);                        // 调用求和函数 sum
```

5）操作符

JavaScript 中的操作符用于组合多个表达式,实现算术运算、比较、求逻辑值、赋值等功能。操作符既可使用"＋""－""＝"这样的一些特定符号,也可使用 delete、instanceof 这样

的关键字。操作符按照它们期待的操作数个数来分类,可分为一元操作符(一个操作数)、二元操作符(两个操作数)和三元操作符(三个操作数)。一个复杂表达式中会出现多个操作符,先使用哪个操作符进行计算呢? JavaScript 中具有操作符的优先级控制,优先级高的操作符先运算。当两种操作符的优先级相同时,还要考虑操作符的结合性,结合性规定了优先级相同的操作是从左到右执行还是从右到左执行。表 4.1 列出了 JavaScript 中常用的操作符。

表 4.1　JavaScript 的常用操作符

操作符	操作	操作数与结果类型	结合性	操作数	优先级
++	先或后递增	lval→num	右	1	1
−−	先或后递减	lval→num	右	1	1
−	负值	num→num	右	1	1
+	转换为数值	any→num	右	1	1
~	反转二进制位	int→int	右	1	1
!	反转布尔值	bool→bool	右	1	1
delete	删除属性	lval→bool	右	1	1
typeof	求操作数类型	any→str	右	1	1
void	返回 undefined	any→undef	右	1	1
**	幂	num,num→num	右	1	2
*、/、%	乘、除、取余	num,num→num	左	2	3
+、−	加、减	num,num→num	左	2	4
+	拼接字符串	str,str→str	左	2	4
<<	左位移	int,int→int	左	2	5
>>	右位移以符号填充	int,int→int	左	2	5
>>>	右位移以零填充	int,int→int	左	2	5
<、<=、>、>=	按数值顺序比较	num,num→bool	左	2	6
<、<=、>、>=	按字母表顺序比较	str,str→bool	左	2	6
instanceof	测试对象类	obj,func→bool	左	2	6
in	测试对象属性是否存在	any,obj→bool	左	2	6
==	非严格相等测试	any,any→bool	左	2	7
!=	非严格不相等测试	any,any→bool	左	2	7
===	严格相等测试	any,any→bool	左	2	7
!==	严格不相等测试	any,any→bool	左	2	8
&	计算按位与	int,int→int	左	2	9
^	计算按位异或	int,int→int	左	2	10
|	计算按位或	int,int→int	左	2	11
&&	计算逻辑与	any,any→any	左	2	12
||	计算逻辑或	any,any→any	左	2	13
??	选择第一个有定义的操作数	any,any→any	左	2	14
?:	选择第二个或第三个操作数	bool,any,any→any	右	3	15
=	为变量或属性赋值	lval,any→any	右	2	16
+=、−=、*=等	操作并赋值	lval,any→any	右	2	16
,	返回第二个操作数	any,any→any	左	2	17

　　表 4.1 的"优先级"一列中,数字越小,表示对应操作符的优先级越高,数字相同,则表示优先级相同。需要注意的是属性访问表达式的优先级高于表 4.1 中列出的任何操作符的优先级。

　　此外还应该关注操作符期望的操作数类型以及运算后返回的类型是什么。表 4.1 的"操作数与结果类型"一列中,num 表示数值类型,int 表示数值类型中的整数值,bool 表示布尔值,any 表示任意类型,str 表示字符串类型,undef 表示 undefined,obj 表示对象类型,func 表示函数,lval 表示左值(在 JavaScript 中,变量、对象属性和数组元素都是左值)。

　　6)算术操作表达式

　　算术操作表达式主要包括一元算术操作符、二元算术操作符和位操作符,下面具体介绍。

　　一元算术操作符包含一元加(+)、一元减(−)、递增(++)和递减(−−)。一元操作符会修改操作数并产生一个新的值。其中一元加操作符将操作数转换为数值(或者 NaN)后返回,如果操作数是数值,它什么也不做;一元减操作符在必要时也会将操作数转换为数值(或者 NaN),然后改变操作数的符号;递增和递减操作符的操作数必须是一个左值(变量、数组元素或者对象属性),必要时它将操作数转换为数值,并在这个数值上加 1(或减 1),然后将递增(或递减)后的数值再赋值回这个左值。此外,递增和递减操作符的返回值还取决于它与操作数的相对位置。如果操作符位于操作数前面,则可称为前递增(减)操作符,即先将操作数增(减)1,再返回操作数递增(减)后的值;如果操作符位于操作数后面,则可称为后递增(减)操作符,它会先返回操作数原值,然后再将操作数增(减)1。

　　二元算术操作符是幂(**)、乘(*)、除(/)、模(%)、加(+)和减(−)。在对操作数进行求值的时候,必要时会进行类型转换,无法转换为数值的操作数则转换为 NaN。如果有参与运算的操作数被转换为 NaN,则运算结果为 NaN。

　　位操作符是对数值的二进制表示执行低级位操作,其操作数是数值且返回值也是数值,可以把它归类为算术操作,但是位操作在 JavaScript 编程中并不是很常用。位操作符包括按位与(&)、按位或(|)、按位异或(^)、按位非(~)、左移(<<)、有符号右移(>>)和零填充右移(>>>)。

　　7)关系表达式

　　关系操作符用于测定两个操作数之间的关系,依据两者之间是否满足某种关系返回 true 或者 false。关系表达式的求值始终是布尔值,常用于控制程序的执行流程。

　　JavaScript 中用于判断相等的操作符有两个,一个是相等(==),一个是严格相等(===)。相等(==)比较可以在任意数据类型之间进行,JavaScript 会自动进行类型转换,将不同类型的比较数据转换为相同的类型进行比较。严格相等(===)则要求参与比较的两个数据是相同类型的,否则直接返回 false,判断相等的基本示例如下:

```
01 console.log(0 == false)           // 结果:true
02 console.log('' == false);         // 结果:true
03 console.log(0 === false);         // 结果:false
04 console.log(null === undefined);  // 结果:false
```

　　JavaScript 中的小于(<)、大于(>)、小于或等于(<=)、大于或等于(>=)操作符用于比较两个操作数。比较只能够针对数值和字符串,且更偏向数值比较,但是程序员提供的操作

数可能是任意类型,因此非数值和字符串的操作数在比较时会进行类型转换。示例如下:

```
01 console.log("JavaScript" < 2)        // 结果:false,JavaScript 转换为 NaN
02 console.log("10" > 5);               // 结果:true,"10"转换为数值 10
```

in 操作符的左侧为字符串或者能够转换为字符串的值,右侧为对象。如果左侧的值是右侧的对象的属性名,则返回 true。示例如下:

```
01 let o = {x:1, y:null};               // 定义对象 o
02 console.log("x" in o);               // true,对象 o 有名为"x"的属性
03 console.log("name" in o);            // false,对象 o 没有名为"name"的属性
```

instanceof 操作符的左侧操作数是对象,右侧是对象类的标识,当左侧对象是右侧类的实例时返回 true。示例如下:

```
01 let a = [3,4,5];                      // 定义一个数组
02 console.log(a instanceof Array);      // true
03 console.log(a instanceof Object);     // true
04 console.log(a instanceof Number);     // false
```

8)逻辑表达式

逻辑操作符与(&&)、或(||)和非(!)用于执行布尔运算,其中 && 和||需要两个操作数。与(&&)操作时,当且仅当两个操作数都求值为 true 时,结果才为 true,其余情况的结果均为 false。或(||)操作时,当且仅当两个操作数都求值为 false 时,结果才为 false,其余情况返回 true。非(!)操作符出现在操作数前面,可以反转操作数的布尔值。

9)赋值表达式

当为变量或者对象属性赋值时使用等号(=)操作符,示例如下:

```
01 let x = 3;                            // 给变量 x 赋值为 3
02 let o = {};                           // 声明一个对象 o
03 o.y = 0;                              // 设置对象 o 的属性 y 为 0
04 let i,j,k;                            // 声明 3 个变量
05 i = j = k = 0;                        // 同时将 3 个变量初始化为 0
```

3. 变量与常量

1)声明

变量是数据值的"命名存储",即使用名字(标识符)表示一个值。我们常说的把值赋给变量,就是指把值和名字(标识符)进行绑定,在程序中可以使用名字(标识符)引用值。术语"变量"意味着可以为其赋予新值,与变量关联的值在程序中可能会有变化。如果想要把一个值永久绑定一个名字(标识符),那么通常该名字(标识符)被称为常量。

在 JavaScript 中,使用变量或者常量之前需要先声明它,变量或者常量名称必须符合标识符的命名规则(参见 4.1.3)。从 ES6 开始,我们使用 let 关键字来声明变量,声明变量的同时可以给变量赋初始值。也可以使用 const 关键字来声明常量。const 与 let 类似,区别在于 const 必须在声明时初始化常量。以下是变量和常量声明的基本示例:

```
01 let x;                                // 声明变量 x,未赋初始值
02 console.log(x);                       // 结果:undefined
```

```
03 let _total, sum;                      // 使用一条 let 语句声明多个变量
04 let i = 0;                            // 声明变量的同时初始化
05 i = 5;                                // 修改变量的值
06 const PI = 3.1415926;                 // 声明一个常量 PI
```

2）作用域

变量的作用域（scope）是指程序源码中的一个区域，在这个区域内变量有效。通过 let 和 const 声明的变量和常量具有块级作用域。

JavaScript 中的多条语句组合能够以语句块的形式出现，通常将它们放在一个 {} 中，也称为一个代码块。声明在一个代码块中的变量或常量，在代码块外是无法进行访问和使用的，此时的变量或者常量称为局部变量或局部常量。如果声明位于顶级，即在任何代码块的外部，则称为全局变量或全局常量。在同一个作用域中不允许使用 let 或 const 重复声明同一个变量或常量名字。以下所示代码中，x 是全局变量，i 是局部变量：

```
01 let x = 5;                            // 声明全局变量 x
02 {                                     // 代码块，形成一个块级作用域
03     let i = 0;                        // 声明局部变量 i
04     console.log(x);                   // 此处可以访问全局变量 x
05     console.log(i);                   // 作用域内可以访问局部变量 i
06 }
07 console.log(i);                       // 报错，作用域外不能访问局部变量 i
```

3）旧时的 var

在 ES6 之前，声明一个变量的唯一方式是使用 var 关键字，其语法和 let 相同，无法声明常量。使用 var 声明的变量不具有块级作用域，它拥有作用域提升的特性，即声明会被提升至顶部。但是变量初始化仍会在代码所在的位置完成，意味着在变量初始化之前就可以使用变量而不报错。这很可能成为一个 bug 的来源。因此 ES6 之后使用 let 声明变量可以纠正这个错误的特性，在现代 JavaScript 脚本中一般不再使用 var 声明变量。

4．语句

JavaScript 中的表达式称为短语，它是语句的一个组成部分。语句在执行后往往会导致某个事件发生，也就是能够完成既定任务。

程序语句的默认执行顺序是自上而下、顺序执行，先写的语句会先执行。在很多情况下，语句的执行未必要按照顺序执行，这就需要使用控制语句。JavaScript 中控制语句与一般编程语言中的控制语句一样，主要分为分支语句和循环语句。JavaScript 中的分支语句有 if 和 switch，循环语句有 for、for-in、for-of、while 和 do-while。

1）if 语句

if 语句的基本形式如下：

```
01 if (expression) {
02     当条件表达式 expression 求值为 true 时执行的代码
03 }
```

只有当条件表达式 expression 求值为 true 时，花括号中的语句才会执行。如果花括号中只有一条语句，则花括号可以省略。

if 语句和 else 语句组合在一起，可以实现更全面的判定，如条件成立如何操作，不成立

如何操作。if-else 语句的基本形式如下：

```
01 if (expression) {
02     当条件表达式 expression 求值为 true 时执行的代码
03 }else{
04     当条件表达式 expression 求值为 false 时执行的代码
05 }
```

多个条件堆叠的判定可以使用多层 if-else-if 的形式，根据条件选择多个代码块中的某一个来执行。多条件的 if-else-if 基本形式如下：

```
01 if (expression 1) {
02     当 expression 1 为 true 时执行的代码
03 }else if (expression 2) {
04     当 expression 2 为 true 时执行的代码
05 }else{
06     当 expression 1 和 expression 2 都不为 true 时执行的代码
07 }
```

借助 if-else-if 的判定功能，可以实现判定登录时间段的功能。示例代码如下，在 HTML 页面中嵌入以下 JavaScript 脚本，打开页面时会依据当前系统时间弹出不同的消息框：

```
01 let date = new Date();
02 let hour = date.getHours();
03 let msg = null;
04 if(hour > 6 && hour < 8){
05     msg = "早上好";
06 }else if(hour >= 8 && hour <= 12){
07     msg = "上午好";
08 }else if(hour > 12 &&hour < 17){
09     msg = "下午好";
10 }else if(hour >= 17 &&hour <= 20){
11     msg = "晚上好";
12 }else{
13     msg = "请于工作时间登录(6:00～20:00)"
14 }
15 alert(msg);
```

2）switch 语句

switch 语句与 if-else-if 类似，都属于多分支语句，用于根据条件选择要执行的多个代码块之一。switch 语句的基本形式如下所示：

```
01 switch(expression){
02     case value 1:
03         执行代码块 1
04     break;
05     case value 2:
06         执行代码块 2
07     break;
08     default:
```

```
09          expression 的求值与 value 1 和 value 2 不同时执行的代码
10 }
```

使用 switch,首先设置表达式 expression,随后表达式的值会与结构中的每个 case 之后的值做比较。如果存在匹配,则与该 case 关联的代码块会被执行。使用 switch 需要特别注意的地方是,case 之后的语句执行完之后,程序不会停止,会继续执行下一个 case 之后的语句,即使这个 case 之后的值没有匹配,这种现象称为"case 击穿"。所以,如果需要在执行完匹配的 case 之后就停止,需要使用 break 语句来阻止代码自动地向下一个 case 运行。

3) while 语句

while 语句是 JavaScript 的基本循环语句,它会在指定条件为真时循环执行代码块。while 循环的一般形式如下所示:

```
01 while (expression) {
02          需要执行的代码(循环体)
03 }
```

执行 while 语句时,解释器首先会求值表达式。求值为 true 的情况下,循环体部分会一直执行。如果条件不成立,则循环体不执行。

4) do-while 语句

与 while 循环比较类似的循环体是 do-while 循环,这可以看作是 while 循环的变体。与 while 循环不同的是该循环会先执行一次代码块,然后再检查表达式是否为真,如果表达式为真的话,就会重复这个循环。也就是说,使用 do-while 循环时,无论条件如何,至少会执行一次。do-while 循环的一般形式如下所示:

```
01 do {
02          需要执行的代码
03 }while (expression);
```

5) for 语句

循环控制语句 for 用于重复执行同一块代码,直到循环控制条件不再成立。for 循环的基本形式如下:

```
01 for(initialize; test; increment) {
02      被执行的代码块(循环体)
03 }
```

for 循环中各语句的执行有一定的顺序:第一,initialize 会在循环(代码块)开始前执行;第二,test 定义运行循环(代码块)的条件,如果条件成立,则执行循环体,如果不成立则跳出循环;第三,increment 在循环(代码块)已被执行之后执行,一般用于递增变量,执行完后继续第二步操作。如下示例代码,使用 for 循环在控制台输出 0~9:

```
01 for(let count = 0; count < 10; count++){
02      console.log(count);
03 }
```

6) for-of 语句

ES6 定义了一个专门用于可迭代对象的循环语句 for-of,用于遍历可迭代对象的元素,其基本的语法格式如下：

```
01 for(property of expression) {
02     被执行的代码块(循环体)
03 }
```

目前，我们只需要知道字符串、数组、集合和映射都是可迭代的就行了，它们都可以理解为一组或者一批元素，可以使用 for-of 语法进行循环遍历。如下代码可以在控制台循环输出字符串中的每一个字母：

```
01 for(let letter of "Hello JavaScript!") {
02     console.log(letter);
03 }
```

7）for-in 语句

for-in 循环看起来与 for-of 循环类似，但与 for-of 循环要求 of 后面是可迭代对象不同的是，for-in 循环的 in 后面可以是任意的对象，用于枚举对象中的非符号属性。基本的语法格式如下：

```
01 for(variable in object) {
02     被执行的代码块(循环体)
03 }
```

执行 for-in 语句时，会首先求值 object，如果求值为 null 或者 undefined，则跳过循环；否则，会对求值对象的每一个可枚举的对象属性执行一次循环体。如下所示代码遍历打印对象 o 的每一个可枚举属性值：

```
01 let o = {x:1, y:2, z:3};          // 定义对象 o
02 for(let p in o) {                 // 遍历对象 o 的可枚举属性
03     console.log(o[p]);            // 打印对象 o 的属性值
04 }
```

8）break 与 continue

这两条语句属于辅助语句，break 用于跳出循环或用在 case 之后，防止 case 击穿；continue 用于跳过一次循环，开始下一次循环。

4.1.7　JavaScript 的引用类型

JavaScript 中，引用类型是把数据和功能组织到一起的数据结构，可以理解为一类对象的定义，一般通过使用 new 操作符后跟一个构造函数（constructor）来创建。在此我们学习一些在编程中常用的引用类型。

1. 日期和时间

日期（Date）对象用于存储日期和时间，并提供了日期/时间的管理方法。Date 类型将日期保存为自协调世界时（universal time coordinated，UTC），保存的是从 1970 年 1 月 1 日午夜（零时）至今所经过的毫秒数。使用这种方式表示日期，Date 类型可以精确地表示 1970 年 1 月 1 日之前及之后 285 616 年的日期。

1）创建

可以调用 new Date()创建一个新的 Date 对象,不带参数时表示创建了一个当前日期和时间的 Date 对象。还可以有以下几种传参数的情况。

（1）new Date(milliseconds)：指传入的整数参数代表的是自 1970 年 1 月 1 日午夜(零时)以来经过的毫秒数,该整数被称为时间戳。

（2）new Date(datestring)：指传入一个表示日期的字符串,将被自动解析。

（3）new Date(year,month,date,hours,minutes,seconds,ms)：指分别传入年、月、日、小时、分钟、秒和毫秒值,但只有前两个参数是必需的。

2）访问日期

可以从一个 Date 对象中访问年、月等信息,支持如表 4.2 中所列出的各种方法。

表 4.2　Date 对象中访问日期组件的方法

方　　法	描　　述
getFullYear()	获取年份,4 位数
getMonth()	获取月份,从 0 到 11
getDate()	获取当月具体日期,从 1 到 31
getHours()	获取小时
getMinutes()	获取分钟
getSeconds()	获取秒
getMilliseconds()	获取毫秒
getDays()	获取一周中的第几天
getTime()	获取日期对应的时间戳

3）设置日期

表 4.3 中列出的方法用于设置日期/时间对象,其中方括号中的参数不是必需的。

表 4.3　Date 对象中设置日期组件的方法

方　　法	描　　述
setFullYear(year,[month],[date])	设置年月日
setMonth(month,[date])	设置月日
setDate(date)	设置日
setHours(hour,[min],[sec],[ms])	设置时、分、秒、毫秒
setMinutes(min,[sec],[ms])	设置分、秒、毫秒
setSeconds(sec,[ms])	设置秒、毫秒
setMilliseconds(ms)	设置毫秒
setTime(timestamp)	使用给定的时间戳设置日期

2. 正则表达式 RegExp

JavaScript 中有一种非常强大、用于描述和匹配文本中字符串的类型,被称为正则表达式 RegExp,关于正则表达式的知识在其他语言中也是适用的。正则表达式具有类似数值和字符串的字面量语法,使得它看起来像是基础类型,但是实际上是通过 RegExp 类来实现的。我们很多时候会通过一种特殊的字面量语法来创建,一对正斜杠(/)之间的文本就构成了正则表达式字面量,第二个正斜杠(/)后还可以跟一个或多个字母,用来指定不同的匹配模式。正则表达式的语法有较高的复杂度,限于篇幅,本书仅讲解一小部分正则表达式语法,并简单了解一下正则表达式的使用方法。表 4.4 中列出了正则表达式中一些匹配模式的写法及含义。

表 4.4　正则表达式的部分常用匹配模式描述

模式字符	匹配目标或含义
普通字符	普通字符本身
[...]	方括号中的任意一个字符
[^...]	不在方括号中的任意一个字符
.	除换行之外的任意字符
\w	任意 ASCII 单词字符,等价于[a-zA-Z0-9_]
\W	任意 ASCII 单词字符,等价于[^a-zA-Z0-9_]
\d	任意 ASCII 数字字符,等价于[0-9]
\D	任意非 ASCII 数字字符,等价于[^0-9]
{n,m}	匹配前项至少 n 次,但不超过 m 次
{n,}	匹配前项 n 次或者更多次
{n}	匹配前项恰好 n 次
?	匹配前项 0 或 1 次,等价于{0,1}
+	匹配前项 1 或多次,等价于{1,}
*	匹配前项 0 或多次,等价于{0,}
(...)	将模式分组为一个单元,便于使用?、+、* 等重复符
^	匹配字符串开头
$	匹配字符串末尾
/.../g	全局模式匹配,即找到所有匹配项
/.../i	表示模式匹配时不区分大小写

下面给出一些简单正则表达式的例子,如下所示:

```
01 /JavaScript/                    // 匹配字符串"JavaScript"
02 /^\d+\.\d+$/                    // 匹配带小数点的数字
03 /^[0-9]{8}$/                    // 匹配字符串是否为 8 位数字
04 /^\w+$/                         // 匹配字符串是否由数字、字母、下画线组成
05 /^(0\d{2,3}-\d{7,8}/            // 匹配座机号码
```

JavaScript 在字符串类型中和 RegExp 类中都有使用正则表达式的方法,其中字符串操作方法中有 4 个支持正则表达式的用法,分别是 search()、replace()、match()、split()方法。RegExp 类中的 test()方法是使用正则表达式的最简单的方式。关于正则表达式的几个简单的使用示例如下:

```
01 "JavaScript".search(/cri/);        // 返回第一个匹配项起始位置,结果:5
02 "html".search(/cri/);              // 未找到匹配项返回-1,结果:-1
03 "Q5B54".replace(/\d/g, "0");       // 所有单个数字替换为 0,结果:Q0B00
04 "12+8=".match(/\d+/g);             // 未找到匹配项则返回 null,否则返回数组,结果:["12","8"]
05 "how,are,you".split(/,/);          // 字符串分割,返回分割后数组,结果:["how","are","you"]
06 /\d{2}/.test("int64")              // 找到匹配项,返回 true,否则返回 false,结果:true
```

3. 数组类型

数组类型（Array）是编程语言中比较常用的类型，表示一组有序的数据。但是 JavaScript 中的数组跟其他语言中的数组不同，一个数组中不同的元素可以存储不同类型的数据；数组也是可变长度的，会随着数据的添加而自动增长。

1）数组创建

我们可以使用 Array 构造函数创建数组。如下示例，第 1 行创建了一个空数组；第 2 行创建了一个初始长度为 10 的数组；第 3 行创建了一个包含 3 个字符串元素的数组；第 4 行省略了 new 操作符，创建了一个空数组。

```
01 let books = new Array();                  // 创建一个数组,未指定长度
02 let colors = new Array(10);               // 创建一个数组,长度为 10
03 let values = new Array("red","blue","green");   // 创建时初始化
04 let movies = Array();                      // new 操作符号可以省略
```

直接使用数组字面量也可以创建数组，它使用中括号（包含以逗号分隔的元素列表）表示。如下示例，第 1 行创建了一个包含 3 个字符串元素的数组；第 2 行创建了一个空数组。

```
01 let colors = ["red","blue","green"];
02 let books = [];                           // 创建一个空数组
```

ES6 对 Array 构造函数增加了两个用于创建数组的静态方法，分别是 from() 和 of()。from() 用于将类数组结构转换为数组的实例，而 of() 则用于将一组参数转换为数组实例。如下示例，第 1 行将字符串拆分为单字符的数组，结果为 ["h","e","l","l","o"]；第 2 行则将一组参数转换为数组。

```
01 let chars = Array.from("hello");          // 结果:["h","e","l","l","o"]
02 let values = Array.of(1,2,3);             // 结果:["1","2","3"]
```

2）数组索引

索引表示元素在数组中的顺序，可以用来设置或者获取元素的值。索引从 0 开始，在数组的属性 length 中保存了数组的元素个数，因此最后一个元素的索引是 length-1。如下示例，第 1 行创建了一个具有四个元素的数组 values；第 2 行打印数组 values 的长度为 4；第 3 行 values[2] 获取数组第 3 个（注意索引从 0 开始）元素的值 3，第 4 行将数组第 4 个元素的值修改为 5。

```
01 let values = [1,2,3,4];
02 console.log(values.length);               // 输出:4
03 let x = values[2];                         // 结果:x = 3
04 values[3] = 5;                             // 将数组第 4 个元素的值修改为 5
```

3）数组遍历

Array 的原型上有 3 个用于遍历数组内容的迭代器方法，即 keys()、values() 和 entries()。其中 keys() 是返回数组索引的迭代器，values() 是返回数组元素的迭代器，entries() 则是返回 [索引,值] 对的迭代器。如下示例，第 1 行定义了一个数组 colors；第 2 行将数组元素的迭代器通过 Array.from() 方法转换为数组，结果与数组 colors 本身相同；第 3～5 行通过 for-of 语句遍历数组 colors，每次循环取出其中一个元素及其索引值打印输出。

```
01 let colors = ["r","g","b"];
02 console.log(Array.from(colors.values()));      // 输出:["r","g","b"]
03 for(let [i,e] of colors.entries()){            // 遍历数组
04     console.log("第" + i + "个元素是:" + e);
05 }
```

4）数组的常用操作方法

表 4.5 列出了一些在程序设计中常用的操作数组及数组元素的方法,包括数组转换方法、栈方法、排序方法、队列方法、搜索方法等。限于篇幅,不再逐一给出方法实例,请读者自行测试。

表 4.5　数组的一些常用操作方法

方　　　法	方　法　说　明
toString()	返回由数组中每个元素的等效字符串拼接而成的以一个逗号分隔的字符串
push()	接收任意数量的参数,将它们添加到数组末尾,并返回数组的最新长度
pop()	删除数组的最后一个元素并返回
shift()	删除数组的第一个元素并返回
unshift()	接收任意数量的参数,将它们添加到数组开头,并返回数组的最新长度
sort()	默认按照升序重新排列数组元素,也可以接收一个比较函数作为参数来判定元素顺序
reverse()	按照降序重新排列数组元素
concat()	在现有数组全部元素的基础上创建一个新的数组,将参数附加到新数组末尾
slice()	从原数组中创建一个子数组并返回,接收两个参数: start 和 end,分别指定起始索引(包含)和结束索引(不包含)。end 也可以不指定,不指定则默认到结尾处
splice()	(1) 用作删除元素的方法,此时传两个参数,第一个参数是要删除的第一个元素的位置,第二个参数是要删除的元素数量; (2) 用作插入或者替换元素的方法,此时传三个(或更多的)参数,第一个参数是开始位置,第二个参数是要删除的元素的数量(不删除元素传 0),第三个参数为要插入的元素
indexOf()	从前往后搜索,返回查找到的第一个匹配元素的索引,未找到则返回−1。接收两个参数: 要查找的元素和一个起始位置(可以不指定,不指定则从头开始查找)
lastIndexOf()	从后往前搜索,用法同 indexOf()
every()	方法中传入一个函数,对数组每一个元素都运行传入的函数。如果对每一个元素执行函数都返回 true,则这个方法并返回 true
filter()	方法中传入一个函数,对数组每一个元素都运行传入的函数,函数返回 true 的项组成一个新的数组并返回
forEach()	方法中传入一个函数,对数组每一个元素都运行传入的函数,没有返回值
map()	方法中传入一个函数,对数组每一个元素都运行传入的函数,返回每次函数调用的结果构成的数组
some()	方法中传入一个函数,对数组每一个元素都运行传入的函数。如果有一项返回 true,则返回 true
reduce()	归并方法,接收两个参数,第一个参数为一个归并函数,该归并函数有 4 个参数: prev(上次归并执行的结果)、cur(当前项)、index(当前项的索引值)和 array(数组本身)。reduce() 的第二个参数是初始值(可以不指定,不指定时初始值为数组的第一个元素,归并操作从第二项开始)

4．映射

ES6 之前，在 JavaScript 中实现键值对存储可以使用 Object 对象来实现，也就是说将对象的属性作为键，再使用属性值来作为值。ES6 之后，新增了 Map 这样一个映射集合类型。Map 的基本使用方法比较简单，使用 new 操作符和 Map 构造函数创建映射；用属性 size 获取 Map 的大小；用 set()方法添加新的键值对；用 get()方法获取指定键对应的值；用 has()方法查询键值对是否存在；还可以用 delete()方法和 clear()方法删除键值对。如下示例，第 1～5 行创建并初始化了一个 Map 映射 person，第 6 行使用 set()方法添加了一个新的键值对，在第 7 行获取 Map 的大小为 4，第 8 行的 get()方法通过键获取对应的值，第 9 行查询是否存在键为"nation"的键值对，第 10 行使用 delete()方法删除了一个键值对，第 12 行则使用 clear()清空了所有键值对。

```
01 let person = new Map([            // 创建并初始化一个 Map
02     ["name","Julie"],
03     ["age","18"],
04     ["sex","girl"]
05 ]);
06 person.set("nation","china");      // 添加一个新的键值对
07 console.log(person.size);          // 4
08 console.log(person.get("age"));    // 18
09 console.log(person.has("nation")); // true
10 person.delete("name");            // 删除一个键值对
11 console.log(person.has("name"));   // false
12 person.clear();                   // 清空所有映射
13 console.log(person.size);          // 0
```

Map 的键值对实现与 Object 对象有所不同，Object 对象只能使用数值、字符串和符号作为键，而 Map 可以使用任何 JavaScript 数据类型作为键。此外 Map 实例会维护键值对的插入顺序。

5．集合

集合(Set)也是 ES6 新增的类型。Set 在很多方面都与 Map 类似，所不同的是 Set 仅仅是值的集合，而 Map 则是键值对的集合。如下代码示例，第 1 行创建并初始化了一个 Set 集合 colors，第 2 行在集合 colors 中添加了一个新的值 orange，第 3 行获取 Set 的大小为 4，第 4 行使用 has()方法查询集合 colors 中是否存在某个值，第 5 行使用 delete 方法删除了集合中的一个值，第 7 行清空了集合中的所有值。

```
01 let colors = new Set(["red","green","blue"]);  // 创建并初始化一个 Set
02 colors.add("orange");               // 添加一个新的集合值
03 console.log(colors.size);           // 4
04 console.log(colors.has("green"));   // true
05 colors.delete("blue");              // 删除一个值
06 console.log(colors.has("blue"));    // false
07 colors.clear();                     // 清空所有值
08 console.log(colors.size);           // 0
```

Set 会维护值插入时的顺序，因此支持按顺序迭代。集合的实例有一个迭代器，可以通

过 values()方法或者 keys()方法获得,进而使用 for-of 语句遍历集合。如下代码为遍历集合的示例:

```
01 let colors = new Set(["red","green","blue"]);        // 创建并初始化一个 Set
02 for(let value of colors.values()){
03      console.log(value);
04 }
```

4.1.8 JavaScript 的函数

函数是 JavaScript 程序的一个基本组成部分,它是一个 JavaScript 的代码块,定义之后就可以被执行或者调用任意多次。函数是参数化的,定义函数时可以包含一组参数(称为形参),当函数调用发生时会提供一组实际参数(称为实参)参与运算。除了实参,每个调用还有另外一个值,被称为调用上下文(Invocation Context),也就是 this 关键字的值。

JavaScript 中的函数是对象,可以通过程序来操控。如果我们把函数赋值给另外一个对象的属性,此时的函数就称为该对象的方法。如果函数是在一个对象上被调用,那么这个对象就是函数调用的上下文,即 this 值。

JavaScript 函数作为一个代码块,有自己的作用域。函数可以嵌套定义在其他函数里,内嵌的函数可以访问其所在函数作用域中的任何变量。

1. 函数声明

函数由 function 关键字声明,一般格式如下:

```
01 function func_name(param1,param2,...){
02      // 函数体语句块
03 }
```

理解函数声明,关键是要将函数的名字理解为是一个变量,而这个变量的值是函数本身。函数的声明语句会被提升到所在作用域(例如脚本、函数或代码块)的顶部,也就是说调用函数的代码可以出现在函数定义的代码之前。例如以下代码,函数声明和定义的代码在第 3~5 行,而我们在第 1 行对函数的调用是有效的:

```
01 let sum = add(5,6);            // 调用函数 add
02 console.log(sum);              // 11
03 function add(a,b){             // 函数 add 的声明与定义
04      return a + b;
05 }
```

2. 命名函数表达式

命名函数表达式看起来和函数声明非常像,但是函数表达式中定义的函数是可以没有名字的。函数声明实际上会声明一个变量,然后把函数对象赋值给它,而函数表达式不会声明变量,所以函数表达式中的函数可以没有名字。但是为了方便以后多次引用,我们往往会显式地将定义的函数赋给一个变量或者常量。通过命名函数表达式定义的函数不能在它们的定义之前调用。如下代码所示,第 4~6 行和第 7~9 行分别使用命名函数表达式定义了两个函数 f1 和 f2,第 1 行和第 2 行试图在函数定义前调用 f1 和 f2,没有成功,这是因为处

在表达式中的函数定义在表达式求值之前是不存在的；而第 10 行和第 11 行代码执行时，函数定义已经被求值并赋给常量 f1 和 f2，因此可以成功调用函数；第 3 行和第 12 行代码执行后显示 plus 是未被定义的，说明在函数表达式中书写的函数名字在外部不能够被识别，这个名字仅在函数内部递归调用函数本身时使用。

```
01 console.log(f1(3));              // 错误:f1 未被初始化
02 console.log(f2(1,2));            // 错误:f2 未被初始化
03 console.log(plus(1,2));          // 错误:plus 未被定义
04 const f1 = function(x){          // 函数表达式定义函数 f1
05     return x * x;
06 }
07 const f2 = function plus(a,b){   // 函数表达式定义函数 f2
08     return a + b;
09 }
10 console.log(f1(3));              // 正常执行,输出结果:9
11 console.log(f2(1,2));            // 正常执行,输出结果:3
12 console.log(plus(1,2));          // 错误:plus 未被定义
```

3. 箭头函数

ES6 之后，出现了更加简洁的定义函数的语法，称为"箭头函数"，它使用符号"=>"来分隔参数部分和函数体部分，注意函数参数和箭头之间不能存在换行符。如下代码为几个箭头函数的定义示例，第 1 行，函数 f1 有 a 和 b 两个参数以及正常的函数体部分；第 2 行，函数 f2 只有一条 return 语句时，箭头右侧函数体部分的花括号和 return 关键字都可以省略；第 3 行，函数 f3 仅有一个参数，则箭头左侧参数部分的小括号可以省略；第 4 行，函数 f4 没有参数，则箭头左侧参数部分的小括号不能省略；第 5 行，若返回值为一个对象字面量，箭头右侧函数体部分需要加上一对小括号，否则解释器无法区分花括号是函数体的花括号还是字面量的花括号；第 6 行，箭头函数作为一个函数参数传入 filter 方法，用于过滤数组元素。

```
01 const f1 = (a,b) => {return a + b};   // 一般写法
02 const f2 = (a,b) => a + b;            // 仅有 return 语句的简写
03 const f3 = x => x * x;                // 仅有一个参数的简写
04 const f4 = () => 23;                  // 没有参数时
05 const f5 = x => ({name : x});         // 返回对象字面量时
06 let filtered = [1,2,3,4].filter(x => x>2);  // 箭头函数作为参数传递
07 console.log(filtered);                // 输出数组:[3,4]
```

4. 嵌套函数与闭包

1）嵌套函数

在 JavaScript 中，函数是可以嵌套在其他函数中的。关于嵌套函数，需要理解的最重要的内容是变量作用域规则，那就是在嵌套函数中，可以访问包含自己的函数（或者称为外层函数）的参数和变量。例如以下代码，对于内部嵌套函数 inner() 而言，拥有对外部变量的访问权限，它不但可以访问其内部变量 k，还可以访问外层函数中的变量 j、外层函数的实参以及全局变量 i（声明在任何函数之外的变量），因此，如下代码第 11 行的运行结果输出为 10。如果在函数内部声明了同名变量，那么函数内部变量会遮蔽外部变量。反过来，外部是不能

够访问函数内部的变量的。如果将第 4 行的注释取消，则程序会报错，提示 k 是未被定义的。

```
01  let i = 1;                                  // 全局变量
02  function outer(x){                          // 外层函数定义
03      let j = 3;                              // 外部变量
04      // console.log(k);
05      function inner(){                       // 内部嵌套函数定义
06          let k = 4;                          // 内部变量
07          return i + j + k + x;
08      }
09      return inner();
10  }
11  console.log(outer(2));                      // 10
```

2）闭包

在 JavaScript 中，每个运行的函数、代码块{…}以及整个脚本，都有一个被称为词法环境（Lexical Environment）的内部（隐藏）关联对象。用来记录标识符和具体变量或函数的关联信息，我们无法在代码中获取该对象并直接对其进行操作。

当创建了一个词法环境时，函数声明会立即变为即用型函数，这就是为什么我们可以在函数声明定义之前调用函数。这种行为仅适用于函数声明，而不适用于我们将函数分配给变量的函数表达式。

在一个函数运行时，调用刚开始时，会自动创建一个新的词法环境以存储这个调用的局部变量和参数。当代码要访问一个变量时，首先会搜索内部词法环境，然后搜索外部词法环境，再搜索处于更外层的词法环境，以此类推，直到搜索完全局词法环境。下面我们看一个例子，代码如下，第 3 行，外部函数 counter() 将返回一个嵌套在内部的匿名函数，内部函数会记住创建它时的词法环境，也就是说内部函数能够访问并记住在外部函数 counter() 中定义的变量 count；第 7 行，调外部函数 counter() 执行时，匿名内部嵌套函数被取出赋给变量 inner，counter() 函数执行完毕后，inner 作为内部函数仍然能够访问函数 counter() 中定义的变量 count；第 8～10 行代码可以证明，如果我们调用 inner() 多次，count 的值将一直增加，内部函数和创建它时的词法环境（例如外部函数定义的变量等）永远绑定在一起了，这就是我们常说的编程术语"闭包"。

```
01  function counter(){                         // 外部函数
02      let count = 0;
03      return function(){                       // 匿名内部嵌套函数
04          return count = count + 1;
05      }
06  }
07  let inner = counter();          // 调用外部函数将内部的嵌套函数返回并赋给变量 inner
08  console.log(inner());                        // 输出:1
09  console.log(inner());                        // 输出:2
10  console.log(inner());                        // 输出:3
```

简单来时，闭包就是指内部函数总是可以访问其所在的外部函数中声明的变量和参数，即使是在外部函数被返回（寿命终结）了之后仍可以访问。在 JavaScript 中，所有函数都是天生闭包的。

5. rest 参数与 spread 语法

在 JavaScript 中,无论函数是如何定义的,都可以使用任意数量的参数调用函数。例如以下代码,函数 sum 在定义时要求提供两个参数,第 4 行函数调用时提供了 5 个参数。由于函数定义的限制,后面的 3 个参数没有被有效应用。

```
01 function sum(a,b){                          // 定义两个数求和的函数
02        return a + b;
03 }
04 console.log(sum(1,2,3,4,5));                 // 调用时提供了 5 个参数,结果:3
```

1) rest 参数

设想如果我们想要对任意多个数值求和,在定义函数时不知道将来调用者会提供多少个参数,就可以使用 rest 参数来接收任意数量的参数。rest 参数通过使用三个点"…"并在后面跟着包含剩余参数的数组名称,来将它们包含在函数定义中。这些点的字面意思是将剩余参数收集到一个数组中,例如以下的函数定义,函数 sumAll 就可以通过一个名字叫args 的数组收集到用户调用时提供的任意数量的参数,并在程序中做出相应的处理。

```
01 function sumAll(...args){                    // 参数将被收集到一个叫 args 的数组中
02     let sum = 0;
03     for(let arg of args){
04         sum += arg;
05     }
06     return sum;
07 }
08 console.log(sumAll(1,2));                     // 输出:3
09 console.log(sumAll(1,2,3,4,5));              // 输出:15
```

需要注意的是,rest 参数必须放到参数列表的末尾,否则会导致错误。

2) spread 语法

rest 参数用于从参数列表中获取数组,不过有时候我们可能需要做相反的事情,例如将一个数组中的所有元素分别作为某个函数的参数传入。假设有一个数组 arr,值为[1,2,3,4,5],我们该如何调用上例中的 sumAll()函数对它的所有元素求和呢? 当然我们可以将数组元素逐一取出来设置为参数,如 sumAll(arr[0], arr[1], arr[2], arr[3], arr[4])。但如果数组有更多的元素呢? 如果在程序未执行时你还不确定数组有多少元素呢? 此时我们可以使用 spread 语法来解决问题。

spread 语法看起来和 rest 参数一样,也使用…,但是它们的作用是完全相反的。spread语法是在函数调用时使用,它可以把可迭代对象的元素逐一"展开"到参数列表中。如下代码所示,第 2 行,调用函数 sumAll()时…arr 会把每个元素自动展开到参数列表中;第 4行,我们还可以将多个可迭代对象依次展开;第 5 行,我们甚至可以将 spread 语法与常规方法结合使用;第 6 行,我们可以使用 spread 语法合并数组;第 7、8 行,使用 spread 语法将字符串转换为字符数组。

```
01 let arr = [1,2,3,4,5];
02 console.log(sumAll(...arr));                 // 15
```

```
03  let arr2 = [6,7,8];
04  console.log(sumAll(...arr, ...arr2));          // 33
05  console.log(sumAll(...arr, 10, ...arr2));       // 43
06  let merged = [0, ...arr, ...arr2, 9, 10];       // 合并数组
07  let str = "JavaScript";
08  console.log([...str]);                          // 字符串转换为字符数组
```

在代码中看到"…"时，它要么是 rest 参数，要么就是 spread 语法。若"…"出现在函数形参列表的最后，那么它就是 rest 参数，它会把参数列表中剩余的参数收集到一个数组中；若"…"出现在函数调用的实参列表中或类似的表达式中，那它就是 spread 语法，它会把一个数组展开为列表。

6. 函数对象

在 JavaScript 中，函数就是对象，一个容易理解的方式是把函数想象成可被调用的"行为对象（action object）"。用户不仅可以调用它们，还能把它们当作对象来处理，例如增加删除属性，按引用传递等。函数对象具有内部属性 name 和 length，name 就是函数的名字，length 则是返回函数入参的个数。我们也可以在函数对象上添加自定义的属性。需要注意的是，函数的属性和函数内部定义的局部变量是毫不相关的两个东西。如下代码所示，第 1 行通过函数声明定义了一个函数 sum()；第 2 行给函数 sum() 定义了一个属性 count，并赋值为 5；第 3～5 行分别打印输出了函数 sum() 的名字、入参个数和自定义属性 count；第 6～11 行通过命名函数表达式定义了函数 sumAll()；第 12 行输出了函数 sumAll() 的名字；第 13 行输出了入参个数，结果为 2，说明 rest 参数是不参与计数的。

```
01  function sum(a,b){return a + b};          // 函数声明
02  sum.count = 5;                            // 给函数对象定义属性
03  console.log(sum.name);                    // sum
04  console.log(sum.length);                  // 2
05  console.log(sum.count);                   // 5
06  let sumAll = function(a,b,...more){       // 命名函数表达式
07      let sum = a + b;
08      for(let arg of more){
09          sum += arg;
10      }
11  }
12  console.log(sumAll.name);                 // sumAll
13  console.log(sumAll.length);               // 2
```

7. 方法

方法其实就是 JavaScript 的函数，只不过它被保存为了某个对象的属性而已。如果有一个函数 f 和一个对象 o，则可以通过 o.m＝f 来定义对象 o 的一个名叫 m 的方法。对象 o 拥有了 m 方法后，就可以使用 o.m() 调用这个方法了。当然如果方法有参数，像函数一样在小括号中传参就行了。

方法调用与函数调用的一个重要区别是它们的调用上下文不同。如下代码示例，第 1 行在函数 f() 外部定义了一个变量 str，第 3 行在函数 f() 中也定义了一个 str，同时第 8 行在对象 o 中定义了一个属性 str，第 11 行将函数 f 赋给对象 o 的属性 m，m 成为了对象 o 的一

个方法。接下来在第 12 行调用函数 f()，在第 13 行调用方法 o.m()。会发现在此例中，第 12 行的函数调用 f() 的上下文 this 指向了全局对象 window；而在第 13 行中函数 f() 作为对象 o 的方法调用时，其上下文 this 指向的是对象 o 本身。

```
01 let str = "outer";
02 let f = function(){
03     var str = "inner";
04     console.log("this = " + this );
05     console.log("this.str = " + this.str);
06 }
07 let o = {
08     str : "inObject",
09     order: 1
10 }
11 o.m = f;
12 f();               // 输出结果:this = Window, this.str = undefined
13 o.m();             // 输出结果 this = o, this.str = inObject
```

如果函数是作为某个对象的方法被调用，那么 this 在方法调用期间的值就是调用它的对象。如果函数不是作为某个对象的方法被调用，那么在非严格模式的情况下，this 将会指向全局对象；在严格模式的情况下，this 的值为 undefined。此外需要注意的是，箭头函数没有 this。如果访问 this，它会试图从外部进行获取。

4.2 JavaScript 的常用系统对象

4.2.1 DOM 与 BOM 概述

JavaScript 语言最初是为 Web 浏览器创建的，目前它已经发展成为具有多种用途和平台的语言。平台可以是一个浏览器、一个 Web 服务器等，它们每个都提供了特定于平台的功能，JavaScript 规范将其称为主机（宿主）环境。

主机环境提供了自己的对象和语言核心以外的函数。当主机（宿主）环境是 Web 浏览器时，Web 浏览器就提供了控制网页的对象和函数。图 4.3 是 JavaScript 在浏览器运行时的鸟瞰图。

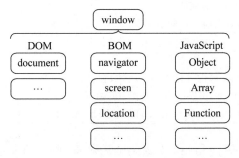

图 4.3 JavaScript 在浏览器运行时的鸟瞰图

正如 4.1.1 节所介绍的那样,作为 Web 页面脚本语言的 JavaScript 是由 ES(ECMAScript)语言规范部分、DOM(Document Object Model,文档对象模型)和 BOM(Browser Object Modal,浏览器对象模型)三个部分组成的。其中有一个叫作 window 的"根"对象代表两个角色,首先是 JavaScript 代码的全局对象;其次它还表示"浏览器窗口",并提供了控制它的方法,代码如下所示:

```
01 window.alert("Hello");                    // 调用全局对象的方法
02 console.log(window.innerHeight);          // 输出内部窗口的高度
```

4.2.2　window 对象

window 对象处于对象层次的顶端,它提供了处理浏览器窗口的方法和属性。window 对象表示浏览器中打开的窗口。如果文档包含框架(frame 或 iframe 标签),浏览器会为 HTML 文档创建一个 window 对象,并为每个框架创建一个额外的 window 对象。window 对象的属性如表 4.6 所示。

表 4.6　window 对象的属性

属　　性	属　性　描　述
closed	返回窗口是否已被关闭
defaultStatus	设置或返回窗口状态栏中的默认文本
document	对 document 对象的只读引用
history	对 history 对象的只读引用
innerheight	返回窗口的文档显示区的高度
innerwidth	返回窗口的文档显示区的宽度
length	设置或返回窗口中的框架数量
location	用于窗口或框架的 location 对象
name	设置或返回窗口的名称
navigator	对 navigator 对象的只读引用
opener	返回对创建此窗口的引用
outerheight	返回窗口的外部高度
outerwidth	返回窗口的外部宽度
pageXOffset	设置或返回当前页面相对于窗口显示区左上角的 X 位置
pageYOffset	设置或返回当前页面相对于窗口显示区左上角的 Y 位置
parent	返回父窗口
screen	对 screen 对象的只读引用
self	返回对当前窗口的引用,等价于 window 属性
status	设置窗口状态栏的文本
top	返回最顶层的先辈窗口
window	window 属性等价于 self 属性,它包含了对窗口自身的引用
screenLeft、screenTop screenX、screenY	只读整数,声明了窗口的左上角在屏幕上的 x 坐标和 y 坐标。IE、Safari 和 Opera 支持 screenLeft 和 screenTop,而 Firefox 和 Safari 支持 screenX 和 screenY

在客户端 JavaScript 中,window 对象是全局对象,所有的表达式都在当前的环境中计算。也就是说,要引用当前窗口根本不需要特殊的语法,可以把当前窗口的属性作为全局变

量来使用。例如，可以只写 document，而不必写 window. document。同样，可以把当前窗口对象的方法当作函数来使用，如只写 alert()，而不必写 window. alert()。window 对象的方法及功能描述如表 4.7 所示。

表 4.7 window 对象的方法

方　　法	方　法　描　述
alert()	显示带有一段消息和一个确认按钮的警告框
blur()	把键盘焦点从顶层窗口移开
clearInterval()	取消由 setInterval()设置的 timeout
clearTimeout()	取消由 setTimeout()方法设置的 timeout
close()	关闭浏览器窗口
confirm()	显示带有一段消息以及确认按钮和取消按钮的对话框
createPopup()	创建一个 pop-up 窗口
focus()	把键盘焦点给予一个窗口
moveBy()	可相对窗口的当前坐标把它移动指定的像素
moveTo()	把窗口的左上角移动到一个指定的坐标
open()	打开一个新的浏览器窗口或查找一个已命名的窗口
print()	打印当前窗口的内容
prompt()	显示可提示用户输入的对话框
resizeBy()	按照指定的像素调整窗口的大小
resizeTo()	把窗口的大小调整到指定的宽度和高度
scrollBy()	按照指定的像素值来滚动内容
scrollTo()	把内容滚动到指定的坐标
setInterval()	按照指定的周期(以毫秒计)来调用函数或计算表达式
setTimeout()	在指定的毫秒数后调用函数或计算表达式

4.2.3　document 对象

document 对象是 window 对象的一部分，可通过 window. document 属性对其进行访问。每个载入浏览器的 HTML 文档都会成为一个 document 对象。使用 document 对象可以实现从脚本中对 HTML 页面中的所有元素进行访问。前面的很多例子中都是采用了 document 对象的方法获取 HTML 元素，然后获取、设置或修改它们的内容和值。document 对象中包含很多功能丰富的属性和方法，常用属性如表 4.8 所示。

表 4.8　document 对象的属性

属　　性	属　性　描　述
body	提供对< body >元素的直接访问。对于定义了框架集的文档，该属性引用最外层的< frameset >
cookie	设置或返回与当前文档有关的所有 cookie
domain	返回当前文档的域名
lastModified	返回文档被最后修改的日期和时间
referrer	返回载入当前文档的 URL
title	返回当前文档的标题
URL	返回当前文档的 URL

147

document 对象的常用方法详见表 4.9,其中有几个是用于获取文档中的 HTML 元素的常用方法,例如 getElementById()、getElementsByTagName()等。

表 4.9　document 对象的常用方法

方　　法	方　法　描　述
close()	关闭用 document. open()方法打开的输出流,并显示选定的数据
getElementById()	返回对拥有指定 id 的第一个对象的引用
getElementsByName()	返回带有指定名称的对象集合
getElementsByTagName()	返回带有指定标签名的对象集合
open()	打开一个流,以收集来自任何 document. write()或 document. writeln()方法的输出
write()	向文档写 HTML 表达式或 JavaScript 代码
writeln()	等同于 write()方法,不同的是在每个表达式之后写一个换行符
close()	关闭用 document. open()方法打开的输出流,并显示选定的数据
getElementsByClassName()	返回带有指定类名的对象集合
createElement()	创建元素节点

4.2.4　navigator 对象

navigator 对象封装了有关浏览器的详细信息,如浏览器名称、代码、版本、系统语言等,使用该对象可以判断用户使用的是何种浏览器,以给出能够与之匹配的最佳的 JavaScript 代码和 CSS 样式。该对象的常用属性如表 4.10 所示。

表 4.10　navigator 对象的常用属性

属　　性	属　性　描　述
appCodeName	返回浏览器的代码名
appMinorVersion	返回浏览器的次级版本
appName	返回浏览器的名称
appVersion	返回浏览器的平台和版本信息
browserLanguage	返回当前浏览器的语言
cookieEnabled	返回指明浏览器中是否启用 cookie 的布尔值
cpuClass	返回浏览器系统的 CPU 等级
onLine	返回指明系统是否处于脱机模式的布尔值
platform	返回运行浏览器的操作系统平台
systemLanguage	返回 OS 使用的默认语言
userAgent	返回由客户机发送服务器的 user-agent 头部的值
userLanguage	返回 OS 的自然语言设置

4.2.5　location 对象

location 对象作为 window 对象的 location 属性,表示浏览器窗口中当前显示文档的Web 地址。它的 href 属性表示文档的完整 URL,其他属性分别描述了 URL 的各个组成部分,其属性说明如表 4.11 所示。

表 4.11　location 对象的属性

属　　性	属 性 描 述
hash	设置或返回从井号(♯)开始的 URL(锚)
host	设置或返回主机名和当前 URL 的端口号
hostname	设置或返回当前 URL 的主机名
href	设置或返回完整的 URL
pathname	设置或返回当前 URL 的路径部分
port	设置或返回当前 URL 的端口号
protocol	设置或返回当前 URL 的协议
search	设置或返回从问号(?)开始的 URL(查询部分)

除了属性外,location 对象的 reload()方法可以重新装载当前文档,replace()方法可以装载一个新文档而无须为它创建一个新的历史记录。也就是说,在浏览器的历史列表中,新文档将替换当前文档。location 对象的方法说明详见表 4.12。

表 4.12　location 对象的方法

方　　法	方 法 描 述
assign()	加载新的文档
reload()	重新加载当前文档
replace()	用新的文档替换当前文档

4.2.6　history 对象

history 对象是 window 对象的一部分,可通过 window. history 属性对其进行访问。history 对象最初用来表示窗口的浏览历史,但出于隐私方面的原因,history 对象不再允许通过 JavaScript 脚本读取已经访问过的实际 URL,唯一保持使用的功能只有 back()、forward()和 go()方法。history 对象的属性只有 length,它表示浏览器历史列表中的 URL 数量。history 对象方法的说明详见表 4.13。

表 4.13　history 对象的方法

方　　法	方 法 描 述
back()	加载 history 列表中的前一个 URL
forward()	加载 history 列表中的下一个 URL
go()	加载 history 列表中的某个具体页面

4.3　DOM 操作

HTML 页面文档的 DOM 模型显示它是一个树型结构,对 DOM 的所有操作都以这棵树的根节点 document 对象作为一个主"入口点",从它我们可以访问任何页面元素(节点)。通过 JavaScript 脚本程序,我们可以任意动态添加元素(节点)、删除元素(节点)、访问并操纵元素(节点)等。

4.3.1 定位并获取元素

1. 通过方法获取元素

DOM 让我们可以对元素及其中的内容做任何操作,但是首先我们需要获取对应的 DOM 元素节点,最常见的情形便是依据某些条件获取某个或者某组元素节点的引用,然后对它们执行某些操作。常用于定位并获取元素的方法如下。

(1) getElementById()。该方法的参数是要获取元素的 id,并返回对拥有这个 id 属性的第一个页面元素。该方法由 docunment 对象调用。

(2) getElementsByTagName()。该方法的参数是要获取元素的 html 标签名。该方法由 docunment 对象或 HTML 元素对象调用,并返回所有给定标签名的元素集合 HTMLCollection。

(3) getElementsByClassName()。该方法的参数是要获取元素的 class 属性值。该方法由 docunment 对象或 HTML 元素对象调用,并返回页面中所有给定 class 属性值的元素集合 HTMLCollection。

(4) getElementsByName()。顾名思义,该方法的参数是 name 属性值,返回具有给定 name 属性值的所有元素集合,也是由 docunment 对象调用。

(5) querySelector()。该方法接收一个 CSS 选择器作为参数,返回匹配该选择器的第一个元素。该方法可以由 document 对象调用(从文档开始处查找),也可以由其他 HTML 元素调用(从当前元素的后代中查找)。

(6) querySelectorAll()。该方法接收一个 CSS 选择器作为参数,返回匹配该选择器的所有元素。同 querySelector()一样,可以由 document 对象或其他 HTML 元素对象调用。

例 4-2 给定了两个无序列表,使用不同的方法获取元素。

【例 4-2】 JavaScript 查找获取元素节点的方法。

```
01 <!-- HTML 代码 -->
02 <ul id="u1">
03     <li id="list1">列表项 1</li>
04     <li class="list2">列表项 2</li>
05     <li class="list2">列表项 3</li>
06     <li name="list3">列表项 4</li>
07     <li name="list3">列表项 5</li>
08 </ul>
09 <ul id="u2">
10     <li class="list2">列表项 6</li>
11     <li name="list3">列表项 7</li>
12     <li id='list3'>列表项 8</li>
13 </ul>
14 <!-- JavaScript 脚本代码 -->
15 <script type="text/javascript">
16     let list1 = document.getElementById("list1");
17     list1.style.color = "red";
18     let list = document.getElementsByTagName("li");
19     console.log(list.length);
```

```
20      let list3 = document.getElementsByName("list3");
21      let u1 = document.querySelector("#u1");
22      let u1_list2 = u1.querySelectorAll(".list2");
23 </script>
```

（1）第 16 行代码获取 id 为 list1 的元素，获取后就可以对元素进行各种操作，例如第 17 行修改了元素的样式。

（2）第 18 行代码获取标签名为 li 的所有元素集合。本例共有 8 个 li 元素节点，因此第 19 行输出结果为 8。

（3）第 20 行代码获取 name 属性值为 list3 的所有元素集合。

（4）第 21 行通过 CSS 选择器 #u1 获取匹配的第一个元素，本例中获取的是 id 为 u1 的元素。

（5）第 22 行通过 CSS 选择器 .list2 获取匹配的所有元素集合。本例中由元素 u1 调用，因此获取的是元素 u1 内的所有 class 为 list2 的元素集合。

2. 通过节点关系获取元素

DOM 树是一个由节点构成的层级关系，HTML 中的每段标记都可以表示为这个树形结构中的一个节点。节点分为很多类型，例如，元素节点表示 HTML 元素，属性节点表示属性，文档类型节点表示文档类型，注释节点表示注释。节点在 JavaScript 中被实现为 Node 类型。在 JavaScript 中，所有节点都继承了 Node 类型，因此所有节点类型都共享相同的基本属性和方法。DOM 中共有 12 种节点类型，在 Node 类型中使用 12 个数值常量表示，代码如下所示：

```
01 console.log(Node.ELEMENT_NODE);                    // 1
02 console.log(Node.ATTRIBUTE_NODE);                  // 2
03 console.log(Node.TEXT_NODE);                       // 3
04 console.log(Node.CDATA_SECTION_NODE);              // 4
05 console.log(Node.ENTITY_REFERENCE_NODE);           // 5
06 console.log(Node.ENTITY_NODE);                     // 6
07 console.log(Node.PROCESSING_INSTRUCTION_NODE);     // 7
08 console.log(Node.COMMENT_NODE);                    // 8
09 console.log(Node.DOCUMENT_NODE);                   // 9
10 console.log(Node.DOCUMENT_TYPE_NODE);              // 10
11 console.log(Node.DOCUMENT_FRAGMENT_NODE);          // 11
12 console.log(Node.NOTATION_NODE);                   // 12
```

在 DOM 树中，每个节点都具有 nodeType、nodeName 和 nodeValue 这三个属性，其中 nodeType 保存的是代表该节点类型的数值常量，nodeName 和 nodeValue 属性则保存着有关节点的信息，它们的值则取决于节点类型。

每个节点都与其他节点存在联系，脚本提供了一些通过节点之间的关系来获取其他节点的专门属性（指针）。图 4.4 展示了节点间的导航关系。

（1）childNodes。每个节点都有一个 childNodes 属性，其中包含一个 NodeList 的实例。NodeList 是一个类数组对象，用于存储可以按位置存取的有序节点，可以使用 childNodes 列表的 length 属性获取子节点个数。此外每个节点还有一个 hasChildNodes() 方法，用于判断一个节点是否有子节点。

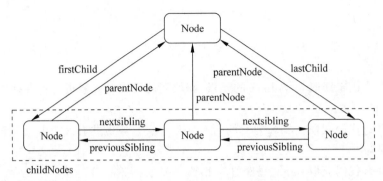

图 4.4　节点间导航关系示意图

（2）firstChild 和 lastChild。firstChild 从父节点指向 childNodes 节点列表中的第一个节点，lastChild 从父节点指向 childNodes 节点列表中的最后一个节点。

（3）nextSibling 和 previousSibling。通过它们可以在 childNodes 节点列表中导航，nextSibling 指向下一个节点，previousSibling 指向前一个节点。childNodes 节点列表中的第一个节点的 previousSibling 属性是 null，最后一个节点的 nextSibling 属性也是 null。

（4）parentNode。每个节点都有一个 parentNode 属性，指向其 DOM 树中的父节点。

【**例 4-3**】　JavaScript 通过节点属性获取子节点。

```
01 <!-- HTML 代码 -->
02 < ul id = "u1">
03     < li id = "list1">列表项 1</li>
04     < li id = "list2">列表项 2</li>
05 </ul>
06 <!-- JavaScript 代码 -->
07 < script type = "text/javascript">
08     let u1 = document.getElementById("u1");
09     let u1_childNodes = u1.childNodes;
10     console.log(u1_childNodes.length);              // 5
11     let u1_firstNode = u1_childNodes[0];            // 取出第 1 个子节点
12     console.log(u1_firstNode.nodeType);             // 3
13     console.log(u1_firstNode.nodeName);             // ♯text
14     console.log(u1_firstNode.nodeValue);            // 换行
15 </script>
```

在例 4-3 所示的代码中，虽然元素 ul♯u1 仅有两个列表项 li，但是通过 childNodes 属性却获取到了 5 个子节点。经过第 11～13 行的代码测试，我们发现第一个子节点的节点类型是 3，也就是说它是一个 TEXT_NODE（nodeName＝♯text，表示一个文本节点）节点，打印出它的 nodeValue 则输出一个换行，说明在 HTML 源码中的换行也被解析为一个文本节点。

用户在操作 DOM 时关注较多的往往是 HTML 元素节点（ELEMENT_NODE）。JavaScript 语言为我们提供了通过节点关系获取 HTML 元素节点的一些属性，包括 children、firstElementChild、lastElementChild、parentElement、nextElementSibling 和 previousElementSibling 等，如例 4-4 所示，通过这些属性，我们可以通过节点关系获取相应的 HTML 元素节点。

【例 4-4】 JavaScript 通过属性获取元素节点。

```
01  <!-- HTML 代码 -->
02  <div>
03      <ul id = "u1">
04          <li id = "list1">列表项 1 </li>
05          <li id = "list2">列表项 2 </li>
06      </ul>
07  </div>
08  <!-- JavaScript 代码 -->
09  <script type = "text/javascript">
10      let u1 = document.getElementById("u1");      // 获取 HTML 元素 u1♯u1
11      let u1_children = u1.children;                // 获取 u1 的子元素列表
12      let u1_firstChild = u1.firstElementChild;     // 获取 u1 的第一个子元素
13      let u1_lastChild = u1.lastElementChild;       // 获取 u1 的最后一个子元素
14      let u1_parent = u1.parentElement;             // 获取 u1 的父元素
15      console.log(u1_firstChild === document.getElementById("list1"));   // true
16  </script>
```

例 4-4 中通过表示节点关系的属性可以获取 HTML 元素节点,方便我们后续对 HTML 元素的进一步操作。第 15 行代码结果输出 true,说明通过属性获取的元素节点和直接通过方法获取的元素节点是相同的。

3. 表单元素的便捷导航

表单(form)以及表单元素可以通过命名属性(name)进行快速的导航。

(1) document.forms 用于获取文档中的所有表单集合,document.forms[0]则用于获取文档中的第一个表单。如果某个表单命名了 name 属性,例如< form name="login"></form >,则还可用 document.forms["login"]获取表单。

(2) 当我们获取了一个表单 form 之后,其中的任何元素都可以通过 form 的 elements 属性来获取。表单元素一般都会有一个名字属性 name,例如我们有一个文本输入框< input type="text" name="username" />,那么就可以使用 form.username、form.elements.username、form.elements["username"]、form.elements.namedItem("username")等多种方式来获取它。对于具有多个相同名字的元素,例如单选按钮、复选框等,这种方式获取的是一个集合。

(3) 反向引用。假设我们已经获取了表单中的一个表单元素 element,那么通过 element.form 就可以获取表单元素所在的表单 form。

(4) select 和 option。select.options 可以获取< option >子元素的集合。select.value 可获取当前选中项的 value 值,select.selectedIndex 可获取当前选中选项的编号。

4.3.2 操纵 HTML 元素

1. 原型和原型链概述

在讲解如何操纵 HTML 元素之前,有必要了解一下 HTML 元素类以及它的原型继承关系。正如 4.1.6 节所讲,JavaScript 的原型和原型链实现了类的继承机制,可以通过 JavaScript 对象的隐含属性__proto__来获取对象的原型。假设 u1 是例 4-4 所示代码中获取到的一个 HTML 元素对象,可以按照以下代码打印出其原型链,也可以在浏览器提供的开发者工具中选择相应的元素去查看。

```
01 let u1 = document.getElementById("u1");
02 console.log(u1.__proto__);
03 console.log(u1.__proto__.__proto__);
04 console.log(u1.__proto__.__proto__.__proto__);
05 ......
```

结果显示,u1 的原型链为 HTMLUListElement→HTMLElement→Element→Node→EventTarget→Object. prototype,上面链条依次是继承关系。用同样的方法测试可知 document 对象的原型链为 HTMLDocument→Document→Node→EventTarget→Object. prototype。文本节点的原型链为 Text→CharacterData→Node→EventTarget→Object. prototype。读者可以自行测试找出其他节点类型的类继承关系。

所有 HTML 元素都直接或间接继承于 HTMLElement 类型。在 HTMLElement 类的继承链条中的每个类型,都会根据其所描述对象的需要新增一些属性和方法。正如 4.3.1 节所述,childNodes、firstNode 等属性是在 Node 类的原型中定义的,children、firstElementChild 等属性是在 Element 类的原型中定义的。

只有了解了各类节点对象的原型链,掌握了原型链中的原型对象都定义了哪些属性和哪些方法,使用 JavaScript 语言操纵 HTML 元素才会得心应手。表 4.14 列出了一些原型链中的常用属性,表 4.15 列出了一些原型链中的常用方法。

表 4.14　原型链中的常用属性

原　　型	属　　性	属性描述
Node	ownerDocument	节点所在的文档对象。在 HTML 中,HTML 文档本身始终是元素的 ownerDocument
Element	id	设置或返回元素的 id
Element	className	设置或返回元素的 class 属性
Element	classList	只读属性(HTML5 新增),返回一个 DOMTokenList 对象。该对象维护元素的 class 属性信息,具有 add/remove/toggle/contains 等方法
Element	title	设置或返回元素的 title 属性
Element	innerHTML	设置或返回元素的内容
Element	outerHTML	设置或返回自身 HTML 结构与内容
HTMLElement	innerText	设置或返回元素内部的文本节点
HTMLElement	style	返回 HTML 元素的样式属性对象
Document	body	提供对 body 元素的直接访问

表 4.15　原型链中的常用方法

原　　型	方　　法	方法描述
Document	createElement()	创建元素,接收一个参数:要创建元素的标签名
Node	appendChild()	向节点的 childNodes 列表末尾添加一个节点,接收一个参数:要添加的节点

原　　型	方　　法	方 法 描 述
Node	insertBefore()	插入节点,接收两个参数:第一个是要插入的节点,第二个是位置参照节点。被插入的节点会作为参照节点的前一个同胞节点被返回
Node	replaceChild()	替换节点,接收两个参数:要插入的节点和要替换的节点
Node	removeChild()	移除节点,接收一个参数:要移除的节点
Node	cloneNode()	创建与调用这个方法的节点完全相同的副本。接收一个布尔值参数:是否执行深复制。深复制会复制整个子节点(true),浅复制只复制本身
Element	before()	插入节点,接收 rest 参数,可以在元素前插入多个节点
Element	after()	插入节点,接收 rest 参数,可以在元素后插入多个节点
Element	prepend()	向节点的 childNodes 列表前插入多个节点,接收 rest 参数
Element	append()	向节点的 childNodes 列表末插入多个节点,接收 rest 参数
Element	remove()	从文档中移除元素自身
Element	getAttribute()	返回元素节点的指定属性值
Element	setAttribute()	把指定属性设置或更改为指定值,接收两个参数:第一个是属性名称,第二个是属性值
Element	removeAttribute()	从元素中移除指定属性,接收一个参数:属性名称

下面将结合具体代码示例讲解一些操纵 HTML 元素的方法,见例 4-5～例 4-8。

2. HTML 元素的相关操作

【例 4-5】 给定如下 HTML 代码,使用 JavaScript 操作 HTML 元素:

```
01 < body >
02     < div id = "d1" >
03         < p id = "p1" >段落 1 </ p >
04         < p id = "p2" >段落 2 </ p >
05     </ div >
06     < ul id = "u1" >
07         < li >列表项 1 </ li >
08         < li >列表项 2 </ li >
09     </ ul >
10 </ body >
```

（1）创建 HTML 元素,可以使用 document. createElement()方法,传入要创建元素的标签名称即可,创建新元素的同时也会将其 ownerDocument 属性设置为 document。接着可以为新创建的元素添加 id、className、innerHTML 等。如下 JavaScript 代码创建了一个段落元素 p♯p3,但是还没有被添加到文档树中:

```
01 let p3 = document.createElement("p");      // 创建段落 p
02 p3.id = "p3";                              // 设置 p 的 id 为 p3
03 p3.innerText = "段落 3";                    // 设置段落 p♯p3 的文本内容
```

（2）插入 HTML 元素,可以使用 Node 类的 appendChild()、insertBefore()这两个操作节点的方法插入元素。appendChild()会在节点的 childNodes 列表末尾添加一个节点,

insertBefore()则可以在某个参照节点前插入。也可以使用 Element 类新增的 before()、after()、append()和 prepend()方法插入元素。如下 JavaScript 代码将第(1)步创建的段落元素 p3 插入到 div♯d1 元素的末尾,然后创建一个新的段落元素 p♯p4 插入到段落 p♯p2 之前:

```
01 let d1 = document.getElementById("d1");      // 获取元素 div♯d1
02 d1.appendChild(p3);                          // 将元素 p♯p3 插入到 div♯d1 子节点列表末尾
03 let p4 = document.createElement("p");         // 创建新的段落 p
04 p4.id = "p4";                                 // 新的段落 p 设置 id 为 p4
05 p4.innerHTML = "段落 4";                       // 设置段落 p♯p3 的内部 HTML 内容
06 let p2 = document.getElementById("p2");       // 获取元素 p♯p2
07 p2.before(p4);                                // 将元素 p♯p4 插入到元素 p♯p2 之前
```

(3)替换 HTML 元素,使用 replaceChild()方法。如下 JavaScript 代码创建了一个新的段落元素 p♯p5,替换原有的段落元素 p♯p1:

```
01 let p5 = document.createElement("p");         // 创建新的段落 p
02 p5.id = "p5";                                 // 新的段落 p 设置 id 为 p5
03 p5.innerHTML = "段落 5";                       // 设置段落 p♯p3 的内部 HTML 内容
04 let p1 = document.getElementById("p1");       // 获取元素 p♯p2
05 d1.replaceChild(p5,p1);                       // 元素 p♯p5,替换元素 p♯p1
```

(4)移除 HTML 元素,使用 removeChild()方法。如下 JavaScript 代码移除了段落 p♯p2:

```
01 d1.removeChild(p2);                           // 移除段落元素 p♯p2
```

(5)复制 HTML 元素,使用 cloneNode()方法。如果传值 true 则表示深复制,会复制元素节点及整个子 DOM 树。如下 JavaScript 代码深复制了元素 ul♯u1,并插入到 body 中:

```
01 let u1 = document.getElementById("u1");       // 获取元素 ul♯u1
02 let u2 = u1.cloneNode(true);                  // 深复制元素 ul♯u1
03 u2.id = "u2";                                 // 修改复制后的元素 id 为 u2
04 document.body.appendChild(u2);                // 复制的元素 ul♯u2 插入到文档 body 中
```

3. HTML 属性的相关操作

【例 4-6】 给定如下 HTML 代码,使用 JavaScript 操作 HTML 属性:

```
01 <body>
02     <a id = "a1" href = "https://www.baidu.com" title = "百度">百度</a>
03     <input id = "user" type = "text"/>
04 </body>
```

(1)获取 HTML 元素属性,可以使用 getAttribute()方法。一些 HTML 元素的属性也是对应 DOM 对象的属性,因此也可以使用"对象.属性名"的方式获取。如下 JavaScript 代码分别获取了元素 a♯a1 的一些属性值并打印。注意 href 属性并非 HTMLElement 的属性,而是它的子类 HTMLAnchorElement 的一个属性。我们获取的超链接元素 a♯a1 的原型类就是 HTMLAnchorElement,因此它具有 href 这个属性。

```
01 let a1 = document.getElementById("a1");
```

```
02 console.log(a1.getAttribute("id"));
03 console.log(a1.id);
04 console.log(a1.getAttribute("href"));
05 console.log(a1.href);
06 console.log(a1.getAttribute("title"));
07 console.log(a1.title);
```

（2）设置 HTML 元素属性，使用 setAttribute()方法。一些属性也可以直接使用"对象.属性名"进行赋值，如下 JavaScript 代码给元素 input♯user 设置了 name 属性值和 value 属性值，元素 input♯user 的类型是 HTMLInputElement，它也是 HTMLElement 的子类。

```
01 let user = document.getElementById("user");
02 user.setAttribute("name","username");
03 user.value = "admin";
```

（3）移除 HTML 属性，使用 removeAttribute()方法，该方法会将整个属性从元素中移除，而不是仅仅清除属性的值。如下 JavaScript 代码移除了元素 a♯a1 的 title 属性：

```
01 a1.removeAttribute("title");
```

4. 样式的相关操作

在讲解 JavaScript 处理样式的方法之前，我们先回顾下给元素设置样式的两种方式：第一种方式是在 CSS 中创建一个类，并在 HTML 元素的 class 属性中添加它，形如< div class="…">；第二种方法是直接使用 style 属性写内联样式，形如< div style="…">。对应地，JavaScript 既可以修改样式类，也可以修改 style 属性。原则上，使用 JavaScript 处理样式应该首选通过 CSS 类的方式操作，便于代码分离。仅当通过 CSS 类"无法处理"时，才应选择使用 style 属性的方式。

1）JavaScript 修改样式类

更改 HTML 元素的 class 属性是 JavaScript 脚本最常见的操作之一。class 是 HTML 元素的一个属性，但是在 Element 类中与之对应的属性不是 class，而是 className，这是因为早期像"class"这样的保留字是不能用作对象的属性的，因此使用 elem.className 来对应 elem 元素的 class 属性。可以应用属性操作方法修改 class 属性值。如果对 elem.className 进行赋值，它将替换 class 属性中的整个字符串。有时，这正是我们所需要的，但通常我们希望添加或者删除 class 属性中的单个类。幸运的是，在 HTML5 中，可以使用 elem.classList 属性获取一个 DOMTokenList 对象，它可以对 class 属性中的单个类进行操作，包含 add()、remove()、contains()等方法。

2）JavaScript 修改 style 属性

HTMLElement 类的 style 属性是一个对象，对应于维护 HTML 属性 style 中定义的样式。elem.style.color="red"的效果等价于 style="color:red;"，对于 CSS 中的使用连字符(-)连接的多词属性名称，在对象中应使用对应的驼峰式名称表示。如下代码为 CSS 属性名称和 style 对象属性名称的对应关系示例：

```
01 background - color = > elem.style.backgroundColor
02 z - index          = > elem.style.zIndex
03 border - left - top = > elem.style.borderLeftTop
```

【例 4-7】 对如下 HTML 代码使用 JavaScript 操作样式。

```
01  <! DOCTYPE html >
02  < html lang = "en">
03  < head >
04      < meta charset = "UTF - 8">
05      < style type = "text/css">
06          . red { color : red; }
07          . green { color : green; }
08          . fs - 15 { font - size : 15px; }
09          . fs - 12 { font - size : 12px; }
10      </style >
11  </head >
12  < body >
13      < p id = "p1" class = "red fs - 12">段落 1 </p>
14      < p id = "p2" class = "red fs - 15">段落 2 </p>
15      < script >
16          let p1 = document.getElementById("p1");        // 获取元素 p♯p1
17          let p2 = document.getElementById("p2");        // 获取元素 p♯p2
18          console.log(p1.className);                     // 输出元素 p♯p1 的类:red fs - 12
19          p1.className = "green";                        // 修改元素 p♯p1 的类为:green
20          console.log(p2.classList.contains("fs - 15")); // true,判断元素 p♯p2 的 class 属
性是否包含类 fs - 15
21          p2.classList.remove("red");                    // 移除元素 p♯p2 的 class 属性中的类 red
22          p2.classList.add("green");                     // 元素 p♯p2 的 class 属性新增一个类 green
23          p2.style.textAlign = "center";                 // 元素 p♯p2 设置文本居中的样式
24      </script >
25  </body >
26  </html >
```

例 4-7 中第 18 行代码 p1.className 获取了元素 p♯p1 的类,第 19 行代码将元素 p♯p1 的类为修改为 green,第 20 行代码判断元素 p♯p2 的 class 属性是否包含类 fs-15,第 21 行代码移除了元素 p♯p2 的 class 属性中的类 red,第 22 行代码给元素 p♯p2 的 class 属性新增了一个类 green,第 23 行代码给元素 p♯p2 设置了文本居中的样式。

5. 元素集合遍历

正如 4.3.1 节所述,我们可以通过相关方法或者节点关系获取元素(或节点)集合,为了便于对比。在表 4.16 中列出了获取元素集合的方法或者属性。

表 4.16 获取元素集合的方法和属性

原　　型	方法属性	返回类型	实时性
Document	getElementsByName()	NodeList	实时
Document、Element	getElementsByClassName()	HTMLCollection	实时
Document、Element	getElementsByTagName()	HTMLCollection	实时
Document、Element	querySelectorAll()	NodeList	静态
Node	childNodes	NodeList	实时
Element	children	NodeList	实时

NodeList 和 HTMLCollection 是集合。除了 querySelectorAll() 方法返回的是静态集合。其余方法或者属性返回的都是实时集合。实时就意味着文档结构的变化会实时在它们身上反映出来,集合的值始终代表最新的状态。可以通过如下所示代码进行验证,第 9～14 行分别使用表 4.16 中的 6 种方式获取元素(或节点)集合;第 15～20 行分别打印集合的长度(元素个数);第 21～25 行在元素 ul♯u1 中插入一个新的 li 元素,改变了文档结构。在不重新获取元素集合的情况下,再次调用之前已经获取的元素集合,打印其长度。如第 26～31 行代码所示。结果表明,只有 querySelectorAll() 方法获取的元素集合长度没有变化,其余的方式获取的元素集合都实时更新了。因此 querySelectorAll() 方法返回的是一个静态的集合,其他方式返回的都是实时集合。

```
01 <!-- HTML 代码 -->
02 <ul id = "u1">
03     <li class = "li1" name = "list">列表项 1</li>
04     <li class = "li1" name = "list">列表项 2</li>
05 </ul>
06 <!-- JavaScript 脚本代码 -->
07 <script>
08     let u1 = document.getElementById("u1");
09     let elems_byName = document.getElementsByName("list");
10     let elems_byClassName = document.getElementsByClassName("li1");
11     let elems_byTagName = document.getElementsByTagName("li");
12     let elems_querySelectorAll = document.querySelectorAll("li");
13     let elems_childNodes = u1.childNodes;
14     let elems_children = u1.children;
15     console.log(elems_byName.length);              // 2
16     console.log(elems_byClassName.length);         // 2
17     console.log(elems_byTagName.length);           // 2
18     console.log(elems_querySelectorAll.length);    // 2
19     console.log(elems_childNodes.length);          // 5
20     console.log(elems_children.length);            // 2
21     let newLi = document.createElement("li");
22     newLi.className = "li1";
23     newLi.setAttribute("name", "list");
24     newLi.innerHTML = "新列表项";
25     u1.append(newLi);
26     console.log(elems_byName.length);              // 3
27     console.log(elems_byClassName.length);         // 3
28     console.log(elems_byTagName.length);           // 3
29     console.log(elems_querySelectorAll.length);    // 2
30     console.log(elems_childNodes.length);          // 6
31     console.log(elems_children.length);            // 3
32 </script>
```

实时集合在遍历时一定要小心,因为在遍历处理集合元素时可能会改变文档结构,反过来又影响到这些实时集合。例如下面的代码,在遍历集合的循环体内我们添加了一个新的节点。由于集合是实时的,每次循环都会增加一个新的节点,因此程序永远无法完成这条遍历语句,造成死循环。

```
01 for (let elem of elems_getElementsByTagName) {
02     ul.append(newLi.cloneNode());
03     console.log(elem);
04 }
```

因此任何时候要迭代 NodeList 或者 HTMLCollection,最好先初始化一个变量保存当时查询时的长度,然后使用这个长度作为循环变量;也可以使用 querySelectorAll()方法获取静态元素集合进行遍历操作,这样就不会出问题了。

【例 4-8】 使用 JavaScript 遍历元素集合,将多选题的正确答案选项前的复选框设置为选中状态,同时将正确选项的文本颜色设置为红色。

```
01 <!-- HTML 代码 -->
02 <div>题目:作为 Web 页面脚本语言的 JavaScript 是由以下哪三个部分组成?(多选)</div>
03 <div id = "options">
04     <label><input type = "checkbox" name = "js" value = "A"><span>A.ECMAScript</span></label>
05     <label><input type = "checkbox" name = "js" value = "B"><span>B.Java</span></label>
06     <label><input type = "checkbox" name = "js" value = "C"><span>C.DOM</span></label>
07     <label><input type = "checkbox" name = "js" value = "D"><span>D.BOM</span></label>
08     <label><input type = "checkbox" name = "js" value = "E"><span>E.PHP</span></label>
09 </div>
10 <!-- JavaScript 代码 -->
11 <script>
12     let answer = ["A","C","D"];              // 正确答案数组
13     let options = document.querySelectorAll("#options input");   // 获取选项集合 input
14     for (let option of options){             // 遍历选项集合
15         if(answer.includes(option.value)){   // 判断当前选项 value 是否包含在答案数组中
16             option.checked = "checked";      // 设置选中状态
17             option.nextSibling.style.color = "red";  // 设置相邻下一个节点的文本样式为红色
18         }
19     }
20 </script>
```

4.4 JavaScript 事件处理

4.4.1 事件简介

客户端 JavaScript 程序使用异步事件驱动的编程模型,事件可以在 HTML 文档的任何元素上发生。JavaScript 支持的事件类型也有很多种,包括页面生命周期事件(例如文档加载完成)、设备输入事件(例如鼠标点击)、状态变化事件(例如表单元素获得焦点)等,每个事件都有一个事件名称(例如 click 是单击事件)。JavaScript 支持的事件类型非常多,例如鼠标单击事件的名称是 click。事件可以理解为某件事情发生的信号,为了对这个信号做出响应,可以编写一个事件处理程序(handler),并将这个事件处理程序注册到某个 HTML 元素上,当元素上的事件发生时能够触发处理程序的执行。下面分别介绍三种注册事件处理程序的方法。

1. 通过 HTML 属性注册

通过事件目标元素的一个属性来注册关联的事件处理程序,属性的名字都是由 on 和事件名称组成的,例如 onclick、onchange、onload、onmousedown、onload 等。如下代码所示,第 2 行通过 HTML 属性 onclick 为一个段落元素 p 注册了一个鼠标单击事件的处理程序,程序直接写在属性值处。显然这种方式不适合写大量程序代码,并且程序是不能够被复用的。第 7-9 行,在 JavaScript 脚本中把事件处理程序封装为一个函数 showMsg(),然后就可以将函数调用注册到 HTML 元素的事件属性中。这种方式可以复用函数中的程序代码。如第 3～4 行所示,函数 showMsg()同时作为两个按钮元素的单击事件处理程序,实现了代码复用。最后要说明的是,只有当鼠标单击事件在元素上发生时,事件处理程序才会执行。

```
01 <!-- html 代码 -->
02 <p onclick = "console.log('您单击了段落');">段落</p>
03 <button onclick = "showMsg()">按钮 1</button>
04 <button onclick = "showMsg()">按钮 2</button>
05 <!-- JavaScript 代码 -->
06 <script>
07     function showMsg(){
08         console.log("您单击了按钮");
09     }
10 </script>
```

2. 通过 DOM 属性注册

通过 DOM 属性注册在本质上和通过 HTML 属性注册是一样的,只不过注册程序全部写在了 JavaScript 脚本中,代码分离得更彻底了一些。如下代码所示,通过 DOM 属性注册时,其属性值应是一个函数,如果函数有声明,则可以将其注册到多个元素上实现复用。第 13～14 行,将 showMsg()函数作为事件处理程序被注册到了两个元素(p♯p1 和 p♯p2)的 onclick 事件上。需要注意的是,函数应该是以 showMsg 的形式进行赋值的,而不是 showMsg()。因为如果我们添加了括号,那么 showMsg()就变成了一个函数调用了,它会在程序加载时调用执行一次,而不是将程序注册绑定到元素的 onclick 事件上。如果不需要复用处理程序,我们只需注册一个匿名函数就行了,使得代码更简洁,正如第 15～17 行所示,给段落元素 p♯p3 注册一个单击事件处理程序。

```
01 <!-- html 代码 -->
02 <p id = "p1">段落 1</p>
03 <p id = "p2">段落 2</p>
04 <p id = "p3">段落 3</p>
05 <!-- JavaScript 代码 -->
06 <script>
07     function showMsg(){
08         console.log("您单击了段落");
09     }
10     let p1 = document.getElementById("p1");
11     let p2 = document.getElementById("p2");
12     let p3 = document.getElementById("p3");
13     p1.onclick = showMsg;
```

```
14      p2.onclick = showMsg;
15      p3.onclick = function(){
16          console.log("您单击了段落 3");
17      }
18  </script>
```

3. 通过事件监听方法注册

前两种事件注册方式存在一个缺陷，那就是针对某个元素的一个事件最多只能注册一个处理程序。HTML 属性注册的方式根本无法分开写两个处理程序，DOM 属性注册的方式在写法上倒是可以注册两个处理程序，但遗憾的是，它只会执行一个，也就是说后注册的程序会覆盖前者。如下代码示例，当我们使用鼠标单击段落元素 p♯p1 时，它并不会输出"您单击了一个段落"，而只会输出"一个段落"。

```
01  <!-- html 代码 -->
02  <p id="p1">段落</p>
03  <!-- JavaScript 代码 -->
04  <script>
05      let p1 = document.getElementById("p1");
06      p1.onclick = function(){
07          console.log("您单击了");
08      }
09      p1.onclick = function(){
10          console.log("一个段落");
11      }
12  </script>
```

通过事件监听方法 addEventListener()注册处理程序能够解决上述弊端，该方式允许注册多个处理程序而不会出现覆盖的情况。addEventListener()方法是在 EventTarget 类中定义的方法，EventTarget 位于 DOM 对象继承链的顶端，因此 DOM 对象(包括 window 对象、document 对象以及所有文档元素)都可以使用该方法。使用事件监听方法注册处理程序的语法如下所示：

```
01  element.addEventListener(event, handler[, options]);
```

addEventListener()方法有三个参数：第一个参数 event 是一个字符串，它代表事件名称，注意它不包含作为 HTML 元素属性使用时的前缀 on；第二个参数 handler 是事件发生时要调用的函数；第三个参数不常使用，是一个附加的可选对象。如下代码使用 addEventListener()方法为段落元素 p♯p1 的 click(鼠标单击)事件注册了两个处理程序，事件发生时两个处理程序按照注册时的先后顺序都会执行。注意我们在程序中使用了箭头函数。

```
01  <!-- html 代码 -->
02  <p id="p1">段落</p>
03  <!-- JavaScript 代码 -->
04  <script>
05      let p1 = document.getElementById("p1");
06      p1.addEventListener("click",() => console.log("您单击了"));
```

```
07      p1.addEventListener("click",() => console.log("一个段落"));
08 </script>
```

与 addEventListener()方法相对应的还有一个名为 removeEventListener()的方法,用于移除元素上的事件处理程序。要移除事件处理程序,我们需要在 removeEventListener()方法中传入与注册时相同的函数对象,这就要求我们必须声明一个函数或者将函数存储在一个变量中,否则我们无法移除它。

某些事件无法通过 DOM 属性注册处理程序,而只能通过 addEventListener()方法注册处理程序,例如 DOMContentLoaded 事件。该事件在文档加载完成并且 DOM 构建完成时触发,所以 addEventListener()更通用。

4.4.2 事件对象

为了正确处理事件,我们需要更深入地了解事件机制。当事件发生时,浏览器会创建一个 Event 对象,将与事件相关的详细信息放入其中,并将其作为参数传递给事件处理程序。如果在事件处理程序中需要使用与事件本身相关的一些信息时,我们只需要给事件处理函数传一个形参即可,形参一般取名为 event 或者 e,见名知意。例 4-9 中第 6～11 行代码给按钮 button#btn 定义了一个鼠标单击事件,注册的事件处理程序传入了参数 event。event 就是在事件发生时浏览器创建的一个 Event 对象,在处理程序中可以调用。

【例 4-9】 从事件对象中获取相关信息。

```
01 <!-- html 代码 -->
02 <button type = "button" id = "btn">按钮</button>
03 <!-- JavaScript 代码 -->
04 <script>
05      let btn = document.getElementById("btn");
06      btn.onclick = function(event) {
07          console.log(event.type);                    // click
08          console.log(event.target);                  // button#btn
09          console.log(event.currentTarget);           // button#btn
10          console.log("坐标: " + event.clientX + ":" + event.clientY);   // 事件发生时
                                                                           // 的单击坐标
11      };
12 </script>
```

所有事件对象都有 type、target 和 currentTarget 属性,它们被定义在 Event 类中,type 属性是事件类型(名称),target 和 currentTarget 属性都表示事件目标,它们之间的区别在 4.4.3 节介绍了事件冒泡机制后才能更好地理解。除此之外,还有很多属性被定义在不同的事件类型(Event 类的子类)中,例如键盘事件具有一组属性,指针事件具有另一组属性等等。例 4-9 代码中的事件对象具体类型是 PointerEvent,它处在 PointerEvent → MouseEvent → UIEvent → Event 这样一个继承关系链之中,其中获取坐标的两个属性 clientX 和 clientY 并不是 Event 通用的,而是定义在 MouseEvent 类的事件对象中的。

我们知道,addEventListener()第二个参数 handler 是注册的处理程序函数,也可以将一个对象注册为事件处理程序,前提是该对象上定义了一个 handleEvent()方法。当事件发生时,就会调用该对象的 handleEvent()方法。如下代码所示,当 addEventListener()接收一个对象作为处理程序时，在事件发生时，它就会调用对象的 handleEvent(event)方法来处理事件。

```
01 <!-- html 代码 -->
02 <button type = "button" id = "btn">按钮</button>
03 <!-- JavaScript 代码 -->
04 <script>
05     let obj = {
06         handleEvent(event) {
07             console.log("事件类型:" + event.type + ",事件目标: " + event.currentTarget);
08         }
09     };
10     btn.addEventListener('click', obj);
11 </script>
```

4.4.3 事件冒泡和捕获

1. 事件冒泡原理

HTML 元素是相互嵌套的，假如有以下嵌套关系 form > div > button，当鼠标单击事件发生在 button 元素上时，它会首先运行在该元素上注册的鼠标单击事件处理程序，接着运行其父元素 div 上的鼠标单击事件处理程序，然后一直向上，各祖先节点元素上注册的鼠标单击事件处理程序都会被依次执行，这就是事件冒泡（bubbling）的原理。通过以下代码可以进行验证，我们单击按钮时，会依次出现三次弹框，这个过程就是事件的冒泡。因为事件从内部元素"冒泡"到所有父级，就像在水里的气泡一样。

```
01 <!-- html 代码 -->
02 <form onclick = "alert('form 响应了单击事件')">
03     <div onclick = "alert('div 响应了单击事件')">
04         <button onclick = "alert('button 响应了单击事件')">按钮</button>
05     </div>
06 </form>
```

此时我们再回过来看 Event 类的 target 属性和 currentTarget 属性的区别。父元素上的处理程序始终可以获取事件实际发生位置的详细信息，事件实际发生位置是指引发事件的那个嵌套层级最深的元素，它被称为目标元素，也就是 target 属性指向的元素，它在冒泡过程中是不会发生变化的。而 currentTarget 属性是随着事件冒泡而不断变化的，当事件冒泡到哪个元素上时，currentTarget 属性就指向哪个元素，可以使用如下所示代码进行验证：

```
01 <!-- html 代码 -->
02 <div id = "div">
03     <button type = "button" id = "btn">按钮</button>
04 </div>
05 <!-- JavaScript 代码 -->
06 <script>
07     let btn = document.getElementById("btn");
08     let div = document.getElementById("div");
09     btn.onclick = function(event) {
```

```
10        console.log(event.target);            // button # btn
11        console.log(event.currentTarget);     // button # btn
12    };
13    div.onclick = function(event) {
14        console.log(event.target);            // button # btn
15        console.log(event.currentTarget);     // div # div
16    };
17 </script>
```

2. 停止冒泡

事件从目标元素开始向上冒泡。通常，它会一直上升到元素 < html >，然后再到 document 对象。有些事件甚至会继续向上到达 window 对象，它们会调用路径上所有的处理程序。但是在冒泡过程中任意处理程序都可以决定事件已经被完全处理，并停止冒泡。Event 类提供了用于停止冒泡的两个方法，即 stopPropagation( ) 和 stopImmediatePropagation( )，二者都可以阻止事件继续向上冒泡。如果一个元素的某个事件上注册了多个处理程序，stopImmediatePropagation( ) 还可以停止它之后的在该元素对应事件上注册的其他处理程序。如下代码示例，我们给元素 div # div 的单击事件注册了一个处理程序，给按钮 button # btn 的单击事件注册了 3 个处理程序，其中第 2 个处理程序中调用了 e. stopPropagation( ) 来阻止事件冒泡。现在使用鼠标单击按钮，按钮的 3 个单击事件处理程序都会执行，div 的单击事件处理程序不再执行。如果将第 13 行代码修改为 e. stopImmediatePropagation( )，那么鼠标单击按钮时，按钮的第 3 个单击事件处理程序也将不再执行。

```
01 <!-- html 代码 -->
02 < div id = "div">
03     < button type = "button" id = "btn">按钮</button>
04 </div>
05 <!-- JavaScript 代码 -->
06 < script >
07     let btn = document.getElementById("btn");
08     let div = document.getElementById("div");
09     btn.addEventListener("click",function(){
10         console.log("btn 的单击事件处理程序 1");
11     });
12     btn.addEventListener("click",function(e){
13         e.stopPropagation();    // 可以修改为 e.stopImmediatePropagation()后再进行测试
14         console.log("btn 的单击事件处理程序 2");
15     });
16     btn.addEventListener("click",function(){
17         console.log("btn 的单击事件处理程序 3");
18     });
19     div.addEventListener("click",function(){
20         console.log("div 的单击事件处理程序");
21     });
22 </script>
```

事件冒泡会给程序设计带来方便，我们一般不要在没有真实需求时阻止它。

3. 事件捕获

DOM 事件标准描述了事件传播的 3 个阶段：第 1 个阶段是捕获（capturing）阶段，与冒泡正好相反，事件是从 window 对象向下走进元素的；第 2 个阶段是目标阶段，意味着事件到达目标元素；第 3 个阶段是冒泡阶段，事件从元素上开始冒泡。

之前，我们只讨论了冒泡，因为捕获阶段很少被用在实际开发中，并且通常我们看不到它。通过 HTML 属性注册、通过 DOM 属性注册以及使用两个参数的 addEventListener（event，handler）方法注册的处理程序，对捕获阶段是一无所知的，它们仅仅在第二阶段和第三阶段运行。

如果想要在捕获阶段定义并获取事件，只能使用 addEventListener（）方法注册事件处理程序，并且要使用到其第 3 个参数对象，将第 3 个参数对象中的 capture 设置为 true 即可。如下代码所示，我们给页面所有元素的鼠标单击事件都注册了两个事件处理程序，一个是在捕获阶段的处理程序，另一个是在冒泡阶段的处理程序。当单击按钮时，执行结果顺序为："捕获阶段事件：HTML"→"捕获阶段事件：BODY"→"捕获阶段事件：DIV"→"捕获阶段事件：BUTTON"→"冒泡阶段事件：BUTTON"→"冒泡阶段事件：DIV"→"冒泡阶段事件：BODY"→"冒泡阶段事件：HTML"。

```
01 <!-- html 代码 -->
02 <div>
03     <button type="button">按钮</button>
04 </div>
05 <!-- JavaScript 代码 -->
06 <script>
07     for(let elem of document.querySelectorAll('*')){
08         elem.addEventListener("click",function(e){console.log("捕获阶段事件:"+this.tagName)},{capture:true});
09         elem.addEventListener("click",function(e){console.log("冒泡阶段事件:"+this.tagName)});
10     }
11 </script>
```

4. 事件委托

事件的捕获和冒泡机制允许我们实现一种被称为事件委托的强大的事件处理模式。事件委托的应用情景是：当有许多同类型的元素需要在某个事件上注册相同的事件处理程序时，我们可以将事件处理程序注册到它们共同的祖先元素上，在处理程序中可以利用事件的 target 属性找到事件发生的目标元素，并对其进行处理。

假设有一个表格，我们希望单击其中的任意单元格时，仅这个刚被单击的单元格背景色变为红色，而其他单元格无背景色。我们先给出使用事件委托的解决方案，代码如下所示：

```
01 <!-- CSS 代码 -->
02 <style type="text/css">
03     table {border-collapse: collapse;}
04     td {border: 1px solid #aaa;}
05     .bg-red {background:red;}
```

```
06 </style>
07 <!-- HTML 代码 -->
08 <table id="table">
09     <tr>
10         <td>1</td>
11         <td>2</td>
12     </tr>
13     <tr>
14         <td>3</td>
15         <td>4</td>
16     </tr>
17 </table>
18 <!-- JavaScript 代码 -->
19 <script>
20     let table = document.getElementById("table");
21     table.addEventListener("click", function (e) {
22         this.querySelector("#table td.bg-red")?.classList.remove("bg-red");
23         let target = e.target;
24         if(target.tagName == "TD"){
25             target.classList.add("bg-red");
26         }
27     });
28 </script>
```

上述代码将所有单元格 td 元素单击事件的处理程序委托给了它们共同的祖先元素 table,也就是说只需在 table 元素上注册一个单击事件处理程序,然后在处理事件程序中找到真正的目标元素 td 去处理就可以了。核心代码解释如下。

(1) 第 5 行定义了一个 CSS 类 bg-red,用于设置背景颜色为红色。

(2) 第 21～27 行在 table 元素上注册了一个单击事件处理程序。

(3) 第 22 行先移除了 table 中 td 元素的样式类 bg-red,执行步骤为先找到具有 bg-red 样式类的 td 元素(来自上一次单击执行结果,初始时不存在这样的 td 元素)。如果存在这样的 td,则从 classList 中移除样式类 bg-red。

(4) 第 23 行获取了真正的事件目标对象 target。

(5) 第 24～26 行,如果事件目标对象是 td 元素,则在该 td 元素的样式类中增加样式类 bg-red,从而让此次单击的单元格呈现红色背景样式。

该代码避免了给每一个单元格 td 去注册一个单击事件处理程序。这样做还有一个好处不得不提,那就是如果后续的脚本中动态插入了新的单元格,委托程序对新的单元格也生效。如果是通过给每一个单元格 td 去注册一个单击事件处理程序,那么动态插入的那些新的单元格也需要注册事件处理程序才能满足需求。

最后总结一下事件委托的处理步骤:首先在容器上(一个祖先元素)注册一个事件处理程序,然后在处理程序中检查用户真正关心的事件源目标元素 target。如果事件源目标元素就是用户感兴趣的元素,就在此处把原本想要针对目标元素的处理代码写上,因为事件一定会通过冒泡被容器捕获,处理代码一定会被执行。

4.4.4 浏览器默认事件

一些事件能够自动触发浏览器执行某些行为,这很常见。例如单击一个超链接就会触发页面的跳转,单击表单中的提交按钮就会触发将表单数据提交到服务端的行为。如果想要阻止浏览器的默认行为,应该在事件处理程序中调用 event. preventDefault()方法。如果事件处理程序是通过 HTML 属性方式注册的,那么直接返回 false 也可以阻止默认行为。在如下代码中,单击超链接将不会触发页面跳转:

```
01 < a href = "https://www.baidu.com" onclick = "return false;">百度</a>
```

【例 4-10】 用户单击超链接时询问用户是否真的要离开本页面。

```
01 <!-- HTML 代码 -->
02 < body >
03     < a href = "https://www.baidu.com">百度</a>
04     < a href = "https://www.jd.com/"><strong>京东</strong></a>
05     < a href = "https://www.126.com/"><i>网易邮箱</i></a>
06 </body>
07 <!-- JavaScript 代码 -->
08 < script >
09     document. body. addEventListener("click",function (e) {
10         if(e. target. closest("a")){
11             if(! confirm("真的要离开本页面吗?")){
12                 e. preventDefault();
13             }
14         }
15     });
16 </script >
```

例 4-10 也使用了事件委托的处理模式,将所有超链接元素的单击事件处理委托给了 body 元素,需要在 body 元素上注册单击事件处理程序,所有对超链接的单击事件都会冒泡至 body 元素。代码解释如下。

(1) 在第 10 行代码中,e. target 是真正发生单击事件的目标元素,后边的 closest()方法用于获取匹配特定选择器且离当前元素最近的祖先元素(也可以是当前元素本身)。本例中的 e. target. closest("a")存在以下几种情况:如果 e. target 就是一个超链接,那么 e. target. closest("a")就返回 e. target 本身;如果 e. target 不是一个超链接,e. target. closest("a")就会在 e. target 的祖先元素中查找离它最近的超链接元素,找到了就返回这个超链接元素,找不到就返回 null。总之,使用 e. target. closest("a")的目的就是判断是不是单击了超链接或者是不是单击了某个超链接的内嵌元素,如果是就执行后续处理程序。

(2) 在第 11 行代码中,弹出确认消息框向用户询问是否真的要离开本页面。如果用户单击取消,confirm 返回 false,程序进入第 12 行 e. preventDefault(),就阻止了在超链接上单击的默认行为,页面不会跳转。

4.4.5 UI 事件

UI 事件是指事件来自用户界面,主要来源是鼠标、键盘、触摸屏等各类输入设备。这类事件有很多,表 4.17 列出了常见的 UI 事件类型及名称。

表 4.17 常见的 UI 事件类型及名称

事 件 类 型	事 件 名 称	事件何时发生
MouseEvent	mousedown	鼠标按键被按下
MouseEvent	mouseup	鼠标按键被松开
MouseEvent	mouseover	鼠标指针从一个元素上移入
MouseEvent	mouseout	鼠标指针从一个元素上移出
MouseEvent	mousemove	鼠标指针在元素上的每个移动都会触发此事件
MouseEvent	mouseenter	当鼠标指针进入元素时
MouseEvent	mouseleave	当鼠标指针离开元素时
MouseEvent	dbclick	在短时间内双击
PointerEvent	click	如果使用的是鼠标左键,则在同一个元素上的 mousedown 及 mouseup 相继触发后,触发该事件
PointerEvent	contextmenu	在鼠标右键被按下时触发
PointerEvent	pointerdown	支持触屏,类似于鼠标事件 mousedown
PointerEvent	pointerup	支持触屏,类似于鼠标事件 mouseup
PointerEvent	pointerover	支持触屏,类似于鼠标事件 mouseover
PointerEvent	pointerout	支持触屏,类似于鼠标事件 mouseout
PointerEvent	pointermove	支持触屏,类似于鼠标事件 mousemove
PointerEvent	pointerenter	支持触屏,类似于鼠标事件 mouseenter
PointerEvent	pointerleave	支持触屏,类似于鼠标事件 mouseleave
PointerEvent	pointercancel	当正处于活跃状态的指针交互由于某些原因被中断时触发,例如设备方向旋转、触发了专门手势等
KeyboardEvent	keydown	当键盘按键被按下时,如果按下一个键足够长的时间,它就会开始"自动重复"
KeyboardEvent	keyup	释放键盘按键时
FocusEvent	focus	元素获得焦点时
FocusEvent	blur	元素失去焦点时
InputEvent	input	每当用户对输入值进行修改后,就会触发该事件
Event	change	当元素更改完成时会触发 change 事件。对文本输入框所做的更改当其失去焦点时会触发 change 事件

1. MouseEvent 类事件

MouseEvent 是鼠标事件。在鼠标事件类中定义了一组相关的属性,方便用户在程序设计时使用。

(1) button 属性。该属性允许获取触发事件的确切的鼠标按钮。event. button 的取值为一个正整数,其中 0 代表鼠标左键,1 代表鼠标中键,2 代表鼠标右键。通常我们不需要在 click 和 contextmenu 这两个事件中使用这一属性,因为前者只在单击鼠标左键时触发,后者只在右击时触发。

(2) 组合键相关属性。我们经常在操作鼠标时按下键盘中的一些功能键来辅助操作, MouseEvent 类具有在鼠标事件发生期间检测一些按键是否被按下的属性。例如 shiftKey/ altKey/ctrlKey 分别代表键盘上的键 Shift/Alt/Ctrl 键。

(3) 坐标属性。鼠标事件提供了两种形式的坐标,第一种是相对于窗口的坐标属性 clientX 和 clientY。相对于窗口的坐标以当前窗口的左上角为参照物,并且同一位置的坐标会随着页面的滚动而改变。第二种是相对于文档的坐标属性 pageX 和 pageY。相对于文档的坐标以文档的左上角为参照物,并且同一位置的坐标不随页面的滚动而改变。

(4)事件 mouseover 和 mouseout 比较特殊,它们具有 relatedTarget 属性,作为 target 属性的补充。对于 mouseover 事件,relatedTarget 属性是指鼠标来自的那个元素,也就是说鼠标的移动路线是 relatedTarget→target。mouseout 事件则正好相反,relatedTarget 属性是指鼠标移出目标后到了哪个元素,即移出后当前指针位置下的元素,其移动路线是 target→relatedTarget。

(5)事件 mouseenter/mouseleave 与事件 mouseover/mouseout 类似,但是它们仅在鼠标指针进入/离开元素时触发,并且事件 mouseenter/mouseleave 不会产生冒泡。

【例 4-11】 在经过某区域时实时显示指针相对于窗口的坐标值。

```
01 <!-- CSS 代码 -->
02 <style>
03     #area {
04         width:200px;
05         height:200px;
06         border:1px solid red;
07     }
08 </style>
09 <!-- HTML 代码 -->
10 <div id="area"></div>
11 <p>当前坐标值:(<span id="x"></span>, <span id="y"></span>)</p>
12 <!-- JavaScript 代码 -->
13 <script>
14     let area = document.getElementById("area");
15     let x = document.getElementById("x");
16     let y = document.getElementById("y");
17     area.addEventListener("mousemove",function (e) {
18         x.innerText = e.clientX.toString();
19         y.innerText = e.clientY.toString();
20     });
21 </script>
```

2. PointerEvent 类事件

指针事件 PointerEvent 是用于处理来自各种输入设备(包括鼠标、触控笔和触摸屏等)的输入信息的解决方案。PointerEvent 类继承自 MouseEvent 类,因此指针事件除了具备和鼠标事件完全相同的属性外,还定义了一些新的属性。

(1)pointerId 属性:触发当前事件的指针唯一标识符。它是浏览器生成的,能够处理多指针的情况,例如带有触控笔和多点触控功能的触摸屏。

(2)pointerType 属性:指针的设备类型。该属性值必须为字符串,例如可以是 mouse、pen 或 touch。可以使用这个属性来对不同类型的指针输入做出不同响应。

(3)isPrimary 属性:当指针为首要指针(例如多点触控时按下的第一根手指)时为 true。

(4)width/height/pressure 属性:某些指针设备能够测量接触面积和点按压力(如手指触压屏幕),此时可用属性 width/height/pressure 检测获取指针(例如手指)接触设备的区域的宽度/长度/触摸压力等信息。

（5）pointercancel 事件：当一个正处于活跃状态的指针交互由于某些原因被中断时触发，例如屏幕旋转、浏览器处理的手势操作等。

3. KeyboardEvent 类事件

当我们想要处理键盘行为时，应该使用键盘事件（虚拟键盘也算）。例如，对方向键 Up 和 Down 或热键（包括按键的组合）作出反应。键盘事件包含 keydown 事件和 keyup 事件，当一个按键被按下时，会触发 keydown 事件；当按键被释放时，会触发 keyup 事件。还有一点需要说明的是，如果按下一个键足够长的时间，keydown 事件会开始"自动重复"，也就是说 keydown 事件会被一次又一次地触发。然后当按键被释放时，keyup 事件才会被触发。

事件处理程序一般都需要知道用户按下或释放的是哪个键。KeyboardEvent 通过事件对象的 key 或者 code 来获取，事件对象的 key 属性允许获取字符，而事件对象的 code 属性则允许获取"物理按键代码"。它们获取的属性值分别介绍如下。

（1）按下数字键，event.key 属性值就是按下的数字。event.code 的取值是字符串 Digit 后跟上按下的数字，例如 Digit0、Digit1 等。如果使用的是键盘上的数字小键盘，event.code 的取值是字符串"Numpad"跟上按下的数字，例如 Numpad0、Numpad1。

（2）按下字母键，event.key 属性值就是对应的字母（区分大小写）。event.code 的取值是字符串 Key 后跟上对应的字母（区分大小写）。

（3）其他功能键，例如键盘上的 Ctrl、Alt、F1、Insert、标点符号等，event.key 和 event.code 的取值都是按键的名字。但是 event.code 更加精确，它会准确地标明哪个键被按下了。例如大多数键盘有两个 Shift 键，一个在左边，一个在右边，当你按下的是左边的 Shift 键时，event.code 的值为 ShiftLeft。因此 event.code 会准确地告诉我们按下了哪个键，而 event.key 仅仅对按键的"含义"负责。

【例 4-12】 检测按键时对应的 event.key 和 event.code 的值。

```
01 <!-- HTML 代码 -->
02 < textarea id = "textarea"></textarea>
03 < div id = "info"></div>
04 <!-- JavaScript 代码 -->
05 < script >
06     let textarea = document.getElementById("textarea");
07     let info = document.getElementById("info");
08     textarea.addEventListener("keydown",function (e) {
09         info.innerText = "您此次按键为:e.key = " + e.key + ",e.code = " + e.code;
10     });
11 </script >
```

4. FocusEvent 类事件

大多数元素默认不支持聚焦，但是表单元素会支持聚焦事件。当用户单击某个元素或使用键盘上的 Tab 键选中某个元素时，该元素将会获得聚焦（对应 focus 事件）。当用户单击页面的其他地方，或者按下 Tab 键跳转后，元素将失去焦点（对应 blur 事件）。聚焦事件在表单元素上使用得比较多，例如在一个 input 文本输入框内，元素获得焦点时提示用户输入格式,元素失去焦点时校验用户输入并提示。

【例 4-13】　使用 focus 和 blur 事件校验表单输入。

```
01 <!-- HTML 代码 -->
02 <form>
03     <label for="phone">手机号码:<input type="text" id="phone" name="phone"></label>
04     <p id="info">提示:必填项</p>
05 </form>
06 <!-- JavaScript 代码 -->
07 <script>
08     let phone = document.forms[0].phone;
09     let info = document.getElementById("info");
10     phone.addEventListener("focus",function () {
11         info.innerText = "提示:手机号码格式为 11 位数字";
12     });
13     phone.addEventListener("blur",function () {
14         if(/^[0-9]{11}$/.test(this.value)){
15             info.innerText = "[√] 格式正确";
16         } else {
17             info.innerText = "[×] 格式不正确";
18         }
19     });
20 </script>
```

5. input 事件和 change 事件

每当用户对输入值进行修改后都会触发 input 事件。与键盘事件不同,只要值改变了,input 事件就会触发。即使不涉及键盘行为导致的值的更改也是如此,例如使用鼠标粘贴等。

当元素更改完成时会触发 change 事件。对于文本输入框所做的更改,当其失去焦点时更改完成,就会触发 change 事件。对于其他元素,例如 select、单选按钮、复选框,会在选项更改后立即触发 change 事件。

【例 4-14】　用户选择城市,对应区号字段自动填写该城市的区号。

```
01 <!-- HTML 代码 -->
02 <form>
03     <label for="city">
04         <span>城市:</span>
05         <select name="city" id="city">
06             <option value="北京">北京</option>
07             <option value="天津">天津</option>
08             <option value="上海">上海</option>
09         </select>
10     </label>
11     <label for="code">
12         <span>区号:</span>
13         <input type="text" id="code" name="code" value="010" readonly>
14     </label>
15 </form>
```

```
16 <!-- JavaScript 代码 -->
17 <script>
18     let map = new Map([
19         ["北京","010"],
20         ["天津","020"],
21         ["上海","021"]
22     ]);
23     let code = document.forms[0].code;
24     let city = document.forms[0].city;
25     city.addEventListener("change",function(e){
26         code.value = map.get(this.value);
27     });
28 </script>
```

4.4.6　页面生命周期事件

HTML 页面的生命周期包含以下几个重要事件节点,每个事件都是非常有用的。

(1) DOMContentLoaded 事件:表明浏览器已完全加载 HTML,并构建了 DOM 树。但是此时像<img>和样式表之类的外部资源可能尚未加载完成。DOMContentLoaded 事件发生在 document 对象上,而且我们必须使用 addEventListener()注册对应的事件程序。

(2) load 事件:表明浏览器不仅加载完成了 HTML,还加载完了所有的外部资源,才会触发 window 对象上的 load 事件。可以使用 window.onload 属性注册事件程序。

(3) beforeunload 事件:表明用户正在离开。如果访问者触发了离开页面的导航(navigation)或试图关闭窗口,beforeunload 事件就会发生。可以使用 window.onbeforeunload 进行注册处理程序。如下代码所示,当你要关闭窗口、刷新页面或者单击超链接离开时,浏览器会询问用户是否确定关闭或离开,也就是说此时用户是可以停止页面卸载并返回的。

```
01 window.onbeforeunload = function() {
02     return false;
03 };
```

(4) unload 事件:当用户要离开页面时,window 对象上的 unload 事件就会被触发。可以使用 window.onunload 属性注册事件处理程序。此时页面已经不可避免地要被卸载了,但是我们仍然可以在页面完全卸载之前启动一些操作,例如发送一些统计数据或者计时数据等。

4.5　jQuery 入门介绍

4.5.1　简介

jQuery 是一个快速、简洁的 JavaScript 框架,于 2006 年 1 月由 John Resig 发布。jQuery 设计的宗旨是"Write Less,Do More",即倡导写更少的代码,做更多的事情。它封装了 JavaScript 常用的功能代码,提供了一种简便的 JavaScript 设计模式,优化了 HTML 文档操作、事件处理、动画设计和 Ajax 交互等。

1. 导入 jQuery 库

jQuery 本身就是 JavaScript 文件，不需要安装，使用时就像导入普通 js 文件一样直接把 jQuery 文件导入到 HTML 即可。jQuery 文件可以去官网上下载，官网地址为 https://jquery.com/。我们使用最新版 v3.6.0，可以找到两个版本：一个是 jquery-3.6.0.js，它是开发版本，完整且无压缩，主要用于测试、学习和开发；另一个是 jquery-3.6.0.min.js，是生产版本，是经过压缩了的版本，主要用于实际的生产环境。

我们学习时使用开发版本，将下载后的 jQuery 文件放在你的项目的某个路径下，在 HTML 的<head>元素内使用 script 标签导入。如下代码所示，用户应保证其应用代码在 jQuery 文件导入之后的位置出现：

```
01 <script type="text/javascript" src="./jquery-3.6.0.js"></script>
```

2. $ 和 jQuery

在 jQuery 库中，$ 就是 jQuery 的简写形式，二者完全等价。实际上它是由 jQuery 库封装的函数。以它为起始，用 jQuery 的语法开始获取元素、创建元素、操作元素等流程。一个简单的示例如下，通常使用 $ 而不是 jQuery，因为它更简洁：

```
01 <!-- 注:HTML 代码省略 -->
02 <script type="text/javascript">
03     console.log($ === jQuery);                    // true, $ 和 jQuery 等价
04     let $_p1 = $("#p1");                           // 查找元素#p1,返回封装后的 jQuery 对象
05     $_p1.addClass("red");                          // 添加 class 类
06     $("p").hide();                                 // 隐藏所有段落元素 p
07     $("#test").css("color","red");                 // 设置元素#test 的样式
08     $("#p2").click(function(e){console.log(e.target)});     // 元素#p2 注册单击事件
09 </script>
```

3. jQuery 对象和 DOM 对象

jQuery 库将原生的 DOM 对象封装为 jQuery 对象，并为 jQuery 对象提供的更加简洁、更强大的 API，使用更简短的代码实现更强大的功能。在程序中有时候也会用到原生的 DOM 对象，初学者经常分辨不清哪些是 jQuery 对象，哪些是 DOM 对象；哪些是 jQuery 对象的方法，哪些是 DOM 对象的方法。为避免混淆，我们可以将 jQuery 对象的变量命名为以 $ 或者 $_ 开头的变量名。

DOM 对象是原生文档对象模型中的对象，也就是 DOM 树中的节点和元素，在 4.3 节中讲述的内容都是关于原生 DOM 对象的。jQuery 对象是用 jQuery 包装 DOM 对象后产生的对象，通过将一些参数传入 jQuery() 或者 $() 中，内部就完成了对 DOM 对象的封装，返回的是 jQuery 对象。因此可以把 $() 函数理解为是 jQuery 对象的制造工厂。在 jQuery 对象中无法使用 DOM 对象的任何方法，而应该使用 jQuery 对象提供的方法来替代，例如 $("#id").innerHTML 是错误的写法，应该使用 $("#id").html() 方法替代。

jQuery 对象实际上是一个类似数组的对象。它有一个 length 属性，表示封装的 DOM 对象个数，可以通过"jQuery 对象[index]"或者"jQuery 对象.get(index)"来获取其中的第

index 个原生的 DOM 对象。通过这种方法能够轻易地从 jQuery 对象中获取其封装的原生 DOM 对象。反过来，假设有一个 DOM 对象，只需要把它传给 $() 函数就能够将其转换为一个 jQuery 对象了。

判断一个对象是否为 jQuery 对象，可以使用 instanceof 操作符来测试，见例 4-15。

【例 4-15】 jQuery 对象和 DOM 对象。

```
01 <!-- HTML 代码 -->
02 <p id = "p1">段落 1</p>
03 <p id = "p2">段落 2</p>
04 <!-- JavaScript 代码 -->
05 <script type = "text/javascript">
06     let p1 = document.getElementById("p1");          // HTMLElement 对象
07     let paras = document.getElementsByTagName("p");  // HTMLCollection 对象
08     let $ _p1 = $ ("#p1");                            // jQuery 对象
09     let $ _paras = $ ("p");                           // jQuery 对象
10     console.log( $ _p1 instanceof jQuery);           // true
11     console.log( $ _p1[0] === p1);                    // jQuery 转 DOM,true
12     console.log( $ _p1.get(0) === p1);                // jQuery 转 DOM,true
13     console.log( $ (paras) instanceof jQuery);        // DOM 转 jQuery,true
14 </script>
```

如例 4-15 中代码所示，第 6 行和第 7 行分别获得了原生 DOM 对象的 HTMLElement 实例和 HTMLCollection 实例，第 8 行和第 9 行获取的是 jQuery 对象，第 10 行对 jQuery 对象 $ _p1 进行了验证，第 11 行和第 12 行从 jQuery 对象中获取 DOM 对象并进行了验证，第 13 行则是将 DOM 对象转换为 jQuery 对象。

4. 链式调用

jQuery 对象有很多方法。jQuery 在设计时通过在对象方法中返回 jQuery 对象，从而实现对多个方法的链式调用，简化对多个方法连续调用时的代码书写方式，见例 4-16。

【例 4-16】 jQuery 链式调用。

```
01 <!-- HTML 代码 -->
02 <p id = "p1">段落 1</p>
03 <p id = "p2">段落 2</p>
04 <p id = "p3">段落 3</p>
05 <!-- JavaScript 代码 -->
06 <script type = "text/javascript">
07     $ ("#p1").css("color","red").addClass("current").next().html("修改内容").next().
   css("color","blue");
08     // 加入换行调整代码书写的可读性
09     $ ("#p1").css("color","red").addClass("current")    // 当前对象 #p1 的两个操作
10         .next().html("修改内容")                         // 接着获得了下一个对象 #p2,然后是对 #p2
                                                           // 的一系列操作
11         .next().css("color","blue");                    // 接着获得了下一个对象 #p3,然后对 #p3 继
                                                           // 续操作
12 </script>
```

如例 4-16 中代码所示，第 7 行链式调用的写法是可行的，但是可读性差一些，调整后的代码如第 9～11 行所示，可以一直连续不断地调用 jQuery 对象的方法去操作。为了改善代

码的可读性和可维护性,建议将较长的链式操作分行去写。假如一个对象不超过 3 个操作, 可直接写成一行;假如一个对象超过了 3 个操作,则建议每行写一个操作。如果是对于多个对象的少量操作,可以每个对象写一行。此外还应该书写有意义的代码注释。

5. 开始编写

由于脚本代码要操作 DOM,一般情况下都应该让 DOM 文档加载完成后再执行脚本代码。在传统 JavaScript 中,我们将编写的代码放在 window.onload 事件的注册程序中,正如例 4.1 所示的那样,将我们编写的脚本放在 window.onload=function(){…}的花括号中。使用 jQuery 时,则一定要用 $(document).ready(function(){…})来替代,如下所示:

```
01 < script type = "text/javascript">
02    window.onload = function(){            // 所有资源加载完毕
03        // 开始编写你的代码
04    };
05    $(document).ready(function(){          // 文档就绪,资源可能未加载完毕
06        // 开始编写你的代码
07    });
08    $().ready(function(){                  // 第 5 行的简写形式
09        // 开始编写你的代码
10    });
11    $(function(){                          // 第 5 行的简写形式
12        // 开始编写你的代码
13    });
14 </script >
```

window.onload 与 $(document).ready()对比如下。

(1) 执行时机不同。回顾 4.4.6 节中介绍的 DOMContentLoaded 事件和 load 事件, $(document).ready()与 DOMContentLoaded 事件相对应,其执行时机为浏览器已经完全加载了 HTML 的 DOM 结构,其他的诸如图片、样式等外部资源可能尚未加载完成。 window.onload 就是指 window 对象的 load 事件,其执行时机为浏览器不仅已经完成加载了 HTML 的 DOM 结构,而且需要等待所有的外部资源加载完毕。

(2) 多次使用的问题。再次回顾 4.4.1 节中关于事件处理程序注册的内容,通过 DOM 属性 window.onload 这种方式不能注册多个事件处理程序。而 DOMContentLoaded 事件使用 addEventListener()注册事件程序,因此它可以注册多个处理程序,不会出现后者覆盖前者的问题。所以在我们的代码中可以多次使用 $(document).ready()。

(3) 简写方式。$(document).ready()可以简写为 $(function(){…}),实际上 $()就是 $(document)的简写。也就是说函数 $()不传参数时,其默认的参数就是 document。 因此如果你见到 $().ready()这种写法时也不必奇怪,它也是一种简写方式。

4.5.2 核心与工具

1. jQuery 的核心

jQuery 的核心就是 $()函数。jQuery 中的一切都基于这个函数,或者说都是在以某种方式使用这个函数,它是使用 jQuery 库开始一切工作的基础。它有以下三种语法格式。

1）＄（selector，［context］）

（1）传递一个表达式。最基本的用法是向它传递一个表达式（通常由 CSS 选择器组成），然后根据这个表达式来查找所有匹配的元素。默认情况下，如果没有指定 context 参数，＄（）将在当前的 HTMLDocument 中查找 DOM 元素；如果指定了 context 参数，例如一个 DOM 元素集或 jQuery 对象，那就会在这个 context 中查找。

（2）传递一个 DOM 元素。传递的 DOM 元素会被封装转换为一个 jQuery 对象。

（3）传递一个 object 对象。object 对象会被封装为 jQuery 对象。

（4）传递一个 DOM 元素数组。DOM 元素数组会被封装为一个 jQuery 对象。

（5）传递一个 jQuery 对象。实现 jQuery 对象的克隆。

2）＄（html，［ownerDocument］）

＄（html，［ownerDocument］）可根据提供的原始 HTML 字符串参数，动态地创建为 jQuery 对象包装的 DOM 元素。ownerDocument 参数指定创建 DOM 元素所在的文档，不指定则代表当前文档。例如＄（"< span ></ span >"）等价于＄（document. createElement（"span"））。

3）＄（callback）

＄（callback）就是＄（function（）{…}），是＄（document）. ready（function（）{…}）的简写形式。

2．jQuery 对象的属性

jQuery 对象上定义了两个属性，分别为 jquery（当前 jQuery 库的版本号）和 length（该 jQuery 对象包装的 DOM 元素个数）。

3．jQuery 对象的方法

jQuery 对象的方法有上百个之多，下面先介绍几个通用方法。

（1）get（index）方法：通过"jQuery 对象. get（index）"来获取其中第 index 个原生的 DOM 对象，也可以使用"jQuery 对象［index］"这种方式来获取。

（2）index（）方法：返回相应元素的索引值，从 0 开始计数，可以传入 DOM 元素或者 jQuery 对象。如果不传参数，返回值就是这个 jQuery 对象集合中第一个元素相对于其同辈元素的位置。

（3）data（key，［value］）方法：在元素上存放或读取数据。如果 jQuery 对象包含多个元素，将在所有元素上设置对应数据。存储的数据不限于字符串，可以是任何格式的数据。

（4）removeData（）方法：与 data（key，［value］）方法作用相反，用于移除在元素上存放的数据。

（5）each（callback）方法：以每一个匹配的 DOM 元素作为上下文来执行一个函数。每次执行传递进来的函数时，函数中的 this 关键字都指向一个不同的 DOM 元素，可以传递给函数一个索引号表示当前 DOM 元素的位置。函数如果返回 false 将停止循环（类似于普通循环中的 break 语句），返回 true 则跳至下一个循环（类似于普通循环中的 continue 语句）。

【例 4-17】 按照红绿蓝的顺序依次设置段落文本的颜色。

```
01 <!-- HTML 代码 -->
02 <p>段落 1</p><p>段落 2</p><p>段落 3</p><p>段落 4</p><p>段落 5</p><p>段落 6</p>
   <p>段落 7</p>
```

177

```
03 <!-- JavaScript 代码 -->
04 < script type = "text/javascript">
05     let colors = ["red","green","blue"];
06     $("p").each(function (index) {
07         $(this).css("color", colors[index % 3]);
08     });
09 </script>
```

例 4-17 中,jQuery 对象 $("p")中封装了所有的段落元素,索引(index)取值 0~6;依次执行回调函数时,作为参数的 index 被传递进去;函数中的 this 代表当前循环的 DOM 元素,$(this)将其包装为 jQuery 对象,然后调用 css()方法设置颜色,颜色值从 colors 数组中获取 colors 数组中的索引通过取模依次循环变化,因此可以循环取得不同的颜色值。

4. jQuery 的工具类方法

工具类方法是 jQuery 封装的一些方法,不是通过 jQuery 对象调用,而是由 $ 直接调用,形如 $.xxx()。

(1) $.each():是通用的遍历方法,可用于遍历对象和数组,而 jQuery 对象的 $(selector).each()方法是专门用来遍历这个 $(selector)所代表的 jQuery 对象的。$.each()有两个参数:第一个是要遍历的数组或对象,第二个是执行的回调函数。回调函数执行时可以接收两个参数:第一个为数组的索引或者对象的成员,第二个为对应的值。

(2) $.trim():去除字符串两边的空格,常用于表单输入字符串的过滤。

(3) $.type(obj):用于获取对象 obj 的类型。

(4) $.isXxx()类方法:包括 $.isArray(obj)(判断对象是否为数组)、$.isFunction(obj)(判断对象是否为函数)、$.isNumeric(obj)(判断对象是否为数值)、$.isEmptyObject(obj)(判断对象是否为空对象)、$.isPlainObject(obj)(判断对象是否为纯粹的对象,即字面量创建的对象或者 new Object()创建的对象)、$.isWindow(obj)(判断对象是否为一个 window 对象)和 $.isXMLDoc(node)(判断节点是否为 XML 文档中的节点)等。

(5) $.parseJSON(json):将 JSON 格式的字符串转换为 JS 对象或数组。

(6) $.map(arrayOrObject, callback(value, indexOrKey)):在数组的每一个元素或对象上应用一个函数,并将结果映射到一个新的数组中。

(7) $.merge(first,second):合并两个数组中的元素到第一个数组中,第一个数组将被改变。

(8) $.now():返回当前时间的毫秒级时间戳,是表达式(new Date).getTime()返回时间戳的一个简写。

(9) $.contains(container, contained):用于传入两个 DOM 元素,并检测第二个 DOM 元素是否为第一个 DOM 元素的后代。

4.5.3　jQuery 选择器

jQuery 选择器支持几乎所有的 CSS 选择器,同时也具有一些独有的选择器。使用合适的选择器选取页面元素是所有工作的第一步,将选择器字符串传入 $()函数,根据选择器的含义选中对应的 DOM 元素(集)封装为 jQuery 对象,然后就可以使用 jQuery 的丰富又强大的 API 去进行页面操作了。学习 CSS 选择器时有时还需要考虑浏览器的兼容性问题,但是 CSS 选择器作为 jQuery 选择器使用时完全不需要考虑浏览器兼容性问题,因为 jQuery 库已经为此做了兼容性处理。jQuery 选择器可以分为以下 9 大类。

1. jQucry 基本选择器

jQuery 基本选择器和 CSS 基本选择器完全一致,包括 id 选择器、标签选择器、类选择器、通配选择器和分组选择器。jQuery 基本选择器的用法格式及含义说明参见表 4.18。

表 4.18　jQuery 基本选择器

选择器的用法格式	名称及含义说明
$("♯id")	id 选择器,按照 id 属性值匹配选取元素
$("element")	标签选择器,按照标签名称匹配选取元素,如 $("p")
$(".class")	类选择器,按照元素的 class 属性定义的类名匹配选取元素
$("*")	通配选择器,可匹配所有元素
$("s1,s2,……")	分组选择器,以","分隔多个选择器"s1,s2,…",将每个选择器选取的元素合并在一起

2. jQuery 关系选择器

jQuery 关系选择器和 CSS 关系选择器完全一致,包括后代选择器、子选择器、相邻元素选择器和兄弟选择器。jQuery 关系选择器的用法格式及含义说明参见表 4.19。

表 4.19　jQuery 关系选择器

选择器的用法格式	名称及含义说明
$("s1 s2…")	后代选择器,以空格分隔多个选择器"s1 s2 …",在各选择器结果中选取符合层级包含关系的元素
$("s1 > s2 >…")	子选择器,以">"分隔多个选择器"s1 > s2 >…",在各选择器结果中选取符合父子层级关系的元素
$("s1+s2")	相邻元素选择器,选取所有紧邻 s1 结果元素后的那些 s2 结果元素
$("s1～s2")	兄弟选择器,选取 s1 结果元素之后的所有满足 s2 选择器的兄弟元素

3. jQuery 基础过滤选择器

过滤就是筛选,在已有选择器选取的结果元素中再进一步限定条件进行筛选,通常是在已有选择器后跟上冒号(:),然后跟上进一步的限定条件,相当于 CSS 中的伪类选择器。jQuery 基础过滤选择器的用法格式及含义说明参见表 4.20。

表 4.20　jQuery 基础过滤选择器

选择器的用法格式	名称及含义说明
$("s1:first")	首元素过滤器,选取 s1 选择器结果元素中的第一个元素
$("s1:last")	末元素过滤器,选取 s1 选择器结果元素中的最后一个元素
$("s1:not(s2)")	非条件过滤器,匹配 s1 选择器结果元素中那些不满足 s2 选择器的元素
$("s1:has(s2)")	条件选择器,从 s1 选择器结果元素中选取满足 s2 选择器的元素
$("s1:even")	偶过滤器,匹配 s1 选择器结果元素中的所有索引值为偶数的元素

选择器的用法格式	名称及含义说明
$("s1:odd")	奇过滤器,匹配 s1 选择器结果元素中的所有索引值为奇数的元素
$("s1:eq(index)")	指定索引过滤选择器,匹配 s1 选择器结果元素中索引号为 index 的元素
$("s1:gt(index)")	大于索引过滤选择器,匹配 s1 选择器结果元素中索引号大于 index 的元素
$("s1:lt(index)")	小于索引过滤选择器,匹配 s1 选择器结果元素中索引号小于 index 的元素
$(":header")	标题过滤选择器,匹配< h1 >~< h6 >的所有标题元素
$(":animated")	动画过滤选择器,匹配所有正在执行动画效果的元素

例 4-18 是用 jQuery 基础过滤选择器选取元素的具体示例。

【例 4-18】 给定如下 HTML 代码,使用 jQuery 基础过滤选择器选取元素。

```
01 <ul>
02     <li>列表项 1</li>
03     <li class = "list">列表项 2</li>
04     <li class = "list">列表项 3</li>
05     <li>列表项 4</li>
06     <li>列表项 5</li>
07 </ul>
```

(1) 选择第一个 li 元素,即"列表项 1",jQuery 选择器的写法可以为 $("li:first")或者 $("li:eq(0)")。

(2) 选择最后一个 li 元素,即"列表项 5",jQuery 选择器的写法为 $("li:last")。

(3) 选择前三个 li 元素,jQuery 选择器的写法为 $("li:lt(3)"),注意索引号是从 0 开始的。

(4) 选择第 1,3,5,…个 li 元素,jQuery 选择器的写法为 $("li:even"),注意索引号是从 0 开始的,第 1 个元素就是索引为 0 的元素,第 3 个元素就是索引为 2 的元素,因此使用的是偶过滤器。

(5) 选择所有不具有 class 属性 list 的 li 元素,jQuery 选择器的写法为 $("li:not(.list)")。

4. jQuery 内容过滤选择器

jQuery 内容过滤选择器有三个,包含文本过滤选择器、空元素过滤选择器和非空元素过滤选择器,它们的用法格式及含义说明参见表 4.21。

表 4.21　jQuery 内容过滤选择器

选择器的用法格式	名称及含义说明
$("s1:contains(text)")	包含文本过滤选择器,匹配 s1 选择器结果元素中包含给定文本 text 的元素
$("s1:empty")	空元素过滤选择器,匹配 s1 选择器结果元素中的空元素(不包含子元素和文本的元素)
$("s1:parent")	非空元素过滤选择器,匹配 s1 选择器结果元素中非空元素(包含子元素或文本的元素)

例 4-19 是用 jQuery 内容过滤选择器选取元素的具体示例。

【例 4-19】 给定如下 HTML 代码,使用 jQuery 内容过滤选择器选取元素。

```
01 <p>jQuery 选择器更强大</p>
02 <p></p>
03 <p></p>
04 <p>普通段落</p>
```

（1）选择包含文本"jQuery"的段落元素：jQuery 选择器的写法为 $("p:contains('jQuery')")。

（2）选择空的段落元素：jQuery 选择器的写法为 $("p:empty")。

（3）选择非空的段落元素：jQuery 选择器的写法为 $("p:parent")。为什么使用 parent 表示元素非空呢？我们可以这么理解，p 是 parent，说明它有子元素或者文本（节点），否则它是谁的 parent 呢？

5. jQuery 属性过滤选择器

jQuery 属性过滤选择器指根据 HTML 元素的属性满足的条件去选择元素，和 CSS 的属性选择器是一样的。jQuery 属性过滤选择器的用法格式及含义说明参见表 4.22。

表 4.22　jQuery 属性过滤选择器

选择器的用法格式	名称及含义说明
$("s1[attr]")	匹配 s1 选择器结果元素中具有属性 attr 的那些元素
$("s1[attr=value]")	匹配 s1 选择器结果元素中具有属性 attr 且属性值等于 value 的那些元素
$("s1[attr!=value]")	匹配 s1 选择器结果元素中具有属性 attr 且属性值不等于 value 的那些元素
$("s1[attr^=value]")	匹配 s1 选择器结果元素中具有属性 attr 且属性值以 value 开头的那些元素
$("s1[attr$=value]")	匹配 s1 选择器结果元素中具有属性 attr 且属性值以 value 结尾的那些元素
$("s1[attr*=value]")	匹配 s1 选择器结果元素中具有属性 attr 且属性值包含 value 的那些元素
$("s1[attr1][attr2]…")	匹配 s1 选择器结果元素中满足多个属性过滤条件的元素

6. jQuery 子元素过滤选择器

jQuery 子元素过滤选择器是从某个选择器结果元素中筛选符合特定条件的子元素，此处所说的特定条件主要是指元素在其父元素中所处的位置。jQuery 子元素过滤选择器的用法格式及含义说明参见表 4.23。

表 4.23　jQuery 子元素过滤选择器

选择器的用法格式	名称及含义说明
$("s1:nth-child(para)")	从 s1 选择器结果元素中选取那些是它父元素的第 para 个元素的元素。para 条件可以按以下四种方式取值（注意该选择器中描述的第几个，都是从 1 开始数，而不是从 0 开始数）。 （1）n 的一个表达式，例如 3n，则表示第 3n 个； （2）一个正整数，假设为 x，则表示第 x 个； （3）even，表示第奇数个，等价于表达式 2n，即第 2n 个； （4）odd，表示第奇数个，等价于表达式 2n+1，即第 2n+1 个
$("s1:first-child")	在 s1 选择器结果元素的每个父级元素下匹配第一个子元素
$("s1:last-child")	在 s1 选择器结果元素的每个父级元素下匹配最后一个子元素
$("s1:only-child")	在 s1 选择器结果元素中选取那些是父元素中唯一子元素的元素

例 4-20 是使用 jQuery 内容子元素过滤选择器选取元素的具体示例。

【例 4-20】 给定如下 HTML 代码,使用 jQuery 子元素过滤选择器选取元素。

```
01 < div >
02     < p id = "p1" >< span > 1 </span>< span > 2 </span>< span class = "demo" > 3 </span>< span >
       4 </span>< span > 5 </span></p>
03     < p >< span > 6 </span>< span class = "demo" > 7 </span>< span > 8 </span></p>
04     < p >< span class = "demo" > 9 </span></p>
05 </div>
```

(1) $("p:first-child")选中的是第一个段落元素。$("span:first-child")选中的是内容为 1、6、9 的三个 span 元素。因为这三个 span 元素都是它们各自父元素的第一个子元素,通俗地讲,就是所有的 span 元素中,只选在家是老大的那些。$("span. demo:first-child")选中的是内容为 9 的那个 span 元素,因为选择器 span. demo 仅选中了 span 元素的内容分别为 3、7、9 的三个元素,接着再用":first-child"进行过滤,只有内容为 9 的那个 span 元素满足条件。

(2) 理解了":first-child"的真正含义之后,":last-child"、":only-child"和":nth-child(para)"就不难理解了。例如 $("♯p1 span:nth-child(3n+1)")选中的是内容为 1 和 4 的两个 span 元素;$("span:only-child")选中的是内容为 9 的那个 span 元素,也就是所有span 元素中的那些独生子。

7. jQuery 表单选择器

jQuery 表单选择器用于选择不同的表单输入控件,主要是根据标签名或者 input 标签的 type 属性值去选择。jQuery 表单选择器的用法格式及含义说明参见表 4.24。

表 4.24　jQuery 表单选择器

选择器的用法格式	名称及含义说明
$("sl:input")	匹配 sl 选择器结果元素中的所有 input 元素
$("sl:text")	匹配 sl 选择器结果元素中的所有单行文本框元素
$("sl:password")	匹配 sl 选择器结果元素中的所有密码框元素
$("sl:radio")	匹配 sl 选择器结果元素中的所有单选按钮元素
$("sl:checkbox")	匹配 sl 选择器结果元素中的所有复选框元素
$("sl:submit")	匹配 sl 选择器结果元素中的所有提交按钮元素
$("sl:reset")	匹配 sl 选择器结果元素中的所有重置按钮元素
$("sl:button")	匹配 sl 选择器结果元素中的所有普通按钮元素
$("sl:file")	匹配 sl 选择器结果元素中的所有文件域元素

8. jQuery 表单对象属性过滤选择器

jQuery 表单对象属性过滤选择器主要根据表单元素的状态条件进行过滤筛选,例如表单元素是否被禁用、单选按钮或复选框是否被选中等。jQuery 表单对象属性过滤选择器的用法格式及含义说明参见表 4.25。

表 4.25　jQuery 表单对象属性过滤选择器

选择器的用法格式	名称及含义说明
$("s1:enabled")	s1 结果元素(应为表单元素)中匹配所有可用元素
$("s1:disabled")	s1 结果元素(应为表单元素)中匹配所有不可用元素
$("s1:checked")	s1 结果元素(应为单选按钮或复选框)中匹配所有选中的元素
$("s1:selected")	s1 结果元素(应为 option 元素)中匹配所有选中的元素

9. jQuery 可见度过滤选择器

jQuery 可见度过滤选择器根据元素是否可见进行过滤筛选,包括两个过滤选择器,其中一个用于选择可见元素,一个用于选择隐藏元素,其用法格式及含义说明参见表 4.26。

表 4.26　jQuery 可见度过滤选择器

选择器的用法格式	名称及含义说明
$("s1:hidden")	隐藏元素过滤选择器,匹配 s1 选择器结果元素中的那些隐藏的元素
$("s1:visible")	可见元素过滤选择器,匹配 s1 选择器结果元素中的那些未被隐藏的元素

4.5.4　元素查找

jQuery 库提供了用于元素筛选的一些常用方法供 jQuery 对象调用,其中大部分方法都可以使用 4.5.3 节中的选择器替代。但是在编写程序时,我们更习惯基于已有的 jQuery 对象去查找与它相关的元素,这将使得程序更易于阅读和理解。jQuery 提供的元素查找方法及相关说明参见表 4.27,其中"[]"表示可选参数,"|"表示或的关系,形参 index 表示索引,形参 class 表示类,形参 expr 表示一个表达式,形参 obj 表示一个对象,形参 ele 表示一个元素,形参 fn 表示一个函数,形参 start 表示开始位置,形参 end 表示结束位置,形参 html 表示 html 字符串。表 4.27 中的方法除了 is()方法外,其余的方法返回的都是 jQuery 对象。

表 4.27　元素查找常用方法

方　　法	方 法 说 明
eq(index | -index)	获取当前 jquery 对象中第 index 个元素对应的 jQuery 对象,-index 从最后一个元素倒数
first()	获取当前 jquery 对象中第一个元素对应的 jQuery 对象
last()	获取当前 jquery 对象中最后一个元素对应的 jQuery 对象
filter(expr|obj|ele|fn)	筛选出与指定表达式匹配的元素集合
is(expr|obj|ele|fn)	根据选择器、DOM 元素或 jQuery 对象来检测匹配元素集合,如果其中至少有一个元素符合这个给定的表达式就返回 true
has(expr|ele)	保留包含特定后代的元素,去掉那些不含有指定后代的元素
not(expr|ele|fn)	从匹配元素的集合中删除与指定表达式匹配的元素
slice(start, [end])	选取一个匹配的子集
children([expr])	获取当前 jQuery 对象中每一个元素的所有子元素,可以通过表达式 expr 来过滤所匹配的子元素

方　　法	方法说明
closest(expr|obj|ele)	closest 会首先检查当前元素是否匹配,如果匹配则直接返回元素本身;如果不匹配则向上查找父元素,一层一层往上,直到找到匹配选择器的元素;如果什么都没找到则返回一个空的 jQuery 对象
find(expr|obj|ele)	从当前 jQuery 对象中每一个元素的后代元素中搜索所有与指定表达式匹配的元素
next([expr])	获取当前 jQuery 对象中每一个元素之后紧邻的同辈元素,可以通过表达式 expr 进行筛选
nextAll([expr])	获取当前 jQuery 对象中每一个元素之后的所有同辈元素,可以通过表达式 expr 进行筛选
offsetParent()	返回父元素中第一个 position 设为 relative 或者 absolute 的元素,仅对可见元素有效
parent([expr])	获取当前 jQuery 对象中每一个元素的父元素,可以通过表达式 expr 进行筛选
parents([expr])	获取当前 jQuery 对象中每一个元素的祖先元素,可以通过表达式 expr 进行筛选
prev([expr])	获取当前 jQuery 对象中每一个元素之前紧邻的同辈元素,可以通过表达式 expr 进行筛选
prevAll([expr])	获取当前 jQuery 对象中每一个元素之前的所有同辈元素,可以通过表达式 expr 进行筛选
siblings([expr])	获取当前 jQuery 对象中每一个元素的所有同辈元素,可以通过表达式 expr 进行筛选
add(expr|ele|html|obj)	把与表达式匹配的元素添加到 jQuery 对象中

4.5.5　文档操作

1. 文档操作的常用方法

使用 jQuery 提供的方法操作 DOM 文档之前,我们先创建或查找要操作的 jQuery 对象。jQuery 中使用 $(html)可以创建任意的 HTML 元素并返回包装后的 jQuery 对象;可以使用 jQuery 选择器选择获取页面已有元素,得到对应的 jQuery 对象;还可以在已有的 jQuery 对象中调用各种元素查找方法得到新的结果 jQuery 对象。至此,想要操作的任何 DOM 元素都可以轻松地获取其对应的 jQuery 对象,然后就可以通过 jQuery 提供的便捷方法去操作文档结构、元素属性及其样式了。本节首先介绍文档操作的常用方法,参见表 4.28,其中"[]"表示可选参数,"|"表示或的关系,形参 content 和 target 代表 DOM 元素、元素数组、HTML 字符串或 jQuery 对象,形参 expr 代表一个表达式,形参 fn 代表一个函数,形参 bool 代表一个布尔值,形参 str 代表一个字符串。

表 4.28　文档操作的常用方法

方　　法	方法说明
eq(index | -index)	获取当前 jQuery 对象中第 index 个元素对应的 jQuery 对象,-index 从最后一个元素倒数
append(content)	在当前 jQuery 对象中每个元素内部的末尾处插入内容 content

续表

方 法	方 法 说 明
prepend(content)	在当前 jQuery 对象中每个元素内部的开始处插入内容 content
before(content|fn)	在当前 jQuery 对象中每个元素外部的前面位置处插入内容 content 或 fn 函数返回的内容
after(content|fn)	在当前 jQuery 对象中每个元素外部的后面位置处插入内容 content 或 fn 函数返回的内容
appendTo(target)	将当前 jQuery 对象插入到目标元素 target 内部的最后位置处
prependTo(target)	将当前 jQuery 对象插入到目标元素 target 内部的开始位置处
insertBefore(target)	将当前 jQuery 对象插入到目标元素 target 外部的前面位置处
insertAfter(target)	将当前 jQuery 对象插入到目标元素 target 外部的后面位置处
remove([expr])	无参数时表示将当前 jQuery 对象从 DOM 中移除,有参数则表示移除当前 jQuery 对象内部匹配 expr 的所有元素
empty()	移除当前 jQuery 对象中每个元素内部的所有子节点,等价于将当前 jQuery 对象中的每个元素都设置为空节点
replaceWith(content|fn)	将当前 jQuery 对象中每个元素替换为内容 content 或者 fn 函数返回的内容
replaceAll(target)	将目标 target 替换为当前 jQuery 对象
wrap(content)	使用 content 的 DOM 结构将当前 jQuery 对象中的每个元素都包裹起来
wrapAll(content)	将当前 jQuery 对象中所有元素用一个 content 的 DOM 结构进行包裹
wrapInner(content)	将当前 jQuery 对象中每个元素内部的内容使用一个 content 的 DOM 结构进行包裹
unwrap()	与 wrap 相反,unwrap() 用于将当前 jQuery 对象中的每个元素的外层包裹结构移除
clone(bool)	复制当前 jQuery 对象,参数默认为 false,如果传 true 则连同其事件处理函数一同复制
html([content])	无参则获取当前 jQuery 对象中第一个元素的 HTML 内容,传参数则将当前 jQuery 对象中的每个元素内部内容替换为 content
text([str])	无参则获取当前 jQuery 对象中所有元素的文本内容并拼接,传参则将当前 jQuery 对象中的每个元素内部内容替换为 str

2. 各方法的含义

jQuery 提供的 DOM 结构操作方法很多,异常灵活,但对于初学者而言也比较容易混淆。下面我们通过分组对比各种操作方法,更直观地说明各方法的含义。

(1) append()、prepend()、before()、after() 方法为一组。如图 4.5 所示,使用 $("div") 分别调用这四个插入方法插入一个元素,这四种方法的元素插入位置分别如图中所标示。

图 4.5 元素插入示意图

(2) appendTo()、prependTo()、insertBefore()、insertAfter() 为一组。使用 $("<p>新的段落</p>") 分别调用这四个插入方法将这个新段落 p 插入到一个目标 target 中,target 为图 4.6 中所示的 div 元素,新段落的插入位置分别如图中所标示。

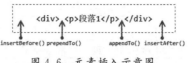

图 4.6　元素插入示意图

（3）remove()和 empty()是一组。如图 4.7 所示，remove()将元素自身及其内部所有内容全部删除，empty()仅仅将元素内部所有内容删除。

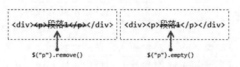

图 4.7　移除和置空元素示意图

（4）replaceWith()和 replaceAll()为一组。如图 4.8 所示，中间虚线框中的代码是源代码，上面虚线框中的代码是执行 $("i").replaceWith($("b"))替换方法后的结果，下面虚线框中的代码是执行 $("i").replaceAll($("b"))替换方法后的结果。

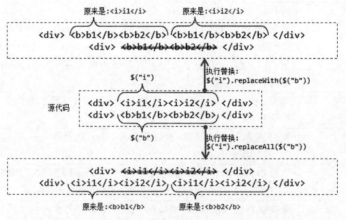

图 4.8　replaceWith()和 replaceAll()方法示例示意图

（5）wrap()、wrapAll()、wrapInner()、unwrap()方法为一组。例如 $("p").wrap("< div ></div >")将所有段落元素分别使用一个 div 进行包裹。$("p").unwrap()删除所有段落元素的外层包裹的元素，如果段落元素的外层元素是 body，body 元素是不会被删除的。$("p")wrapInner("< div ></div >")将所有段落元素内部的内容分别使用一个 div 进行包裹。wrapAll()方法在使用时可能会出现稍微复杂一些的情况，通过如下所示的 HTML 代码来说明：

```
01 < h2 >< b > b1 </b ></h2 >
02 < p >段落 1 </p >
03 < p >段落 2 </p >
04 < b > b2 </b >
```

$("p").wrapAll("< div ></div >")比较容易理解，给第 2～3 行所示的两个连续段落外层包裹一个共同的 div(注意不是分别包裹)。对比来说，$("b").wrapAll("< div ></div >")将会怎么操作呢？两个 b 元素处在不连续的位置，如何才能给它们包裹一个共同的 div 呢？

测试结果表明,后续所有不连续的 b 元素会被移动到第一个 b 元素的位置后面,使得它们保持连续,然后给它们包裹一个共同的 div 元素。

（6）clone()方法用于复制元素。当传参 true 时,在元素上注册的事件也会被复制。

（7）html()和 text()方法为一组,当方法不传参表示的是获取内容,当方法传参时则表示设置内容。例如 ＄("p").html()表示获取第一个段落元素 p 内的 HTML 代码,而 ＄("p").html("＜span＞段落文本＜/span＞")则是将所有的段落元素 p 内的 HTML 代码修改为"＜span＞段落文本＜/span＞"。＄("div").text()返回第一个 div 中所有文本节点内容拼接而成的字符串,包括其中的换行等；＄("div").text("内容")则是将所有的 div 都变成了仅含"内容"的文本节点。

4.5.6　属性操作

本节介绍使用 jQuery 获取或操作 HTML 属性的方法,见表 4.29,其中"|"表示或的关系,形参 name 代表属性名称,形参 value 代表属性值,形参 props 代表以普通对象形式呈现的属性值对。

表 4.29　属性操作的常用方法

方　法	方法说明
attr(name|name,value|props)	attr(name)获取当前 jQuery 对象中第一个元素名称为 name 的 HTML 属性值,attr(name,value|props)给当前 jQuery 对象中的所有元素设置名称为 name 的 HTML 属性值
removeAttr(name)	移除当前 jQuery 对象中所有元素的名称为 name 的 HTML 属性
prop(name|name,value|props)	prop(name)获取当前 jQuery 对象中第一个元素名称为 name 的 DOM 对象属性值,prop(name,value|props)给当前 jQuery 对象中所有元素设置名称为 name 的 DOM 对象属性值
removeProp(name)	移除当前 jQuery 对象中所有元素上名称为 name 的 DOM 属性
val()	一般用于表单元素,获取表单的 value 值

表中的 attr()方法和 prop()方法都是对属性的操作,但是它们所操作的属性是两个概念,一个叫作 attribute,一个叫作 property,这两个单词翻译成中文都是属性。attribute 属性指 HTML 标签上的某个属性,例如 type、id、class、title,它的值一般是字符串,原生的 JavaScript 提供的用于操作 attribute 属性的方法是 setAttribute()方法和 getAttribute()方法。而 property 属性是指 DOM 对象的属性,简单来说,我们在 JavaScript 程序中获取到的 DOM 元素节点对象是一个基本的 JavaScript 对象,这个 JavaScript 对象的属性就是 property 属性,例如 id、value、className、innerText 等,直接使用"对象.属性名"操作即可。 DOM 元素节点对象中有一个名称为 attributes 的 property 属性,其类型是 NamedNodeMap 集合类型,这个集合中保存的正是 HTML 标签上的所有的 attribute 属性。

按照上述解释,attribute 和 property 看似没有关系,实则不然。还记得 DOM 的 12 种节点类型吗？其实 HTML 元素上的 attribute 就是 ATTRIBUTE_NODE 节点,有许多 attribute 属性在 DOM 元素节点对象上还有一个相对应的 property 属性。例如与 HTML 标签的 attribute 属性 id 对应的就是 DOM 元素对象的 property 属性 id,这样它们之间便有了联系,使用setAttribute()方法对attribute属性值的修改会影响对应的DOM元素节点对象的property属性值,反之亦然。关于attribute和property仍有以下几点需要特别注意。

(1) 并不是所有的attribute属性名称都有与之对应的property属性,即使有,二者的名称也未必一致。例如4.3.2节中使用的attribute属性名称class,其对应的property属性名称则是className。

(2) 对于值是true或false的property属性,例如< input type = "radio">元素中的attribute属性checked等,attribute属性取得的值是HTML文档中属性的字面量值,而对应的property属性取得的是结果true或false,此时property的改变并不影响attribute字面量,但改变attribute会影响property的结果。还有一点要说明的是,以HTML属性checked为例,attribute属性checked只应该用来设置初始值,它并不随着checkbox的状态改变而改变,但是property属性checked却跟着变化,因此实际项目中用于判断checkbox是否被选中应该使用property属性。如下代码示例,分别使用DOM对象的getAttribute()方法、jQuery对象的attr()方法获取attribute属性checked,再使用DOM对象.checked和jQuery对象的prop()方法获取property属性checked,然后观察对比其初始结果以及单击改变选中状态时的输出结果。

```
01 <!-- HTML 代码 -->
02 < input id = "checkbox" type = "checkbox" />
03 <!-- JavaScript 代码 -->
04 < script type = "text/javascript">
05     let checkbox = document.getElementById("checkbox");    // DOM 元素对象
06     let $ _checkbox = $ (checkbox);                        // jQuery 对象
07     console.log(checkbox.getAttribute("checked"));          // null
08     console.log( $ _checkbox.attr("checked"));              // undefined
09     console.log(checkbox.checked);                          // false
10     console.log( $ _checkbox.prop("checked"));              // false
11     checkbox.onclick = function () {                        // 注册单击事件
12         console.log(checkbox.getAttribute("checked"));      // 单击选中时结果:null
13         console.log( $ _checkbox.attr("checked"));          // 单击选中时结果:undefined
14         console.log(checkbox.checked);                      // 单击选中时结果:true
15         console.log( $ _checkbox.prop("checked"));          // 单击选中时结果:true
16     };
17 </script>
```

(3) 对于一些和路径相关的属性,例如< a >标签的href属性,两者取得的值也不尽相同,attribute总是取得其字面量值,而property取得的是计算后的完整路径。

4.5.7 CSS 操作

本节介绍使用jQuery操作CSS的方法,主要涉及对样式类的操作、对CSS样式的操作、对元素尺寸及元素偏移量的操作,参见表4.30,其中"[]"表示可选参数,"|"表示或的关系,形参name代表样式属性名称,形参value代表样式属性值,props代表以普通对象形式呈现的属性值对,形参className代表样式类名称,形参fn代表参数,形参num代表一个数值,形参coords代表一个包含top和left属性的对象,形参bool代表一个布尔值。

表 4.30　CSS 操作的常用方法

方　　法	方法说明
addClass(className)	为当前 jQuery 对象中的每个元素增加指定的样式类名 className
removeClass(className)	为当前 jQuery 对象中的每个元素移除指定的样式类名 className
hasClass(className)	检查当前 jQuery 对象中的元素是否含有某个特定的类 className。如果有,则返回 true
toggleClass(className|fn)	为当前 jQuery 对象中的每个元素添加或移除样式类 className。如果存在就移除,如果不存在则添加
css (name | names | name, value | props)	css(name|names)获取当前 jQuery 对象中第一个元素的样式,css(name,value|props)设置当前 jQuery 对象中的所有元素的样式
width([num])	width()用于获取当前 jQuery 对象中第一个元素的计算宽度值,width(num)给当前 jQuery 对象中的每一个元素设置宽度值为 num
height([num])	height()用于获取当前 jQuery 对象中第一个元素的计算高度值,height(num)给当前 jQuery 对象中的每一个元素设置高度值为 num
innerWidth()	获取当前 jQuery 对象中第一个元素的当前计算宽度值(包含左右侧 padding)
innerHeight()	获取当前 jQuery 对象中第一个元素的当前计算高度值(包含上下侧 padding)
outerWidth([bool])	获取当前 jQuery 对象中第一个元素的当前计算宽度值(包含左右侧 padding、border,如果传参 true,则还要包含 margin)
outerHeight([bool])	获取当前 jQuery 对象中第一个元素的当前计算高度值(包含上下侧 padding、border,如果传参 true,则还要包含 margin)
offset([coords])	offset()用于获取当前 jQuery 对象中第一个元素相对于窗口的坐标(一个包含 top 和 left 属性的对象),offset(coords)给当前 jQuery 对象中的所有元素设置相对于窗口的坐标(top＝coords.top,left＝coords.left)
position()	获取当前 jQuery 对象中第一个元素相对于父元素的偏移量(一个包含 top 和 left 属性的对象)
scrollTop([num])	scrollTop()用于获取当前 jQuery 对象中第一个元素相对于滚动条顶部的偏移量,scrollTop(num)给当前 jQuery 对象中的所有元素设置相对于滚动条顶部的偏移量
scrollLeft([num])	scrollTop()用于获取当前 jQuery 对象中第一个元素相对于滚动条左侧的偏移量,scrollTop(num)给当前 jQuery 对象中的所有元素设置相对于滚动条左侧的偏移量

4.5.8　事件系统

1. 事件注册

jQuery 事件系统对原生的 JavaScript 事件系统基础上进行了封装,在功能上有一定的优化,在写法上更加简单。对于某一个事件,jQuery 可以通过 jQuery 对象的事件名称方法注册,也可以通过 jQuery 对象的 on 方法注册,还可以注册一次性的事件处理函数,分别介绍如下。

1) 通过事件名称方法注册

以鼠标单击事件为例,事件名称为 click,使用 click([data],fn)方法注册单击事件处理程序,就能够为调用该方法的 jQuery 对象中的每一个 DOM 元素绑定一个单击事件。函数 fn 就是注册的事件处理程序,它一般以匿名函数的形式给出;data 是额外的数据,在必要时可以将 data 传入事件处理函数。例如给所有的段落元素 p 绑定一个单击事件的写法如下所示:

```
01 $("p").click(function(){
02     // 在此编写事件处理程序
03 });
```

(1) jQuery 中可以通过事件名称方法注册绑定的事件有 ready、click、dbclick、hover、focus、focusin、focusout、blur、change、mousedown、mouseenter、mouseleave、mousemove、mouseout、mouseover、mouseup、resize、scroll、select、submit 等,这些事件多数在 4.4.5 节已经介绍过,此处不再详述。但是仍要提醒大家的是,有些事件仅针对特定类别的 HTML 元素有效,例如 ready 事件仅适用于 document 对象,它正是我们在 4.5.1 节中所讲的文档就绪事件,对应于 $(document).ready()方法;submit 事件仅适用于 form 表单;select 事件适用于 textarea 文本域或文本类型的 input 元素,当其中的文本被选择时触发。

(2) jQuery 中通过事件名称方法注册绑定事件的方式和 JavaScript 原生的通过事件监听方法 addEventListener()注册事件的方式一样,都能够注册多个事件处理程序而不产生冲突,但相比较而言,jQuery 的代码更为简洁。

(3) jQuery 对象内维护的是多个 DOM 元素,jQuery 的事件绑定会给当前 jQuery 对象中的每个 DOM 元素都生效。而 JavaScript 原生的三种事件注册方式都无法去批量注册事件处理程序。

(4) 事件处理函数 fn 能够将事件对象作为参数传递到函数内部,事件对象参见 4.4.2 节。如果事件名称方法中传递了额外的数据 data,那么在事件处理函数中要通过 event. data 去接收这个数据。

(5) 通过事件名称方法注册绑定的事件,对后续动态增加的元素是无效的。例如通过 $("p").click(function(){…})方法给所有段落元素 p 注册单击事件之后,我们又通过脚本 $("<p>新段落</p>").appendTo("body")新增加了一个段落,那么对于这个新的段落而言,是没有绑定任何事件的。

2) 通过 on 方法注册

本书先给出 on 方法注册绑定事件的几种写法,然后结合这几种写法分别介绍该方法的特别之处:

```
01 $("p").on("click",function(){...});                // 等同于通过事件名称方法注册
02 $("p").on("click mouseenter",function(){...});      // 可同时注册多个事件
03 $("body").on("click","p",function(){...});          // 在 body 上注册,在 p 元素上触发,即使
                                                       //是在后续动态增加的 p 元素上也有效
```

(1) 如上代码第 1 行,除了写法上的不同之外,它和通过事件名称方法注册绑定事件的方式是完全一样的。

(2) 如上代码第 2 行,可以一次性注册多个事件类型,每个事件类型需要使用空格隔开,这些事件类型被注册了共同的事件处理程序。

(3) 如上代码第 3 行是动态绑定事件的写法,把事件绑定在 body 上,此时 on 方法的第

二个参数是一个选择器,规定了在 body 内匹配该选择器的那些元素上单击才能够触发事件。之所以说是动态绑定,是因为即使是 body 内后续动态增加的匹配该选择器的新元素在单击时也能够触发事件。这种方式和 4.4.3 节介绍的事件委托机制是一样的,但是代码更加简洁通用。

(4) 在 on 方法中还有一个可选参数 data,它的位置在事件处理函数之前,在事件处理函数中可以通过 event.data 去接收这个数据的。

【例 4-21】 动态绑定。

```
01 <!-- HTML 代码 -->
02 <body>
03     <div>
04         <p>段落 1</p>
05         <p>段落 2</p>
06     </div>
07 </body>
08 <!-- JavaScript 代码 -->
09 <script type = "text/javascript">
10     $("div").on("click","p",function(){
11         console.log($(this).html());
12     });
13     $("<p>div 中的新段落</p>").appendTo("div");
14     $("<p>不再 div 中的新段落</p>").appendTo("body");
15 </script>
```

例 4-21 中,我们在 div 上绑定了鼠标单击事件,单击 div 中的段落元素 p 时触发。之后我们又动态添加了两个段落,一个插入到 div 中,一个插入到 div 之外,读者可以自行验证,段落 1、段落 2 和 div 中的新段落都可以触发单击事件,但 div 之外的新段落是不能触发单击事件的。

3) 通过 one 方法注册

one 方法可以为 jQuery 对象中的每个元素的绑定一个一次性的事件处理函数。如下代码所示,在每个段落元素 p 上,click 事件的处理函数只会被执行一次:

```
01 $("p").one("click",function(){          // 事件只能被触发一次
02     console.log($(this).html());
03 });
```

2. 事件移除

事件移除也就是事件解绑。jQuery 中使用 off()方法移除已经绑定的事件处理程序,它既可以移除通过事件名称方法注册绑定的事件,也可以移除通过 on()方法或者 one()方法绑定的事件。如下代码所示,第 1 行移除了绑定在段落元素 p 上的单击事件,第 2 行移除了动态绑定在 div 中的段落元素 p 上的单击事件:

```
01 $("p").off("click");                    // 移除绑定在 p 上的单击事件
02 $("div").off("click","p");             // 移除动态绑定
```

3. 事件触发

当事件在元素上真实发生时,绑定在元素上的事件会被触发,相应的处理程序会被执

行,这是事件的正常流程。当然还要经过事件的捕获和冒泡流程,参见 4.4.3 节。除此之外,我们也可以通过代码手动触发事件,这就要用到 jQuery 提供的如下两个方法了。

1) trigger()方法

假设我们在所有段落元素上绑定了 click 事件,如下代码所示,可以使用 $("p").trigger("click")来依次触发所有段落的单击事件。如果是仅仅想要触发某个段落元素对象的单击事件,那就先找到这个段落元素 p(例如 id="p1"的段落元素),然后执行 $("p#p1").trigger("click")即可。trigger()方法触发事件的效果和事件真实发生的效果是一样的,也会触发事件的冒泡。trigger()方法还可以触发浏览器的默认行为,如下代码第 3 行所示,trigger()方法触发了表单的默认提交行为。

```
01  $("p").trigger("click");          // 依次触发所有段落元素 p 上的 click 事件
02  $("p#p1").trigger("click");       // 触发元素 p#p1 上的 click 事件
03  $("form").trigger("submit");      // 触发浏览器默认行为提交表单
```

2) triggerHandler()方法

triggerHandler()这个特别的方法会触发元素上指定事件类型上绑定的所有处理函数,其行为表现与 trigger 类似,但有以下三个主要区别。

(1) triggerHandler()方法不会触发浏览器默认事件,不会执行浏览器默认动作,也不会产生事件冒泡。

(2) triggerHandler()方法仅仅触发调用它的 jQuery 对象中第一个元素的事件处理函数。

(3) triggerHandler()方法返回的是事件处理函数的返回值,而不是可以链式调用的 jQuery 对象。此外,如果调用它的 jQuery 对象集合为空,则该方法返回 undefined。

4.5.9　特效

jQuery 库提供了几种为页面中元素添加动画效果的方法,实现了一些通用的标准动画效果。

1. 基本特效

hide()、show()和 toggle()三个方法用于隐藏元素、显示元素和切换隐藏显示状态,执行动作时有动画效果。这三个方法具有同样的三个可选参数,分别介绍如下。

(1) 第一个可选参数为 speed,表示速度,可取值字符串 slow、normal、fast,也可以取值为表示动画时长的毫秒数值。

(2) 第二个可选参数为 easing,用于指定切换效果,默认值是 swing,其他可用参数为 linear。

(3) 第三个可选参数为 fn,是一个回调函数,定义了在动画完成时执行的程序。

【例 4-22】　隐藏与显示菜单。

```
01 <!-- HTML 代码 -->
02 <h4 id="menu">我的菜单</h4>
03 <ul id="ul-menu">
04     <li>开始</li>
05     <li>首页</li>
```

```
06      <li>我的</li>
07  </ul>
08  <!-- JavaScript 代码 -->
09  <script type = "text/javascript">
10      $("#ul-menu").hide();              // 隐藏 ul#ul-menu 列表
11      $("#menu").click(function () {     // 绑定 h4#menu 单击事件
12          $("#ul-menu").toggle("slow",function(){    // 切换 ul#ul-menu 列表的显示
                                                       //与隐藏,动画结束后将第一个列表项设置为红色
13              $(this).find("li:first").css("color","red");
14          });
15      });
16  </script>
```

例 4-22 代码中,首先将 ul 列表隐藏,然后给 h4♯menu 元素绑定单击事件。单击时使用 toggle()方法控制切换 ul 列表的显示隐藏状态。

2. 滑动特效

滑动效果使用 slideUp()、slideDown()和 slideToggle()三个方法实现,也是用于完成隐藏元素、显示元素和切换隐藏显示状态的效果。不同的是,这三个方法通过高度的变化(向上减小或向下增加)来动态地隐藏或显示所匹配的元素,接收的参数和 hide()、show()、toggle()方法一致。读者可将例 4-22 中的 toggle()方法替换为 slideToggle()方法,并观察其动画效果。

3. 渐变特效

基本的渐变效果使用 fadeOut()、fadeIn()和 fadeToggle()三个方法实现,同样用于完成隐藏元素、显示元素和切换隐藏显示状态的效果。它们通过不透明度的变化来实现所匹配元素的淡入淡出效果,动画期间所匹配的元素的高度和宽度不会发生变化,动画结束后会完全显示或者隐藏元素。

此外还有一个渐变效果的方法 fadeTo(),它允许把所匹配元素的不透明度以渐进方式调整到指定的不透明度,动画执行完毕后不会隐藏元素。fadeTo()方法有两个参数,第一个参数为 speed,表示渐变的速度,第二个参数是 opacity,取值为 0～1 之间的小数,表示不透明度的数值。例如 $("p").fadeTo("slow",0.5)将所有段落元素的不透明度渐变到 0.5。

4. 自定义特效

jQuery 提供了一个可用于自定义动画效果的方法 animate(),它的第一个参数 params 是必选参数。params 是一个对象,这个对象中每个属性都表示一个可以变化的样式属性(如 height、top 或 opacity)。需要注意的是所有包含连字符(-)的样式属性名称必须用驼峰形式,例如用 marginLeft 代替 margin-left。此外,该方法第一个参数之后还有 speed、easing 和 fn 三个可选参数。

【例 4-23】 自定义多种变化效果。

```
01  <!-- HTML 代码 -->
02  <button id = "go">开始</button>
03  <div id = "block" style = "border:1px solid red;">Hello!</div>
04  <!-- JavaScript 代码 -->
05  <script type = "text/javascript">
```

```
06      $("#go").click(function(){
07          $("#block").animate({
08              width: "90%",
09              height: "100%",
10              fontSize: "200px",
11              borderWidth: "20px"
12          }, 1000 );
13      });
14 </script>
```

例 4-23 代码中给 div#block 元素同时定义了多种状态变化效果,包括宽度、高度、字体大小和边框宽度的渐变,当单击 button#go 按钮时触发动画。

5. 延迟和停止动画

1) 动画延迟

jQuery 提供的用于延迟动画的方法是 delay()。一个元素可以按照链式操作的方式依次调用多个动画,在当前动画执行完毕后我们可以使用 delay()方法让下一个动画延迟执行。delay()方法接收一个 duration 参数表示动画需要延迟执行的时长,单位是毫秒(ms)。例如 $("p#p1").slideUp(300).delay(800).fadeIn(400)表示段落元素 p#p1 先向上滑动隐藏,然后经过 800ms 延迟,接着再执行淡入动画显示。

2) 停止动画

jQuery 提供的用于停止动画的方法是 stop(),它接收 stopAll 和 goToEnd 两个可选的布尔型参数,stopAll 参数规定是否应该清除动画队列,默认是 false,仅停止活动的动画,并允许任何排入队列的动画向后执行;goToEnd 参数规定是否立即完成当前动画,默认是 false。

3) 完成动画

jQuery 提供的用于完成动画的方法是 finish()。finish()方法停止当前运行的动画,移除所有正在排队等待执行的动画,并立即完成所有动画。

【例 4-24】 延迟、停止和完成动画演示。

```
01 <!-- HTML 代码 -->
02 <button id="start">开始动画</button>
03 <button id="stop">停止动画</button>
04 <button id="stopAll">停止所有动画</button>
05 <button id="stopGoToEnd">停止所有动画并立即完成</button>
06 <button id="finish">完成动画</button>
07 <div style="height:100px;width:100px;position:absolute;background:green;">动画内容</div>
08 <!-- JavaScript 代码 -->
09 <script type="text/javascript">
10      $("#start").click(function(){
11          $("div").animate({left:'200px'},5000);
12          $("div").animate({top:'200px'},5000);
13      });
14      $("#delay").click(function(){ $("div").delay(1000);});
15      $("#stop").click(function(){ $("div").stop();});
16      $("#stopAll").click(function(){ $("div").stop(true);});
17      $("#stopGoToEnd").click(function(){ $("div").stop(true,true);});
```

```
18        $("#finish").click(function(){$("div").finish();});
19   </script>
```

示例 4-24 中第 9～11 行给"开始动画"按钮注册了单击事件,启动 div 的两个连续的动画事件,每个动画持续 5000ms。后续三个按钮分别绑定了三种不同参数的 stop()方法来停止动画的执行,最后一个按钮绑定了 finish()方法完成动画。

(1)单击"开始动画"按钮,动画开始执行,在动画结束前单击"停止动画"按钮,会停止当前动画转而执行下一个动画。

(2)单击"开始动画"按钮,动画开始执行,在动画结束前单击"停止所有动画"按钮,会停止当前及后续的所有动画。

(3)单击"开始动画"按钮,动画开始执行,在动画结束前单击"停止所有动画并立即完成"按钮,会立即完成当前动画,并停止后续未开始执行的一切动画。

(4)单击"开始动画"按钮,动画开始执行,在动画结束前单击"完成动画"按钮,会立即完成当前及后续所有动画。

习题 4

一、简答题

1. 作为 Web 页面脚本语言的 JavaScript 是由哪三个部分组成的?

2. JavaScript 中合法的标识符规则有哪些?

3. JavaScript 中的原始类型有哪些?

4. JavaScript 中创建一个对象有哪几种方法?

5. 什么是对象序列化? JSON 能够表示哪些值?

6. Array 的原型上有 3 个用于遍历数组内容的迭代器方法,分别是什么?

7. 什么是闭包?

8. JavaScript 中用于定位并获取 HTML 中页面元素的方法有哪些?

9. 在 JavaScript 中如何注册事件处理程序? 使用 jQuery 框架时又是如何注册事件处理程序的?

10. JavaScript 中事件冒泡的原理是什么?

11. 如何阻止冒泡? 如何阻止浏览器的默认事件行为?

12. HTML 页面的生命周期包含哪几个重要事件?

13. 使用 jQuery 库时,$ 和 jQuery 的关系是什么?

14. 如何理解 jQuery 对象和 DOM 对象,二者之间如何相互转换?

15. 由于脚本代码要操作 DOM,一般情况下都应该让 DOM 文档加载完成后再执行脚本代码,在 JavaScript 中和使用 jQuery 时分别如何实现?

16. 使用 jQuery 操作属性时,attr()方法和 prop()方法有什么区别?

二、操作题

1. 如下代码所示,请继续编写代码,完成根据 age 大小将对象数组 arr 进行排序的功能。

```
01 let john = { name: "John", age: 25 };
02 let pete = { name: "Pete", age: 30 };
03 let mary = { name: "Mary", age: 28 };
04 let arr = [ pete, john, mary ];
```

2. 编写一个 JavaScript 函数 count(obj)，该函数返回对象中的属性的数量。

3. 编写一个 JavaScript 函数 getSecondsToday()，返回今天已经过去了多少秒。

4. 如下所示 HTML 文档，使用 JavaScript 方法查找获取 DOM 元素，同时使用 jQuery 库方法查找获取 jQuery 对象。

（1）id＝"book-table"的表格。

（2）表格 table 内的所有 label 元素。

（3）表格中每一行的第一个 td 元素。

（4）name 属性中包含 search 的 form 表单。

（5）id＝"book-list"的 td 元素所在的行 tr。

（6）所有 type＝"submit"的按钮元素。

（7）表格中的最后一个 input 元素。

```
01 < form name = "search">
02     < label >
03         < span >输入网址:</span >
04         < input type = "text" name = "search">
05     </label >
06     < button type = "submit">搜索</button >
07 </form >
08 < form name = "search - book">
09     < h4 >搜索图书:</h4 >
10     < table id = "book - table">
11         < tr >
12             < td >图书类别:</td >
13             < td id = "book - list">
14                 < label >< input type = "radio" name = "category" value = "computer">计算机
    类</label >
15                 < label >< input type = "radio" name = "category" value = "economics">经济
    学</label >
16                 < label >< input type = "radio" name = "category" value = "mathematics">数
    学</label >
17             </td >
18         </tr >
19         < tr >
20             < td >关键词:</td >
21             < td >
22                 < input type = "text" name = "key_0">
23                 < input type = "text" name = "key_1">
24                 < input type = "text" name = "key_2">
25             </td >
26         </tr >
27     </table >
28     < button type = "submit">搜索</button >
```

```
29 </form>
```

5. 使用 jQuery 给每个 ul 中的第奇数个列表项 li 设置文本颜色为红色。

6. 使用 jQuery 将新获取的学生信息追加插入到表格中。

```
01 <!-- HTML 代码 -->
02 <table>
03     <tr><th>学号</th><th>姓名</th><th>年龄</th></tr>
04     <tr><td>20220002</td><td>John</td><td>19</td></tr>
05 </table>
06 <!-- JavaScript 代码 -->
07 <script type="text/javascript">
08     let students = [
09         {"number":"20220003","name":"James","age":20},
10         {"number":"20220004","name":"Maria","age":19},
11         {"number":"20220005","name":"Julia","age":18}
12     ];
13 </script>
```

7. 使用 jQuery 实现功能,用表头单元格中的复选框控制其他所有行前复选框的选中状态,实现全选和取消全选的功能。

```
01 <table>
02     <tr><th><input type="checkbox" name="all" /></th><th>表格字段</th></tr>
03     <tr><td><input type="checkbox" name="row" /></td><td>数据 1</td></tr>
04     <tr><td><input type="checkbox" name="row" /></td><td>数据 2</td></tr>
05     <tr><td><input type="checkbox" name="row" /></td><td>数据 3</td></tr>
06     <tr><td><input type="checkbox" name="row" /></td><td>数据 3</td></tr>
07 </table>
```

第 5 章

HTML5的新增标签

本章介绍几个 HTML5 的新增标签,体会 HTML5 新增标签给网页设计带来的便利。

本章学习目标

- 了解 HTML5 新增标签的作用
- 掌握使用 audio 和 video 标签的方法

5.1 输入类型 number

随着浏览器的发展,结合以往网页开发时的需求,HTML5 引入了新的标签,这会降低我们开发网页的难度。查看网页 https://www.w3school.com.cn/html/html_form_input_types.asp,可以看到 HTML5 引入的新的输入类型,这里仅简单介绍几个。这些输入类型,有的相当于网页中 JavaScript 的作用,对输入数据按要求进行了验证,但不需要用户自己书写 JavaScript 了。

输入类型 number 用于应该包含数字值的输入字段,能够对数字做出限制。在提交表单时,浏览器会自动验证 number 域的值。输入类型 number 适用的浏览器如表 5.1 所示。只有高版本的浏览器才支持 HTML5 新引入的标签。

表 5.1　输入类型 number 适用的浏览器

IE	Firefox	Opera	Chrome
NO	4.0	9.0	10.0

【例 5-1】　输入类型 number 示例。

ch5_01.html 内容如下:

```
01  <!DOCTYPE html>
02  <html>
03  <head>
04  <meta charset = "utf-8"/>
05  <title>输入类型 number</title>
06  </head>
07  <body>
08  <form action = "https://www.w3school.com.cn/example/html5/demo_form.asp">
09  数量(1 到 5 之间):
```

```
10   < input type = "number" name = "quantity" min = "1" max = "5">
11   < input type = "submit">
12   </form >
13   </body >
14   </html >
```

运行上述代码后出现如图 5.1 所示界面。

图 5.1　number 输入类型验证

（1）输入一个范围 1～5 的数字 3，提交可以得到如图 5.2 所示的界面。

图 5.2　正确输入数据时的响应

（2）输入非数字时，例如 tiankong，提交可以得到如图 5.3 所示的界面。

图 5.3　输入字母时的验证

（3）修改 form 的 action＝"♯"，输入一个不是 1～5 的数字 6，提交可以得到如图 5.4
所示的界面，说明验证是由浏览器完成的。

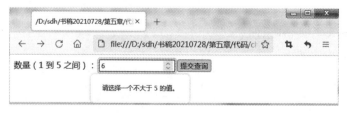

图 5.4　输入 6 时的验证

5.2 输入类型 email

email 类型用于应该包含 e-mail 地址的输入域。在提交表单时,浏览器会自动验证 email 域的值,验证的格式为带有@的字符串。用法参见例 5-2。

【例 5-2】 输入类型 email 示例。

ch5_02.html 内容如下:

```
01  <!DOCTYPE html>
02  <html>
03      <head>
04          <meta charset = "utf-8" />
05          <title>输入类型 email</title>
06      </head>
07      <body>
08          <form action = "#">
09          E-mail: <input type = "email" name = "user_email" />
10          <input type = "submit">
11          </form>
12      </body>
13  </html>
```

输入一个 email 值 58700865.qq.com,单击提交后响应如图 5.5 所示,提示我们输入的字符串不是电子邮件地址的格式,因为不含有@符号。

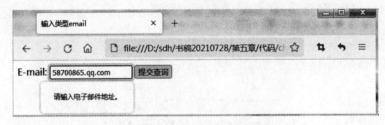

图 5.5 输入类型 email 格式不对时的验证

5.3 输入类型 url

url 类型用于应该包含 URL 地址的输入域。在提交表单时,浏览器会自动验证 url 域的值,输入类型要符合 url 格式。

用法参见例 5-3。

【例 5-3】 输入类型 url 示例。

ch5_03.html 内容如下:

```
01  <!DOCTYPE html>
02  <html>
03      <head>
```

```
04        < meta charset = "utf - 8" />
05        < title>输入类型 url </title>
06      </head >
07      < body >
08        < form action = " ♯ ">
09        Homepage: < input type = "url" name = "user_url" />< br />
10        < input type = "submit">
11        </form >
12      </body >
13    </html >
```

运行上述代码后出现如图 5.6 所示界面,因未带有协议名,不符合 url 格式,故有提示。

图 5.6　输入类型 url 格式不对时的验证

5.4　输入类型 date

输入类型 date 用于应该包含日期的输入字段。若浏览器支持,日期选择器会出现在输入字段中。借助于图形输入可以规范日期输入格式,确保日期符合要求。

用法参见例 5-4。

【例 5-4】　输入类型 date 示例。

ch5_04.html 内容如下:

```
01    <! DOCTYPE html >
02    < html >
03      < head >
04        < meta charset = "utf - 8" />
05        < title>输入类型 date </title>
06      </head >
07      < body >
08        < form action = " ♯ ">
09        生日< input type = "date" name = "bdaytime">
10        < input type = "submit">
11        </form >
12      </body >
13    </html >
```

运行上述代码后出现如图 5.7 所示界面。在我们输入日期时,会出现日期提示选择窗口,能保证我们的输入符合日期格式的要求,例如月份不能大于 12。注意在不同的浏览器里显示可能会略有不同。

图 5.7　输入类型 date 验证

5.5　表单属性 autocomplete

表单属性 autocomplete 适用于< form >标签和以下类型的 < input > 标签：text、search、url、telephone、email、password、datepickers、range 以及 color。当用户在自动完成域中开始输入时，浏览器应该在该域中显示填写的选项。

编码示例如下。

【例 5-5】　表单属性 autocomplete 示例。

ch5_05.html 内容如下：

```
01  <! DOCTYPE html>
02  < html >
03      < head >
04          < meta charset = "utf - 8" />
05          < title >表单属性 autocomplete </title >
06      </head >
07      < body >
08          < form action = "#" method = "get" autocomplete = "on">
09          First name:< input type = "text" name = "fname" />< br />
10          Last name: < input type = "text" name = "lname" />< br />
11          E - mail: < input type = "email" name = "email" autocomplete = "off" />< br />
12          </form >
13      </body >
14  </html >
```

运行上述代码，首次输入测试信息后，出现如图 5.8 所示的界面。

图 5.8　表单属性 autocomplete 的验证

按 F5 键刷新页面后,出现如图 5.9 所示界面。因 form 表单设置了 autocomplete＝"on",浏览器应该在该域中显示填写的选项,所以第一个、第二个文本框会留下上次输入的结果。但 email 输入设置了 autocomplete＝"off",所以不会留下上次输入。

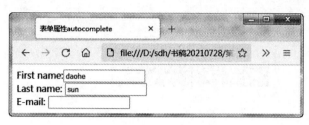

图 5.9 自动显示填写的选项

5.6 音频 audio

直到现在,仍然不存在一项关于在网页上播放音频的标准。今天,大多数音频是通过插件(例如 Flash)来播放的。然而,并非所有浏览器都拥有同样的插件。HTML5 规定了一种通过 audio 元素来包含音频的标准方法。audio 元素能够播放声音文件或者音频流。当前,audio 元素支持 Ogg Vorbis、MP3、WAV 三种音频格式。大多数高版本的浏览器都支持这三种音频格式。< audio >标签用于定义声音,例如音乐或其他音频流。< audio >标签是HTML 5 的新标签,其常用属性如表 5.2 所示。

表 5.2 < audio >标签的常用属性

属性	值	描　　述
autoplay	autoplay	音频在就绪后马上播放
controls	controls	向用户显示控件,例如播放按钮
loop	loop	每当音频结束时重新开始播放
preload	preload	音频在页面加载时进行加载,并预备播放。如果使用 autoplay,则忽略该属性
src	url	要播放的音频的 URL

【例 5-6】 audio 标签示例。

ch5_06.html 内容如下：

```
01  <!DOCTYPE html >
02  < html >
03      < head >
04          < meta charset = "utf - 8">
05          < title > audio 标签</title>
06      </head>
07      < body >
08          < audio src = "./i/test.mp3" controls = "controls">
09      < audio src = "./i/test.m4a" controls = "controls">
10              Your browser does not support the audio element.
11      </audio >
```

```
12  </body>
13  </html>
```

运行上述代码后出现如图 5.10 所示的界面。

图 5.10 audio 标签示例

audio 元素允许多个 source 元素。source 元素可以链接不同的音频文件,浏览器将使用第一个可识别的格式。例 5-6 使用第一个 mp3 文件,适用于 Firefox、Opera 以及 Chrome 浏览器。当素材音频文件不符合要求时,可以使用格式转换器进行转换,如图 5.11 所示,可以把手机录音的 m4a 文件转换为 mp3 文件。

图 5.11 mp3 音频转换

5.7 视频 video

今天,大多数视频是通过插件(例如 Flash)来显示的。然而,并非所有浏览器都拥有同样的插件。HTML5 规定了一种通过 video 元素来包含视频的标准方法。当前,video 元素支持 Ogg、MPEG 4、WebM 三种视频格式。

Ogg:带有 Theora 视频编码和 Vorbis 音频编码的视频文件。

MPEG4:带有 H.264 视频编码和 AAC 音频编码的视频文件。

WebM:带有 VP8 视频编码和 Vorbis 音频编码的视频文件。

< video >标签用于定义视频,例如电影片段或其他视频流。< video >标签是 HTML5 的新标签,其常用属性如表 5.3 所示。

表 5.3　＜video＞标签的常用属性

属性	值	描　　　述
autoplay	autoplay	如果出现该属性,则视频在就绪后马上播放
controls	controls	如果出现该属性,则向用户显示控件,例如播放按钮
height	pixels	设置视频播放器的高度
loop	loop	如果出现该属性,则当媒介文件完成播放后再次开始播放
preload	preload	如果出现该属性,则视频在页面加载时进行加载,并预备播放。如果使用 autoplay,则忽略该属性
src	url	要播放的视频的 URL
width	pixels	设置视频播放器的宽度

HTML5＜video＞元素同样拥有方法、属性和事件,其中方法用于播放、暂停以及加载等,属性(例如时长、音量等)可以被读取或设置。

【例 5-7】　video 标签示例。

ch5_07.html 内容如下:

```
01  <!DOCTYPE html>
02  <html>
03      <head>
04          <meta http-equiv="Content-Type" content="text/html; charset=utf-8" />
05          <title>video 标签使用</title>
06      </head>
07      <body>
08          <video width="320" height="240" controls="controls">
09              <source src="IPAddress.wmv" type="video/wav">
10          <source src="IPAddress_H264.mp4" type="video/mp4">
11              Your browser does not support the video tag.
12      </video>
13      </body>
14  </html>
```

controls 属性供添加播放、暂停和音量控件,包含宽度和高度属性。video 元素允许多个 source 元素,source 元素可以链接不同的视频文件,浏览器将使用第一个可识别的格式。例 5-7 中 IPAddress.wmv 不被识别,所以会使用 IPAddress_H264.mp4。ch5_07.html 的运行效果如图 5.12 所示。

图 5.12　video 运行示例

　　注意这里需要是 H.264 视频编码和 AAC 音频编码的 MPEG4 文件,如果不是则无法播放。示例文件夹给出了一个不是 H.264 视频编码的 IPAddress.mp4,可以尝试去播放它观察效果。当素材视频文件不符合要求时,可以使用格式转换器进行转换,如图 5.13 所示。单击"高级",会出现 MP4 编码格式选择界面,如图 5.14 所示。可以把手机录制的 MP4 文件转换为符合要求的格式。

图 5.13　转换 mp4

图 5.14　mp4 格式选择

　　这里仅介绍上述几个 HTML5 标签,目前 HTML5 在实际系统使用中还需要考虑兼容性的问题。随着时间推移,浏览器会支持越来越多的 HTML5 标签,开发网页也会容易些。

习题 5

一、问答题

1. 列举几个 HTML5 的新增标签。

2. 简述 HTML5 的新特性。

二、 操作题

1. 使用< audio >标签在网页上实现音频播放。

2. 使用< video >标签在网页上实现视频播放。

WEB
DESIGN

第6章

案例汇编

本章学习目标

- 掌握网站整体规划与资源组织原则
- 掌握页面整体布局设计方法
- 学习页面中的典型设计案例

在学习了 HTML、CSS、JavaScript 以及 jQuery 框架的基本使用之后,我们对于设计一个完整的网页跃跃欲试,但一旦开始编写,顿时又觉得无从下手。本章将总结一些在网站设计和网页制作中常用的步骤、经验和技巧,提供一些典型案例实现代码,以期大家能够举一反三、触类旁通。

6.1 站点整体规划设计

6.1.1 整体规划

网站建设和建筑工程一样,在开始之前需要进行详细的规划。网站建设前期的整体规划和设计在整个网站建设中起到指导作用。对于信息发布类网站来说,必须在网站建设前对网站内容信息进行详细合理的规划,否则在网站设计过程中难免出现各种各样的问题。一个好的网站规划,能够使网站建设顺利地开展,也能够使网站便于运营和维护。因此,网站规划的好坏是网站成功与否的关键因素。

6.1.2 站点组织

我们知道,一个网站甚至是一个页面都可能需要导入或者使用到多种多样的资源文件,上规模的网站更是有着成千上万的资源文件。做好站点资源文件的组织、管理、引用、命名等工作,是我们首先要完成的任务。合理的站点资源组织将帮助我们在设计网页时提升效率,避免一些资源导入的错误。下面列出一些简单的设计指导原则。

(1)创建一个文件夹作为站点根目录文件夹,把本网站所有相关的资源组织在该文件夹中。

(2)在站点根目录文件夹中创建站点首页。网站首页一般要命名为 index.html,这是因为当网站部署到服务器上后,index.html 是默认的索引页。索引页无须在浏览器地址栏中输入,服务器会自动查找到该页面,缩短了网页地址的长度。

（3）在站点根目录内创建不同的子文件夹（子目录），分别组织存放各类不同类型的资源文件。必要时可以在这些子文件夹中再创建子文件夹，更加细致地区分保存文件。

（4）对网站所有的文件夹（包含站点根目录）、站点所有的资源文件的命名时应尽可能避免出现空格等特殊字符，同时也要尽量避免出现中文，因为在 URL 中出现中文时，浏览器的支持兼容性并不完美。

（5）在组织网站内部的页面结构时，链接深度不宜过深，否则将影响用户体验。小型网站一般设置三级页面：一级页面也就是网站首页，用于部署链接到各个二级页面的导航信息、常用功能入口（例如登录等）、相关服务系统的入口链接等；二级页面也可以称为分类页，它是通过首页的导航菜单等形式进行链接的，主要用于组织展示网站中的某一个分类内容；三级页面主要是指文章等详情页面，用于显示一篇具体文章内容，用户最终想要浏览的信息几乎都组织在此类详情页面中。

6.2 典型案例

本节将从公共样式设计、页面布局设计、页面背景设计、文本设计、超链接设计、表格设计、表单设计、导航设计、列表设计、幻灯片设计等方面提供一些真实的设计案例，每个案例中都包含一些常见的设计经验，并以设计要点的形式为大家进行总结。案例中所有 HTML 页面均保存在站点根目录，对其他的外部资源文件（如 CSS 文件、JS 文件、图片等）进行了合理的组织。文中在展示文件代码时，会列出文件位置，同时文件在页面中的引用也一律使用相对路径。此外，所有 HTML 页面都需要导入 6.2.1 节中设计的公共样式文件。

6.2.1 公共样式设计案例

【例 6-1】 公共样式设计

1. 案例说明

公共样式是指一个站点中所有页面或者部分页面共用的样式，用于对这些页面的统一设置，可以保存在一个单独的 CSS 文件中。

2. 案例代码与效果

1）公共样式设计

CSS 文件位置为/assets/css/common.css，代码如下：

```
01 /* 统一清除所有元素的内外边距 */
02 * { margin:0px; padding:0px; }
03 /* 统一设置字体 */
04 body { font-size:12px; font-family:"Microsoft YaHei";}
05 /* 统一清除图像边框 */
06 img { border:none; }
07 /* 统一清除默认的列表样式 */
08 ul, ol { list-style:none; }
09 /* 统一设置超链接文本装饰样式 */
10 a { text-decoration:none; }
```

```
11  /* 统一设置超链接文本装饰样式 */
12  a:focus, a:hover, a:active { text-decoration:underline; }
13  /* 定义用于清除浮动的类 */
14  .clf { clear:both; }
15  /* 后续可以自定义其他常用的设置 */
```

2）HTML 代码

HTML 文件位置为/demo-01-common.html,页面中书写了几个常用的页面元素,导入了设计好的公共样式,代码如下:

```
01  <!DOCTYPE html>
02  <html>
03  <head>
04      <meta charset = "utf-8"/>
05      <title>demo-01-common(导入公共样式的页面案例)</title>
06      <!-- 导入公共样式 -->
07      <link href = "./assets/css/common.css" type = "text/css" rel = "stylesheet"/>
08  </head>
09  <body>
10      <div>此处是一个 div</div>
11      <p>此处是一个段落</p>
12      <ul>
13          <li>无序列表项 1</li>
14          <li>无序列表项 2</li>
15          <li>无序列表项 3</li>
16      </ul>
17      <div><a href = "https://www.baidu.com">百度</a></div>
18      <div><img src = "./assets/imgs/flower.jpg" alt = "鲜花"></div>
19  </body>
20  </html>
```

3）图片资源

本案例使用的图片所在位置为/assets/imgs/flower.jpg。

4）页面效果

本案例的页面实现效果如图 6.1 所示。

图 6.1　导入公共样式的页面效果图

3．案例设计要点

（1）一般要先统一清除所有元素的内外边距，保持各个浏览器的一致性，在需要设置内外边距的元素上单独设置。

（2）统一设置页面字体。

（3）清除图像边框。有些浏览器默认有图像边框，我们先统一清除，需要的时候自己再去设置。

（4）清除默认的列表样式。默认的列表样式在实际的页面设计中很少使用，统一清除。

（5）先统一设置一个超链的样式，需要的时候再单独设置。

（6）定义一个用于清除浮动的类，便于引用。

（7）还可以统一设置一些其他常用样式，例如.left{float:left}、.right{float:right}等。

6.2.2 页面布局设计案例

【例6-2】 div 居中显示案例

1．案例说明

页面设计中，尤其是网页布局设计时往往需要将一个 div 或其他块级元素在其父元素内居中呈现。

2．案例代码与效果

1）HTML 代码

HTML 文件位置为/demo-02-div-center.html，代码如下：

```
01  <!DOCTYPE html>
02  <html>
03  <head>
04      <meta charset = "UTF-8">
05      <title>demo-02-div-center(块级元素居中呈现设计)</title>
06      <link href = "./assets/css/common.css" type = "text/css" rel = "stylesheet"/>
07      <link href = "assets/css/demo-02-div-center.css" type = "text/css" rel = "stylesheet"/>
08  </head>
09  <body>
10      <div id = "top">顶部</div>
11      <div id = "header">头部</div>
12  </body>
13  </html>
```

2）案例样式代码

CSS 文件位置为/assets/css/demo-02-div-center.css，代码如下：

```
01  /*若要 body 标签下一级的 div 居中,首先要设置居中对齐*/
02  body { text-align:center; font-size:18px;}
03  #top {
04      border:1px solid red;            /*设置边框线,用于查看布局效果*/
05      height:60px;
06      width:600px;                     /*居中显示的 div 必须设置宽度属性值. */
07      margin:0px auto;                 /*设置 div 上下外边距 0px,左右自动,实现 div 居中*/
```

```
08  }
09  #header {
10      border:1px solid red;          /*设置边框线,用于查看布局效果*/
11      height:130px;
12      width:60%;                     /*居中显示的div必须设置宽度属性值*/
13      margin:0px auto;               /*设置div上下外边距0px,左右自动,实现div居中*/
14  }
```

3)页面效果

本案例的页面实现效果如图6.2所示。

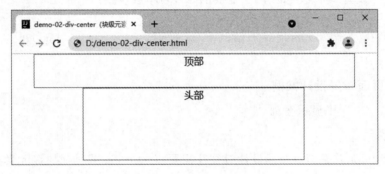

图6.2　div居中显示案例效果图

3．案例设计要点

（1）为实现浏览器的兼容性,首先将页面中所有元素的外边距和内边距设置为0,本例已经导入了 common.css,实现了该设置。

（2）若要实现某个块级元素（如 div）居中显示,要先设置其父元素属性值"text-align:center;",如本例中的 body 元素为要设置居中 div 的父元素。

（3）居中显示的 div 必须设置宽度属性值。

（4）居中显示的块级元素（如 div）必须设置左右外边框的值为 auto,例如设置属性值为"margin:0 auto;"。

【例 6-3】 div 浮动显示案例

1．案例说明

页面设计中,尤其是网页布局设计中需要进行左右分栏显示或分多列显示时,可以使用块级元素的浮动呈现来进行设计。

2．案例代码与效果

1）HTML 代码

HTML 文件位置为/demo-03-div-float.html,代码如下:

```
01  <!DOCTYPE html>
02  <html>
03  <head>
04      <meta charset = "utf-8"/>
05      <title>demo-03-div-float(块级元素浮动案例设计)</title>
06      <link href = "./assets/css/common.css" type = "text/css" rel = "stylesheet"/>
```

```
07          < link href = "./assets/css/demo - 03 - div - float.css" type = "text/css" rel = "stylesheet"/>
08    </head >
09    < body >
10        < div id = "top" class = "container">页底顶部</div >
11        < div id = "content" class = "container">
12            < div id = "left - column" class = "column">左边栏</div >
13            < div id = "center - column" class = "column">中间栏</div >
14            < div id = "right - column" class = "column">右边栏</div >
15        </div >
16        <!-- bottom 需要清除浮动属性,定义类为 clf,已在 common.css 中设置 -->
17        < div id = "bottom" class = "clf container">页底部分</div >
18    </body >
19    </html >
```

2）案例样式代码

CSS 文件位置为/assets/css/demo-03-div-float.css,代码如下：

```
01  /* 若要 body 标签下一级的 div 居中,首先要设置居中对齐 */
02  body { text - align:center; font - size:18px}
03  /* 所有 div 设置边框线,用于查看布局效果 */
04  div { border:1px solid red; }
05  /* 设置首层容器 div.container 的上下外边距 0px,左右自动,实现 div 居中效果 */
06  div.container { height:50px; width:600px; margin:0px auto; }
07  /* 以下为 content 元素内三个 div,通过浮动分栏显示在一行,一定要计算好总宽度,不要超出
    content 的宽度 */
08  #content,div.column { height:150px; }
09  #left - column { width:140px; float:left; }          /* 设置 div 向左浮动 */
10  #center - column { width:260px; float:left; }         /* 设置 div 向左浮动 */
11  #right - column { width:190px; float:right; }         /* 设置 div 向右浮动 */
```

3）页面效果

本案例的页面实现效果如图 6.3 所示。

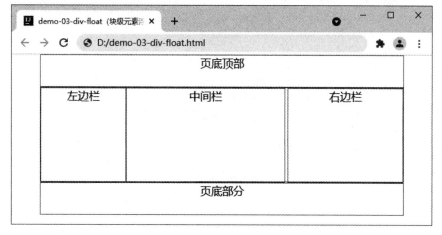

图 6.3　div 浮动显示案例效果图

3. 案例设计要点

（1）通过设置浮动（float）属性可以实现某个块级元素朝左或朝右浮动。

（2）设置了浮动的某个块级元素需要设置其宽度（width）属性。

（3）多个浮动的元素如果想要在一行中并排呈现，要计算好它们的总宽度（包括边框的宽度），不要超过父容器的宽度。

（4）后续紧邻浮动元素的、处于正常文档流中的元素一定要设置清除浮动（clear）属性，清除浮动元素对其本身显示产生的影响。

【例 6-4】 首页综合布局案例

1. 案例说明

设计好页面结构，反复结合运用 div 居中、div 浮动，细心地按照设计图纸进行布局实现并计算好尺寸，就可以完成页面的整体布局了。

2. 案例代码与效果

1）HTML 代码

HTML 文件位置为/demo-04-layout.html，代码如下：

```
01  <!DOCTYPE html>
02  <html>
03  <head>
04      <meta charset = "utf-8"/>
05      <title>demo-04-layout(首页综合布局案例)</title>
06      <link href = "./assets/css/common.css" type = "text/css" rel = "stylesheet"/>
07      <link href = "./assets/css/demo-04-layout.css" type = "text/css" rel = "stylesheet"/>
08  </head>
09  <body>
10      <div id = "header" class = "container">头部,网站 logo</div>
11      <div id = "nav" class = "container">页面导航菜单</div>
12      <div id = "banner" class = "container">图片轮播</div>
13      <div id = "content" class = "container">
14          <div id = "left">
15              <div id = "lmdh">栏目导航</div>
16              <div id = "lxwm">联系我们</div>
17          </div>
18          <div id = "right">
19              <div id = "gsjj">公司简介</div>
20              <div id = "gsxw">公司新闻</div>
21              <div id = "alzs" class = "clf">案例展示</div>
22          </div>
23          <div class = "clf"></div>
24      </div>
25      <div id = "foot" class = "container">页面底部</div>
26  </body>
27  </html>
```

2）案例样式代码

CSS 文件位置为/assets/css/demo-04-layout.css，代码如下：

```
01 /* 若要 body 标签下一级的 div 居中,首先要设置居中对齐 */
02 body { text - align: center; }
03 /* 所有 div 设置边框线,用于查看布局效果 */
04 div { border: 1px solid red; }
05 /* 设置首层容器 div.container 的上下外边距 0px,左右自动,实现 div 居中效果 */
06 div.container { width: 1020px; margin: 0px auto; }
07 #header, #foot { height: 50px; }
08 #nav { height: 30px; }
09 #banner { height: 100px; }
10 #left { width: 230px; float: left; }
11 #lmdh { height: 270px; }
12 #lxwm { height: 160px; }
13 #right { width: 780px; float: right; }
14 #gsjj { width: 480px; height: 160px; float: left; }
15 #gsxw { width: 290px; height: 160px; float: right; }
16 #alzs { height: 270px; }
```

3)页面效果

本案例的页面实现效果如图 6.4 所示。

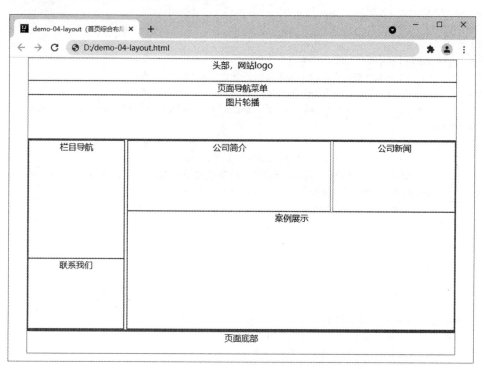

图 6.4 首页综合布局案例效果图

3. 案例设计要点

(1)设计好 HTML 结构,让外层的 div.container 在 body 内并居中显示,内层使用嵌套的 div 按需进行水平或垂直分栏布局。

(2)在 div#content 中首先采用左右两栏的布局,划分为左侧 div#left 和右侧 div#right 两部分,使用的是 div 的左右浮动实现,注意紧接其后的元素不要忘记清除浮动。

（3）左侧部分依次放置"栏目导航"和"联系我们"两个模块。

（4）右侧部分放置三个模块，其中"公司简介"和"公司新闻"模块采用左右浮动布局，"案例展示"模块在下方，需要清除浮动。

（5）布局设计需要逐层分解，把整体上看似复杂的布局结构层层拆分，局部来看都是类似于例 6-2 和例 6-3 所示的简单结构。

6.2.3 页面背景设计案例

【例 6-5】 页面背景设计案例

1. 案例说明

结合页面背景颜色和背景图片的应用，本案例中实现了蓝色渐变背景的设计效果。

2. 案例代码与效果

1）HTML 代码

HTML 文件位置为/demo-05-background.html，代码如下：

```
01 <!DOCTYPE html>
02 <html>
03 <head>
04     <meta charset = "utf-8"/>
05     <title>demo-05-background(页面背景设计案例)</title>
06     <link href = "./assets/css/common.css" type = "text/css" rel = "stylesheet"/>
07     <link href = "./assets/css/demo-05-background.css" type = "text/css" rel = "stylesheet"/>
08 </head>
09 <body>
10     <div id = "header" class = "container">头部</div>
11     <div id = "nav" class = "container">页面导航菜单</div>
12     <div id = "content" class = "container">内容</div>
13     <div id = "banner" class = "container">底部</div>
14 </body>
15 </html>
```

2）案例样式代码

CSS 文件位置为/assets/css/demo-05-background.css，代码如下：

```
01 /* 若要 body 标签下一级的 div 居中,首先要设置居中对齐 */
02 body { text-align:center; font-size:20px;}
03 /* 所有 div 设置边框线,用于查看布局效果 */
04 div { border:1px solid red; }
05 /* 设置首层容器 div.container 的上下外边距 0px,左右自动,实现 div 居中效果 */
06 div.container { width:1020px; margin:0px auto; background:#fff; height:100px; }
07 /* 页面背景设置为一个背景颜色,一幅渐变色条状背景图片,横向平铺 */
08 /* 背景颜色为渐变色条状背景图片的最下方像素的颜色 */
09 body { background:#B6C7E3 url("../imgs/bg.jpg") repeat-x; }
```

3）图片资源

本案例导入的背景图片所在位置为/assets/imgs/bg.jpg。

4）页面效果

本案例的页面实现效果如图 6.5 所示。

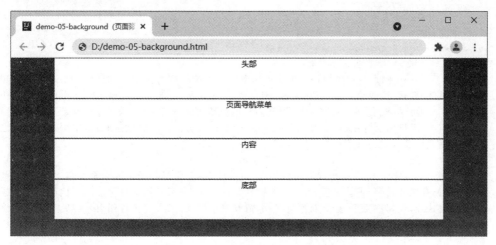

图 6.5　页面背景设计案例效果图

3. 案例设计要点

（1）如果以纯色设置页面背景，在 body 元素上设置 background-color 样式属性即可。

（2）如果以图片设置页面背景，应考虑横向上的平铺设置。

（3）颜色和图片背景也可以结合使用，正如本例所示，使用颜色渐变的竖条状图片在横向上平铺，配合图片最底部像素的颜色作为页面背景色实现。

6.2.4　文本设计案例

【例 6-6】　文本样式案例

1. 案例说明

页面中文本的呈现常常需要考虑的是字体大小、间距、颜色、缩进等样式。呈现一行文本（例如标题等）时还要考虑文本在块级元素中的垂直居中等设置。

2. 案例代码与效果

1）HTML 代码

HTML 文件位置为/demo-06-text.html，代码如下：

```
01 <!DOCTYPE html>
02 <html>
03 <head>
04     <meta charset = "utf-8"/>
05     <title>demo-06-text(文本样式案例)</title>
06     <link href = "./assets/css/common.css" type = "text/css" rel = "stylesheet"/>
07     <link href = "./assets/css/demo-06-text.css" type = "text/css" rel = "stylesheet"/>
08 </head>
09 <body>
10     <div id = "top" class = "container">
```

```
11        < p >
12            < span >加入收藏</ span >
13            < span >设为首页</ span >
14        </ p >
15    </ div >
16    < div id = "content" class = "container">
17        < h2 >杨柳青古镇风情街</ h2 >
18        < p >杨柳青古镇风情街坐落于天津市千年古镇杨柳青镇南、光明路以西,东临气势巍峨
的文昌阁,西接"津西第一宅"石家大院,南靠古老的南运河.该街总占地 12.041 亩,使用面积为
8027.66 余平方米,是一组青砖灰瓦、磨砖对缝的仿清代商贸建筑群,采用长街和葫芦罐式相结合
的建筑模式,以两层为主,局部有一层或三层.街上建有仿古青石牌楼一座,是中国式石牌坊之最
和穿街戏楼及各式具有清代古风的店铺.
19        </ p >
20        < p >杨柳十万株,历代繁衍到如今.白翁放歌《隋堤柳》,千里绿影至淮东;吴子赋诗莲花
白,津鼓开帆几长亭.康乾盛世开漕运,酒肆林立百业兴.家家渔牧增喜讯,户户丹青画吉祥.杨柳
依然时代迁,今朝古镇更好看.君不见,运河清波映杨柳,石家大院名神州;柳叶岛上忙垂钓,柳口
绿带落彩虹.明清古街景色新,西青广场占鳌头.工农商贸齐发展,小区规划竞风流.
21        </ p >
22    </ div >
23 </ body >
24 </ html >
```

2) 案例样式代码

CSS 文件位置为/assets/css/demo-06-text.css,代码如下:

```
01 /* 若要 body 标签下一级的 div 居中,首先要设置居中对齐 */
02 body { text – align:center; }
03 /* 所有 div、h2、p 设置边框线,用于查看布局效果 */
04 div,h2,p { border:1px solid red; }
05 /* 设置首层容器 div.container 上下外边距为 0px,左右自动,实现 div 居中效果 */
06 div.container { width:600px; margin:0px auto; }
07 #top p {
08    /* 设置行距与容器高度相同的值,一行内呈现的文本就会出现垂直居中的效果 */
09    height:30px;
10    line – height:30px;
11    padding:6px;
12    text – align:right;              /* 文本居右对齐 */
13    font – size:12px;
14    color:#333;      /* 文本颜色与背景色的对比度不要过高,否则阅读容易疲劳 */
15 }
16 #content h2 {
17    text – align:center;             /* 设置文本水平居中 */
18    /* 设置行距与容器高度相同的值,一行内呈现的文本就会出现垂直居中的效果 */
19    height:60px;
20    line – height:60px;
21    font – family:"微软雅黑";         /* 设置字体 */
22    font – size:14px;               /* 设置字体大小 */
23    font – weight:bold;             /* 设置字体加粗 */
24    /* 文本颜色与背景色的对比度不要过高,否则阅读容易疲劳 */
25    color:#666;
26 }
```

```
27  #content p {
28      font-size:12px;                        /*设置字体大小*/
29      /*文本颜色与背景色的对比度不要过高,否则阅读容易疲劳*/
30      /*在白色背景下,设置较浅些的黑灰色,就显得更加柔和*/
31      color:#666;
32      /*多行文本设置行距时一般采用百分数形式设置,设置为1.6倍、1.8倍、2倍行距均可*/
33      line-height:200%;
34      /*段落首行一般缩进两个字符的宽度*/
35      text-indent:24px;
36      /*多行文本通常设置文本两端对齐,注意浏览器兼容性*/
37      text-align:justify;
38      text-justify:newspaper;
39      /*段落设置内边距*/
40      padding:6px;
41  }
```

3)页面效果

本案例的页面实现效果如图6.6所示。

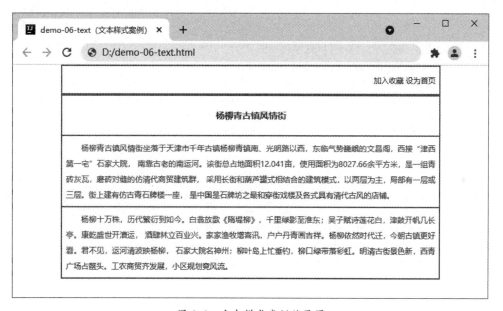

图6.6 文本样式案例效果图

3.案例设计要点

(1)文本水平居中显示,直接设置属性text-align:center;即可。

(2)一行文本在容器内呈现垂直居中的效果,则需要设置其行距与容器高度为相同的值,例如height:60px;line-height:60px;。

(3)文本颜色与背景色的对比度不要过高,否则阅读时眼睛更加容易疲劳。如果在白色背景下,设置文本为较浅些的黑灰色,就显得更加柔和。例如可以尝试将文本颜色设置为#333、#444、#666、#666、#777等不同程度的黑灰色。

(4)多行文本的行间距一般采用百分数形式设置,一般设置为1.6倍(160%)、1.8倍(180%)、2倍(200%)行距较为美观。

（5）多行文本的段落一般设置首行缩进两个字符的宽度。字符宽度就是字体大小属性 font-size 的取值，例如 font-size:12px;text-indent:24px;。

（6）多行文本的对齐方式常常采用两端对齐的方式进行设置，例如 text-align：justify；text-justify:newspaper;。

6.2.5 超链接设计案例

【例 6-7】 超链接设计案例

1. 案例说明

页面中最常用的超链接元素的呈现样式设计非常重要，关乎用户体验。

2. 案例代码与效果

1）HTML 代码

HTML 文件位置为/demo-07-link.html，代码如下：

```
01 <!DOCTYPE html>
02 <html>
03 <head>
04     <meta charset = "utf-8"/>
05     <title>demo-07-link(超链接设计案例)</title>
06     <link href = "./assets/css/common.css" type = "text/css" rel = "stylesheet"/>
07     <link href = "./assets/css/demo-07-link.css" type = "text/css" rel = "stylesheet"/>
08 </head>
09 <body>
10     <div><a href = "#" id = "a1">hover 效果:下画线</a></div>
11     <div><a href = "#" id = "a2">区块链接</a></div>
12     <div><a href = "#" id = "a3">区块链接:反转效果</a></div>
13     <div><a href = "#" id = "a4"><img src = "./assets/imgs/baidu.png"/></a></div>
14     <div>
15         <a href = "#" class = "news_menu">VIP 专区</a>
16         <a href = "#" class = "news_menu">账户中心</a>
17         <a href = "#" class = "news_menu">销售专区</a>
18         <a href = "#" class = "news_menu">招聘平台</a>
19     </div>
20 </body>
21 </html>
```

2）案例样式代码

CSS 文件位置为/assets/css/demo-07-link.css，代码如下：

```
01 div{ padding:15px; text-align:center;}
02 a {
03     font-size:13px;
04     color: #A600FF;
05     text-decoration:none;          /* 去掉超链接的默认下画线样式 */
06 }
07 #a1:hover {
08     /* 超链接一定要设置 hover 效果,提醒用户我是超链接 */
```

```
09        text - decoration:underline;
10    }
11    #a2, #a3 {
12        /* 必要时,例如制作导航菜单时,将超链接转换为区块,增大可单击区域 */
13        display:block;                      /* 将内联元素转换为块级元素 */
14        width:200px;
15        height:36px;
16        line - height:36px;
17        text - align:center;
18        border:1px solid red;
19    }
20    #a3:hover {
21        text - decoration:underline;
22        /* 将背景颜色和字体颜色反转 */
23        background:#019;
24        color:#fff;
25    }
26    a.news_menu {                           /* 使用背景图片美化超链接 */
27        display:block;
28        float:left;
29        height:62px;
30        width:124px;
31        line - height:62px;
32        text - align:center;
33        margin:10px 0 10px 6px;
34        font - size:20px;
35        font - family:"微软雅黑";
36        font - weight:bold;
37        color:#4a4a4a;
38        background:url(../imgs/menu.jpg);
39    }
40    a.news_menu:hover {
41        text - decoration:none;
42        background:url(../imgs/menuhover.jpg);
43        color:#909;
44    }
```

3）图片资源

本案例使用到的图片有三幅,分别为/assets/imgs/baidu.png、/assets/imgs/menu.jpg 和/assets/imgs/menuhover.jpg。

4）页面效果

本案例的页面实现效果如图 6.7 所示。

3．案例设计要点

（1）初始设计时常常去掉超链接默认的下画线样式。

（2）为增加超链接的可单击区域,一些超链接通常转换为区块显示。

（3）一定要设置 hover 样式。hover 样式可以制作为反转效果,即背景颜色反转,链接文本颜色反转。

图 6.7　超链接设计案例效果图

（4）为了制作更加美观的超链接，可以直接使用图片超链接，也可以先将超链接转换为区块，然后使用背景图片美化超链接，再结合 hover 效果，使链接更具特色。

6.2.6　表格设计案例

【例 6-8】　数据表格设计案例

1. 案例说明

数据表格在一些网站系统中，尤其是在网站后台管理模块中经常用到。原生的表格样式不够美观，本案例设计一个样式美观的细线表格。

2. 案例代码与效果

1）HTML 代码

HTML 文件位置为/demo-08-data-table.html，代码如下：

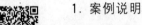

```
01 <!DOCTYPE html>
02 <html>
03 <head>
04     <meta charset="utf-8"/>
05     <title>demo-08-data-table(数据表格设计案例)</title>
06     <link href="./assets/css/common.css" type="text/css" rel="stylesheet"/>
07     <link href="./assets/css/demo-08-data-table.css" type="text/css" rel="stylesheet"/>
08 </head>
09 <body>
10     <div class="wrap">
11         <table class="data-table">
12             <thead>
```

```
13              < tr >
14                  < th >序号</th>
15                  < th >组织机构代码</th>
16                  < th >组织机构名称</th>
17                  < th >过期时间</th>
18                  < th >创建时间</th>
19              </tr>
20          </thead>
21          < tbody >
22              < tr >
23                  < td > 1 </td>
24                  < td > 32466 </td>
25                  < td >天津理工大学</td>
26                  < td > 2036/01/01  07:69:69 </td>
27                  < td > 2021/12/06  22:37:33 </td>
28              </tr>
29              < tr >
30                  < td > 2 </td>
31                  < td > 13897 </td>
32                  < td >中环信息学院</td>
33                  < td > 2026/12/23  14:11:37 </td>
34                  < td > 2021/12/16  14:11:37 </td>
35              </tr>
36              < tr >
37                  < td > 3 </td>
38                  < td > 32466 </td>
39                  < td >天津理工大学</td>
40                  < td > 2036/01/01  07:69:69 </td>
41                  < td > 2021/12/06  22:37:33 </td>
42              </tr>
43              < tr >
44                  < td > 4 </td>
45                  < td > 13897 </td>
46                  < td >中环信息学院</td>
47                  < td > 2036/12/23  14:11:37 </td>
48                  < td > 2021/12/16  14:11:37 </td>
49              </tr>
50          </tbody>
51      </table>
52    </div>
53 </body>
54 </html>
```

2）案例样式代码

CSS 文件位置为/assets/css/demo-08-data-table.css，代码如下：

```
01 div.wrap {
02      margin:0 auto;
03      width:700px;                    / * 表格外层容器指定宽度. * /
04      padding:20px;
05      overflow - x:auto;
```

```
06        border:1px solid red;
07    }
08    table,thead,tbody,tr,th,td {        /*清除表格元素的所有边框、内边距和外边距*/
09        border:0px;
10        padding:0px;
11        margin:0px;
12    }
13    table {
14        /*table 设置顶部边框和左侧边框.*/
15        border-top:1px solid #e9dcdc;
16        border-left:1px solid #e9dcdc;
17        /*table 中 cellspacing、cellpadding 属性使用 CSS 样式替代*/
18        border-collapse:collapse;
19        border-spacing:0;
20        width:100%;    /*table 设置 width 为 100%,占满其父容器的一行.*/
21    }
22    th,td {
23        /*所有标题单元格 th 和内容单元格 td 设置右侧边框和底部边框*/
24        border-right:1px solid #e9dcdc;
25        border-bottom:1px solid #e9dcdc;
26        word-break:keep-all;        /*设置单词不换行*/
27        white-space:nowrap;         /*设置内容不换行*/
28        vertical-align:middle;      /*设置单元格内容垂直居中*/
29        /*给单元格设置内边距,设置实用的文本样式等*/
30        padding:8px;
31        color:#666;
32        font-size:12px;
33    }
34    th {/*给标题单元格设置颜色,左对齐和背景*/
35        color:#08A;
36        text-align:left;
37        background:#EFEFEF;
38    }
39    tbody tr:hover td{
40        /*设置鼠标移动到数据行 tr 上时,鼠标变为手形,同时改变该行内所有单元格的背景颜
    色*/
41        background:#EFEFEF;
42        cursor:pointer;
43    }
```

3) 页面效果

本案例的页面实现效果如图 6.8 所示。

3. 案例设计要点

(1) 表格外层容器需要设定宽度。

(2) 清除表格元素的所有边框、内边距和外边距。

(3) table 设置顶部边框和左侧边框。

(4) table 中的 cellspacing、cellpadding 属性可以使用 CSS 样式属性替代,分别为 border-collapse:collapse;和 border-spacing:0;。

图 6.8　数据表格设计案例效果图

（5）table 设置 width 为 100%，占满其父容器的一行。

（6）所有标题单元格 th 和内容单元格 td 设置右侧边框和底部边框。

（7）给所有单元格设置内边距及实用的文本样式等。

（8）可以单独给标题单元格设置字体颜色、对齐方式和背景颜色等属性。

（9）设置鼠标移动到每一行数据时的效果，例如鼠标移动到数据行 tr 上时，改变该行内所有单元格的背景颜色，同时鼠标变为手形。

6.2.7　表单设计案例

【例 6-9】　表格布局的表单设计案例

1．案例说明

表单作为用户和服务器之前传递数据的控件，使用度非常高，为了更好的用户体验，需要改善原生表单样式的外观。为便于对齐表单元素等控件，最容易实现的方式就是使用表格布局，本案例使用表格布局来展示一个精美的表单设计。

2．案例代码与效果

1）HTML 代码

HTML 文件位置为/demo-09-table-form.html，代码如下：

```
01  <!DOCTYPE html>
02  <html>
03  <head>
04      <meta charset = "utf-8"/>
05      <title>demo-09-table-form(表格布局的表单设计案例)</title>
06      <link href = "./assets/css/common.css" type = "text/css" rel = "stylesheet"/>
07      <link href = "./assets/css/demo-09-table-form.css" type = "text/css" rel = "stylesheet"/>
08  </head>
09  <body>
10  <div class = "wrap">
11      <form>
12          <table class = "form-table">
13              <tbody>
```

```
14              < tr >
15                  < td class = "label">用户名:</td >
16                  < td >< input type = "text" name = "username" placeholder = "输入您的用
   户名"/></td >
17              </tr >
18              < tr >
19                  < td class = "label">密码:</td >
20                  < td >< input type = "password" name = "password" placeholder = "输入您
   的密码"/></td >
21              </tr >
22              < tr >
23                  < td class = "label">性别:</td >
24                  < td >
25                      < label > 男 < input type = " radio" name = " sex" value = " 男"
   checked = "checked"/> </label >
26                      < label > 女 < input type = "radio" name = "sex" value = "女"/> </label >
27                  </td >
28              </tr >
29              < tr >
30                  < td class = "label">爱好:</td >
31                  < td >
32                      < label > 做网页 < input type = "checkbox" name = "likes" value =
   "1" selected = "selected"/> </label >
33                      < label > 写样式 < input type = "checkbox" name = "likes" value =
   "2"/> </label >
34                      < label > 编脚本 < input type = "checkbox" name = "likes" value =
   "3"/> </label >
35                  </td >
36              </tr >
37              < tr >
38                  < td class = "label">个人简介:</td >
39                  < td >< textarea name = "desc" placeholder = "输入您的个人简介信息">
   </textarea></td >
40              </tr >
41              < tr >
42                  < td class = "label"></td >
43                  < td >
44                      < button type = "submit">提 交</button >
45                      < button type = "reset">重 置</button >
46                  </td >
47              </tr >
48          </tbody >
49      </table >
50      </form >
51  </div >
52  </body >
53  </html >
```

2) 案例样式代码

CSS 文件位置为/assets/css/demo-09-table-form. css,代码如下:

```
01 div.wrap {
02     margin:0 auto;
03     /* 表格外层容器指定宽度 700px */
04     width:700px;
05     padding:20px;
06     overflow-x:auto;
07     border:1px solid red;
08 }
09 table,thead,tbody,tr,th,td {
10     /* 清除表格元素的所有边框、内边距和外边距 */
11     border:0px;
12     padding:0px;
13     margin:0px;
14 }
15 .form-table {
16     border-collapse:collapse;
17     border-spacing:0;
18     /* table 设置 width 为 100%,占满其父容器的一行. */
19     width:100%;
20 }
21 .form-table td {
22     word-break:keep-all;              /* 设置单词不换行 */
23     white-space:nowrap;               /* 设置内容不换行 */
24     vertical-align:middle;            /* 设置单元格内容垂直居中 */
25     /* 给单元格设置内边距,设置实用的文本样式等 */
26     padding:8px;
27     color:#666;
28     font-size:12px;
29 }
30 .form-table tr td.label {
31     /* 表单输入标签提示单元格,设置右对齐 */
32     text-align:right;
33     font-weight:bold;
34 }
35 .form-table input[type="text"],.form-table input[type="password"]{
36     /* 设置文本框和密码框样式 */
37     font-size:12px;
38     width:300px;
39     height:30px;
40     padding:4px;
41 }
42 .form-table input[type="radio"],.form-table input[type="checkbox"]{
43     /* 设置单选按钮和复选框在表格单元格中垂直居中 */
44     vertical-align:middle;
45 }
46 .form-table tr td textarea {
47     /* 设置文本域垂直居中 */
48     font-size:12px;
49     line-height:180%;
50     padding:4px;
51     width:300px;
```

```
52        height:100px;
53        overflow:auto;
54  }
55  .form - table tr td button {
56        /* 按钮样式的设置,也可使用背景图片设置更美观的按钮样式 */
57        width:80px;
58        height:26px;
59        font - size:12px;
60  }
```

3）页面效果

本案例的页面实现效果如图 6.9 所示。

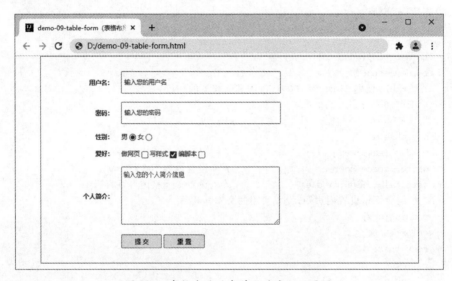

图 6.9　表格布局的表单设计案例效果图

3．案例设计要点

（1）可将表单元素嵌入到表格中,表格去掉所有边框线。

（2）表格的第一列作为表单元素的标签信息,统一设置文本居右对齐。

（3）文本框、密码框、文本域可以使用 placeholder 属性,在框内显示输入提示信息。

（4）使用 vertical-align 属性设置单元格内容垂直居中,设置单选按钮和复选框垂直居中。

（5）使用 label 标签包裹单选按钮和复选框,增加单选按钮和复选框的单击识别选中区域。

【例 6-10】　div 布局的表单设计案例

1．案例说明

目前,div 布局已是主流,本案例我们使用 div 布局设计表单元素的展示。

2．案例代码与效果

1）HTML 代码

HTML 文件位置为/demo-10-div-form. html,代码如下：

```
01  <!DOCTYPE html>
02  <html>
03  <head>
04      <meta charset="utf-8"/>
05      <title>demo-10-div-form(div布局的表单设计案例)</title>
06      <link href="./assets/css/common.css" type="text/css" rel="stylesheet"/>
07      <link href="./assets/css/demo-10-div-form.css" type="text/css" rel="stylesheet"/>
08  </head>
09  <body>
10  <div class="wrap">
11      <form>
12          <div class="row">
13              <div class="label">用户名:</div>
14              <div class="elems">
15                  <input type="text" name="username" placeholder="输入您的用户名"/>
16              </div>
17          </div>
18          <div class="row">
19              <div class="label">密码:</div>
20              <div class="elems">
21                  <input type="password" name="password" placeholder="输入您的密码"/>
22              </div>
23          </div>
24          <div class="row">
25              <div class="label">性别:</div>
26              <div class="elems">
27                  <label>男<input type="radio" name="sex" value="男" checked="checked"/></label>
28                  <label>女<input type="radio" name="sex" value="女"/></label>
29              </div>
30          </div>
31          <div class="row">
32              <div class="label">爱好:</div>
33              <div class="elems">
34                  <label>做网页<input type="checkbox" name="likes" value="1" selected="selected"/></label>
35                  <label>写样式<input type="checkbox" name="likes" value="2"/></label>
36                  <label>编脚本<input type="checkbox" name="likes" value="3"/></label>
37              </div>
38          </div>
39          <div class="row">
40              <div class="label">个人简介:</div>
41              <div class="elems">
42                  <textarea name="desc" placeholder="输入您的个人简介信息"></textarea>
43              </div>
44          </div>
45          <div class="row">
46              <div class="label"></div>
47              <div class="elems">
48                  <button type="submit">提 交</button>
49                  <button type="reset">重 置</button>
```

229

```
50              </div>
51            </div>
52         </form>
53    </div>
54  </body>
55  </html>
```

2）案例样式代码

CSS 文件位置为/assets/css/demo-10-div-form.css，代码如下：

```
01  div.wrap {
02       margin:0 auto;
03       width:700px;                    /* 表格外层容器指定宽度:700px */
04       padding:20px 0px;
05       overflow-x:auto;
06       border:1px solid red;
07  }
08  div.row {                           /* 每行设置上下外边距,清除浮动 */
09       margin:6px 0px;
10       clear:both;
11  }
12  div.label {
13       float:left;                     /* 每行的左侧 div 向左浮动 */
14       text-align:right;               /* 每行的左侧 div 文本靠右对齐 */
15       /* 每行的左侧 div,在水平方向上:宽度 + 左右边距 = 180px */
16       width:164px;
17       padding:8px;
18       /* 每行的左侧 div 设置文本样式 */
19       font-weight:bold;
20       color:#666;
21       font-size:12px;
22       /* 每行的左侧 div 设置文本垂直居中 */
23       height:30px;
24       line-height:30px;
25  }
26  div.elems {
27       float:right;                    /* 每行的右侧 div 向右浮动 */
28       text-align:left;                /* 每行的右侧 div 文本靠左对齐 */
29       /* 每行的右侧 div,在水平方向上:宽度 + 左右边距 = 620px */
30       /* 每行左侧 div 总宽度 + 每行右侧总宽度正好 = 700px */
31       width:504px;
32       padding:8px;
33       /* 每行的右侧 div 设置文本样式,行距 */
34       color:#666;
35       font-size:12px;
36       line-height:30px;
37  }
38  div.elems input[type="text"],div.elems input[type="password"]{
39       /* 设置文本框和密码框样式 */
40       font-size:12px;
41       width:300px;
```

```
42      height:30px;
43      padding:4px;
44 }
45 div.elems input[type = "radio"],div.elems input[type = "checkbox"]{
46      /* 设置单选按钮和复选框垂直居中 */
47      vertical - align:middle;
48 }
49 div.elems textarea {                      /* 设置文本域的样式 */
50      font - size:12px;
51      line - height:180 % ;
52      padding:4px;
53      width:300px;
54      height:100px;
55 }
56 div.elems button {                        /* 设置按钮样式 */
57      width:80px;
58      height:26px;
59      font - size:12px;
60 }
```

3）页面效果

本案例的页面实现效果如图 6.10 所示。

图 6.10　div 布局的表单设计案例效果图

3. 案例设计要点

（1）可将表单元素嵌入到 div 布局的结构中。

（2）每一个表示行的 div 下面嵌套两个 div，第一个 div 作为表单元素的标签信息，统一设置文本居右对齐，第二个 div 中嵌套表单元素。

（3）每一个表示行的 div 下面的两个 div 分别设置左浮动和右浮动，让它们呈现在一行，同时作为行的每一个 div 需要设置清除浮动属性。

（4）文本框、密码框、文本域可以使用 placeholder 属性，在框内显示输入提示信息。

（5）使用 vertical-align 属性设置单选按钮和复选框垂直居中。

（6）使用 label 标签包裹单选按钮和复选框，增加单选按钮和复选框的单击识别选中区域。

6.2.8 导航设计案例

一个网站往往由成百上千个页面组成，要想让用户高效地找到自己需要的页面，导航设计是必不可少的。几乎在所有页面都可以看到用于页面导航的元素。导航是一组超链接，分别链接到不同的页面，在设计中往往使用无序列表将这些导航链接组织起来。实际页面中则存在着各种各样的导航设计，本节介绍一些常用的导航设计案例。

【例 6-11】 横向一级导航设计案例

1. 案例说明

横向一级导航菜单常用于页面较少的网站首页，提供到各个子栏目页面的导航链接。

2. 案例代码与效果

1）HTML 代码

HTML 文件位置为/demo-11-horizontal-one-level-nav.html，代码如下：

```
01 <!DOCTYPE html>
02 <html>
03 <head>
04     <meta charset = "utf-8"/>
05     <title>demo-11-horizontal-one-level-nav(横向一级导航设计案例)</title>
06     <link href = "./assets/css/common.css" type = "text/css" rel = "stylesheet"/>
07     <link href = "./assets/css/demo-11-horizontal-one-level-nav.css" type = "text/css" rel = "stylesheet"/>
08 </head>
09 <body>
10     <div id = "nav">
11         <ul>
12             <li><a href = "#">首 页</a></li>
13             <li><a href = "#">通知公告</a></li>
14             <li><a href = "#">招聘信息</a></li>
15             <li><a href = "#">就业新闻</a></li>
16             <li><a href = "#">就业指导</a></li>
17             <li><a href = "#">就业政策</a></li>
18             <li><a href = "#">下载中心</a></li>
19             <li><a href = "#">在线留言</a></li>
20             <li><a href = "#">联系我们</a></li>
21         </ul>
22     </div>
23 </body>
24 </html>
```

2）案例样式代码

CSS 文件位置为/assets/css/demo-11-horizontal-one-level-nav. css，代码如下：

```
01  #nav { /* 导航菜单 div 设置 */
02      /* 导航菜单 div 水平居中 */
03      width:973px;
04      margin:0 auto;
05      /* 导航菜单 div 内文本垂直居中 */
06      height:34px;
07      line-height:34px;
08      /* 设置导航 div 的背景图片,文本颜色 */
09      background:url(../imgs/nav_bg.jpg) no-repeat;
10      color:#fff;
11      text-align:center;
12  }
13  /* 所有的列表项向左浮动 */
14  #nav ul li { float:left; }
15  #nav ul li a {
16      /* 超链接转换为区块,设置尺寸 */
17      display:block;
18      width:108px;
19      height:34px;
20      /* 设置高度、宽度、行高、字体等文本属性 */
21      font-family:"微软雅黑";
22      font-size:13px;
23      font-weight:bold;
24      text-align:center;
25      text-decoration:none;
26      color:#fff;
27      /* 设置分隔线背景图片,一幅小竖条状的图片,在超链接区块的最右侧,上下居中 */
28      background:url(../imgs/nav_fgx.png) no-repeat center right;
29  }
30  /* 最后一个列表项的菜单链接不需要分隔线背景图片 */
31  #nav ul li:last-child a { background:none; }
32  /* 鼠标移动到超链接上时的样式设置 */
33  #nav ul li a:hover { color:#f60; text-decoration:underline; }
```

3）图片资源

本案例使用到的图片有两幅，分别为/assets/imgs/nav_bg. jpg 和/assets/imgs/nav_fgx. png。

4）页面效果

本案例的页面实现效果如图 6.11 所示。

图 6.11　横向一级导航设计案例效果图

3. 案例设计要点

（1）在列表的列表项中嵌套超链接构建横向一级导航菜单。

（2）在导航 div 上设置一幅背景图片。

（3）将所有列表项设置统一的大小，然后统一设置向左浮动，让它们浮动在一行内。

（4）将超链接转换为与列表项一样大小的区块。

（5）不要忘记设置链接文本在已转换为区块的超链接中水平居中和垂直居中的效果。

（6）给每个超链接设置一幅分隔竖线的背景图片，位置在其最右侧部位。

（7）将最后一个列表项中的导航菜单链接的背景分隔竖线去除。

（8）最后不要忘记设置超链接的 hover 属性。

【例 6-12】 横向二级导航之 CSS 实现案例

1. 案例说明

网站页面较多，每个子栏目或者分类下又有许多栏目或专题，仅用一级导航已不能满足对页面的导航需求，因此出现了二级导航。具有二级导航的菜单首先只能看到一级导航菜单，当鼠标移动到某个包含子菜单的一级菜单项时，二级菜单则显示出来；鼠标移出一级菜单项时，二级菜单则又隐藏起来。设计二级导航（甚至是多级导航）时一般采用无序列表的嵌套结构。

2. 案例代码与效果

1）HTML 代码

HTML 文件位置为/demo-12-horizontal-two-level-nav-css.html，代码如下：

```
01  <!DOCTYPE html>
02  <html>
03  <head>
04      <meta charset = "utf - 8"/>
05      <title>demo - 12 - horizontal - two - level - nav - css(横向二级导航之 CSS 实现案例)</title>
06      <link href = "./assets/css/common.css" type = "text/css" rel = "stylesheet"/>
07      <link href = "./assets/css/demo - 12 - horizontal - two - level - nav - css.css" type = "text/css" rel = "stylesheet"/>
08  </head>
09  <body>
10      <ul class = "nav">
11          <li><a href = "#">首页</a></li>
12          <li><a href = "#">学院概况</a>
13              <ul>
14                  <li><a href = "#">学院介绍</a></li>
15                  <li><a href = "#">学院领导</a></li>
16                  <li><a href = "#">机构设置</a></li>
17              </ul>
18          </li>
19          <li><a href = "#">师资队伍</a>
20              <ul>
21                  <li><a href = "#">系别</a></li>
22                  <li><a href = "#">职称</a></li>
23              </ul>
```

```
24          </li>
25          <li>
26              <a href="#">学术科研</a>
27              <ul>
28                  <li><a href="#">科研项目</a></li>
29                  <li><a href="#">科研成果</a></li>
30                  <li><a href="#">学术活动</a></li>
31              </ul>
32          </li>
33          <li>
34              <a href="#">人才培养</a>
35              <ul>
36                  <li><a href="#">本科生教学</a></li>
37                  <li><a href="#">研究生教学</a></li>
38              </ul>
39          </li>
40          <li>
41              <a href="#">党建园地</a>
42              <ul>
43                  <li><a href="#">组织机构</a></li>
44                  <li><a href="#">通知公告</a></li>
45                  <li><a href="#">党建资料</a></li>
46              </ul>
47          </li>
48      </ul>
49 </body>
50 </html>
```

2）案例样式代码

CSS 文件位置为/assets/css/demo-12-horizontal-two-level-nav-css.css,代码如下:

```
01 /* 设置导航条背景图片,尺寸大小和水平居中 */
02 ul.nav {
03      background: url("../imgs/nav2_bg.jpg") repeat-x 0px 0px;
04      margin: 0px auto;
05      width: 528px;
06      height: 31px;
07      text-align:center;
08 }
09 /* 使用子选择器选中一级列表项 */
10 ul.nav > li {
11      float: left;            /* 一级导航菜单列表项 li 向左浮动,呈现在一行 */
12      position: relative;     /* 一级导航菜单列表项 li,设置为相对定位,但不设置偏移量 */
13      /* 设置背景图片分隔线 */
14      background: url("../imgs/nav2_fgx.jpg") no-repeat left center;
15 }
16 /* 去掉第一个一级列表项的背景图片分隔线 */
17 ul.nav > li:first-child { background: none; }
18 /* 使用子选择器选中一级列表项下的直接子元素 a,即一级导航链接 */
19 ul.nav > li > a {
20      /* 链接转换为区块,设置尺寸 */
```

```
21    display: block;
22    width: 88px;
23    height: 31px;
24    line - height: 31px;              /* 链接内文本垂直居中 */
25    text - align: center;            /* 链接内文本水平居中 */
26    /* 设置链接内文本的颜色、字体大小 */
27    color: #fff;
28    font - size: 13px;
29 }
30 /* 一级导航链接的 hover 效果,切换背景图片 */
31 ul.nav > li > a:hover {
32    background: url("../imgs/nav2_ahover.jpg") no - repeat center 0px;
33 }
34 /* 选中所有嵌套的二级 ul 列表 */
35 ul.nav > li ul {
36    display:none;                     /* 设置初始隐藏 */
37    /* 使用绝对定位将二级导航 ul 区块显示在一级导航列表项的下方 */
38    position: absolute;
39    top: 29px;
40    z - index: 999;                  /* 二级导航 ul 区块显示在较高的层 */
41 }
42 /* 选中二级导航 ul 中的导航链接,即二级导航链接 */
43 ul.nav > li ul li a {
44    /* 链接转换为区块,设置尺寸 */
45    display: block;
46    width: 88px;
47    height: 27px;
48    line - height: 27px;              /* 链接内文本垂直居中 */
49    text - align: center;            /* 链接内文本水平居中 */
50    overflow: hidden;
51    /* 设置文本字体相关属性 */
52    font - size: 12px;
53    font - weight: normal;
54    color: #fff;
55    /* 设置背景颜色及透明度度效果 */
56    background: #0D4D94;
57    opacity: 0.7;                     /* 设置透明度,w3c 标准透明度就是 opacity */
58    filter: alpha(opacity = 70);     /* 透明度设置,filter 只有 IE 才能用,其他浏览器都支持
                                            opacity */
59    - moz - opacity: 0.7;            /* 提供给 mozilla firefox 的 css 属性,用来控制透明度 */
60    - khtml - opacity: 0.7;         /* 这个为了支持一些老版本的 Safari 浏览器 */
61 }
62 /* 选中二级导航链接,设置 hover 效果 */
63 ul.nav > li ul li a:hover {
64    background: #A3CBE8;
65    color: #0D4D94;
66 }
67 /* 鼠标放在一级导航列表上时,二级导航 ul 区块显示出来 */
68 ul.nav > li:hover ul { display: block; }
```

3）图片资源

本案例使用到的图片有三幅，分别为/assets/imgs/nav2_bg.jpg、/assets/imgs/nav2_fgx.jpg 和/assets/imgs/nav2_ahover.jpg。

4）页面效果

本案例的页面实现效果如图6.12所示。

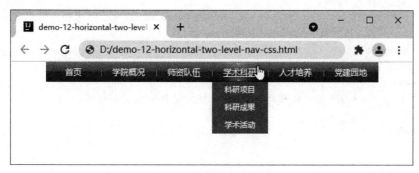

图 6.12　横向二级导航之 CSS 实现案例效果图

3. 案例设计要点

（1）HTML 采用无序列表的嵌套结构实现。

（2）初始时将所有嵌套的二级导航列表 ul 通过 display 属性设置为隐藏。

（3）在导航 ul 上设置一幅背景图片。

（4）二级导航菜单隐藏后，参考设计横向一级导航菜单的思路先把一级导航菜单样式设计好。

（5）注意一级导航菜单列表项 li 需要设置为相对定位，但不设置偏移量。

（6）当鼠标放在一级导航的列表项 li 上的时候，通过设置 CSS 的 hover 样式将嵌套的二级导航列表显示出来，并且通过绝对定位，设置适当的偏移量将二级导航列表 ul 定位到一级导航菜单的下面进行显示。

（7）最后对二级导航列表 ul 及其内部元素结构设计显示样式。

【例 6-13】　横向二级导航之 jQuery 实现案例

1. 案例说明

例 6-12 中使用 CSS 实现的二级导航的显示隐藏是通过 CSS 的 hover 伪类样式实现的，二级导航菜单从隐藏到显示或者从显示到隐藏都是瞬间完成的。本案例将使用 jQuery 完成二级导航菜单的显示隐藏，它是具有动画效果的。

2. 案例代码与效果

1）HTML 代码

HTML 文件位置为/demo-13-horizontal-two-level-nav-jQuery.html，本案例 body 内所有代码与例 6-12 中的完全相同，代码如下：

```
01 <!DOCTYPE html>
02 <html>
03 <head>
```

```
04        < meta charset = "utf - 8"/>
05        < title > demo - 13 - horizontal - two - level - nav - jQuery(横向二级导航之 jQuery 实现案
    例)</title>
06        < link href = "./assets/css/common.css" type = "text/css" rel = "stylesheet"/>
07        < link href = "./assets/css/demo - 13 - horizontal - two - level - nav - jQuery.css" type =
    "text/css" rel = "stylesheet"/>
08        <!-- 导入 jQuery 库 -->
09        < script type = "text/javascript" src = "./assets/js/jquery - 3.6.0.min.js"></script>
10        <!-- 导入本案例 JavaScript 代码 -->
11        < script type = "text/javascript" src = "./assets/js/demo - 13.js"></script>
12  </head>
13  < body >
14        <!-- body 内所有 HTML 代码与例 6 - 12 中的完全相同,此处省略 -->
15        <!-- ... -->
16  </body>
17  </html>
```

2）案例样式代码

CSS 文件位置为/assets/css/demo-13-horizontal-two-level-nav-jQuery.css,本案例样式代码参考例 6-12,仅仅删除了最后一行代码:

```
01  /* 本案例样式代码参考例 6 - 12,仅仅删除了最后一行代码 */
02  /* 以下是删除的代码 */
03  ul.nav > li:hover ul { display: block;}
```

3）图片资源

本案例使用到的图片有三幅,分别为/assets/imgs/nav2_bg.jpg、/assets/imgs/nav2_fgx.jpg 和/assets/imgs/nav2_ahover.jpg。

4）脚本代码

JavaScript 代码使用了 jQuery 框架,因此需要先在 HTML 页面中导入 jQuery 库,jQuery 库位置为/assets/js/jquery-3.6.0.min.js。本案例编写的 JavaScript 代码文件位置为/assets/js/demo-13.js,代码如下:

```
01  $ (document).ready(function () {          // 文档就绪后执行
02        $ ("ul.nav > li").hover(            // 选中所有一级导航列表项 li,统一绑定 hover 事件
03          function(){                       // 鼠标移动时的执行脚本
04              // 当前一级列表项 li 下的 ul 动画停止,然后重新执行显示动画
05              $ (this).children('ul').stop(true,true).show(300);
06          },function(){
07              // 当前一级列表项 li 下的 ul 动画停止,然后重新执行隐藏动画
08              $ (this).children('ul').stop(true,true).hide(300);
09          }
10        );
11  });
```

5）页面效果

本案例的页面实现效果如图 6.13 所示,图中所示的二级导航正在执行显示动画的过程中,二级菜单尚未完全显示出来。

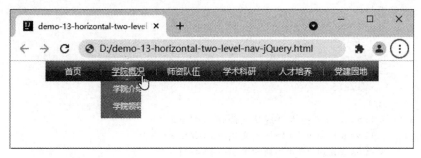

图 6.13 横向二级导航之 jQuery 实现案例效果图

3. 案例设计要点

（1）HTML 采用无序列表的嵌套结构实现。

（2）二级导航的样式设计思路如同例 6-12，但是二级导航列表的隐藏显示动作通过 jQuery 事件绑定程序实现。

（3）使用 jQuery 框架首先要把框架代码导入到页面。

（4）在 HTML 代码之后编写 jQuery 代码，或者将 jQuery 代码写在外部 JS 文件中然后导入到页面。不管何种方式，一定要保证自己编写的代码在导入 jQuery 框架之后。

（5）页面既引用了 CSS，又引用了 JS，一般先导入 CSS 文件，然后导入 JS 文件。

【例 6-14】 纵向树形菜单导航设计案例

1. 案例说明

树形菜单常见于侧边栏导航的设计，树形菜单可以设计多层级。

2. 案例代码与效果

1）HTML 代码

HTML 文件位置为/demo-14-vertical-tree-view-nav. html，代码如下：

```
01 <!DOCTYPE html>
02 <html>
03 <head>
04     <meta charset="utf-8"/>
05     <title>demo-14-vertical-tree-view-nav(纵向树形菜单导航设计案例)</title>
06     <link href="./assets/css/common.css" type="text/css" rel="stylesheet"/>
07     <link href="./assets/css/demo-14-vertical-tree-view-nav.css" type="text/css" rel="stylesheet"/>
08 </head>
09 <body>
10     <ul class="nav-side">
11         <li>
12             <a href="#">产品</a>
13             <ul>
14                 <li><a href="#">三相异步电机检测系统</a></li>
15                 <li><a href="#">PLC远程监控系统</a></li>
16                 <li><a href="#">TCBMES系统</a></li>
17             </ul>
18         </li>
```

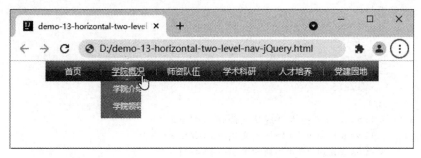

```
19        < li >
20            < a class = "on" href = " # ">解决方案</a>
21            < ul >
22                < li >< a href = " # ">工业互联网解决方案</a></li>
23                < li >< a href = " # ">物联网解决方案</a></li>
24            </ul>
25        </li>
26        < li >< a href = " # ">成功案例</a></li>
27        < li >< a href = " # ">技术文档</a></li>
28        < li >< a href = " # ">新闻聚焦</a></li>
29    </ul>
30 </body>
31 </html>
```

2）案例样式代码

CSS 文件位置为/assets/css/demo-14-vertical-tree-view-nav.css，代码如下：

```
01 .nav - side {
02     margin: 15px auto;                 /* ul 水平居中 */
03     width:260px;
04     list - style - type: none;
05     text - align:left;
06     border: 1px solid # EEE;
07     background: # FEFEFE;
08 }
09 .nav - side > li > a {
10     display: block;                   /* 一级导航链接转换为区块处理 */
11     border - bottom: 1px solid # EEE;  /* 设置一个底部边框线,颜色非常浅 */
12     /* 设置链接文本的垂直居中 */
13     height: 45px;
14     line - height: 45px;
15     /* 设置链接文本的字体文本属性 */
16     font - size: 16px;
17     font - family: "Microsoft YaHei";
18     font - weight: normal;
19     color: # 444;
20     text - indent: 32px;              /* 设置链接文本的缩进 */
21 }
22 /* 选中 class 为 on 的一级菜单链接,表示页面当前所属的分类 */
23 .nav - side > li > a.on { font - weight: bold;background: # DFDEED;}
24 /* 设置一级导航链接的 hover 样式 */
25 .nav - side > li > a:hover { background: # DFDFDF; text - decoration: none; }
26 /* 二级导航 ul 设置一个底部边框线,颜色非常浅 */
27 .nav - side > li > ul { border - bottom: 1px solid # EEE; }
28 /* 二级导航链接设置 */
29 .nav - side > li > ul li a {
30     display: block;                   /* 二级导航链接转换为区块处理 */
31     /* 设置链接文本的垂直居中 */
32     height: 36px;
33     line - height: 36px;
34     font - size: 14px;                /* 设置链接文本字体大小 */
```

```
35      text - indent: 56px;                  /* 设置链接文本缩进,比一级导航链接缩进更多 */
36      color: #666;
37      /* 设置背景图片,类似于项目符号 */
38      background: #FFF url("../imgs/xjt.png") no - repeat 32px center;
39    }
40    .nav - side > li > ul li a:hover {
41      background: #EEE url("../imgs/xjt.png") no - repeat 32px center;
42    }
```

3) 图片资源

本案例使用的小箭头图片所在位置为/assets/imgs/xjt.png。

4) 页面效果

本案例的页面实现效果如图 6.14 所示。

图 6.14 纵向树形导航菜单设计案例效果图

3. 案例设计要点

(1) 本例为二级树形菜单的结构,通过无序列表 ul 的嵌套实现。

(2) 样式设置中考虑一级菜单和二级菜单的区分,二级菜单列表项目符号使用一幅小箭头背景图片作为列表符号,并整体缩进。

(3) 实际应用中需要标识当前页面对应的菜单项,可以通过设置一个灰度的背景颜色或者设置不同的字体颜色来标识。

【例 6-15】 手风琴菜单设计案例

1. 案例说明

手风琴菜单通过对二级树形菜单的改进来实现,首先隐藏所有二级导航菜单,然后单击某个一级导航菜单链接时让其他的二级导航菜单收回,让这个被单击的一级菜单对应的二级菜单展开,实现类似手风琴的效果。本案例使用 jQuery 代码实现。

2. 案例代码与效果

1) HTML 代码

HTML 文件位置为/demo-15-accordion-nav-jQuery.html。本案例 body 内所有代码与例 6-14 中的完全相同,代码如下:

```
01 <!DOCTYPE html>
02 <html>
03 <head>
04     <meta charset="utf-8"/>
05     <title>demo-15-accordion-nav-jQuery(手风琴菜单设计案例)</title>
06     <link href="./assets/css/common.css" type="text/css" rel="stylesheet"/>
07     <link href="./assets/css/demo-15-accordion-nav-jQuery.css" type="text/css"
   rel="stylesheet"/>
08     <script type="text/javascript" src="./assets/js/jquery-3.6.0.min.js"></script>
09     <script type="text/javascript" src="./assets/js/demo-15.js"></script>
10 </head>
11 <body>
12     <!-- body 内所有 HTML 代码与例 6-14 中的完全相同,此处省略 -->
13     <!-- ... -->
14 </body>
15 </html>
```

2) 案例样式代码

CSS 文件位置为/assets/css/demo-15-accordion-nav-jQuery.css。本案例样式代码参考例 6-14,仅仅增加了最后一行代码,用于初始时将所有二级导航 ul 进行隐藏,如下所示:

```
01 /* 本案例样式代码参考例 6-14,仅仅增加了最后一行代码 */
02 /* 以下是增加的代码 */
03 .nav-side > li > ul {display:none}
```

3) 图片资源

本案例使用的小箭头图片所在位置为/assets/imgs/xjt.png。

4) 脚本代码

JavaScript 代码使用了 jQuery 框架,因此需要先在 HTML 页面中导入 jQuery 库,jQuery 库位置为/assets/js/jquery-3.6.0.min.js。本案例编写的 JavaScript 代码文件位置为/assets/js/demo-15.js,代码如下:

```
01 $(document).ready(function () {
02     $(".nav-side > li > a").click(function () {    // 一级导航链接单击事件
03         // 执行流程:
04         // $(this) → 当前链接 a
05         // .parent → 找到父节点,是一级列表项 li
06         // .siblings() → 找到所有其他兄弟一级列表项 li
07         // .children("a") → 找到所有其他兄弟一级列表项 li 下的所有超链接
08         // .removeClass("on") → 移除 class 类"on"
09         // .next("ul").slideUp() → 继续找到其后所有节点 ul,把它们全部隐藏
10         $(this).parent().siblings().children("a").removeClass("on")
11             .next("ul").slideUp(300);
12         // 执行流程
13         // $(this) → 当前链接(a)
14         // addClass("on") → 添加 class 类"on"
15         // .next("ul").show(300) → 找到位于其后的节点 ul,动画显示出来
16         $(this).addClass("on")
17             .next("ul").slideDown(3300);
```

```
18    });
19 });
```

5）页面效果

本案例的页面实现效果如图 6.15 所示,图中所示的二级导航正在执行展开动画。

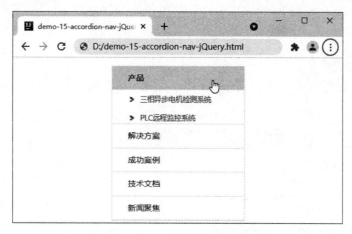

图 6.15 手风琴菜单设计案例效果图

3. 案例设计要点

（1）HTML 仍采用无序列表嵌套结构。

（2）样式设计说明参见例 6-14,本例中初始时将所有二级导航 ul 进行了隐藏。

（3）本案例使用了 jQuery 的链式操作,请按照代码注释仔细分析和理解每一步的动作。

【例 6-16】 分页导航设计案例

1. 案例说明

分页导航常用于文章列表或者数据表格的分页设计。

2. 案例代码与效果

1）HTML 代码

HTML 文件位置为/demo-16-page-nav.html,代码如下:

```
01 <! DOCTYPE html>
02 <html>
03 <head>
04    <meta charset = "utf-8"/>
05    <title>demo-16-page-nav(分页导航设计案例)</title>
06    <link href = "./assets/css/common.css" type = "text/css" rel = "stylesheet"/>
07    <link href = "./assets/css/demo-16-page-nav.css" type = "text/css" rel =
   "stylesheet"/>
08 </head>
09 <body>
10    <div class = "page-nav">
11        <a href = "#">上一页</a>
12        <a href = "#">1</a>
```

```
13          < a href = " # " > 2 </a>
14          < a class = "current - nav" href = " # " > 3 </a>
15          < a href = " # " > 4 </a>
16          < a href = " # " > 5 </a>
17          < a href = " # " > 下一页 </a>
18      </div>
19  </body>
20  </html>
```

2) 案例样式代码

CSS 文件位置为/assets/css/demo-16-page-nav.css，代码如下：

```
01  .page - nav a {                  /* 分页超链接导航基本样式 */
02      display: inline - block;      /* 转换为内联块 */
03      margin: 5px 0px;
04      padding: 2px 8px;
05      font - size: 12px;
06      font - family: "Microsoft Yahei";
07      color: #565656;
08      border: 1px solid #D2D2D2;
09      text - align: center;
10  }
11  .page - nav a:hover {            /* 分页超链接导航 hover 样式 */
12      text - decoration: none;
13      color: red;
14      background: #EEE;
15      border: 1px solid #E2723B;
16  }
17  .page - nav a. current - nav {   /* 当前选中页超链接样式 */
18      color:red;
19      background: #EEE;
20      border:1px solid #E2723B;
21  }
```

3) 页面效果

本案例的页面实现效果如图 6.16 所示。

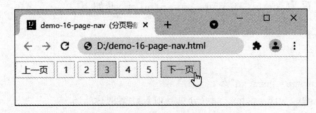

图 6.16 分页导航设计案例效果图

3. 案例设计要点

(1) 将分页超链接转换为块级元素或者内联块元素，并设置其基本样式。

(2) 根据需要设置分页超链接导航的 hover 样式。

(3) 最后设置当前选中页的超链接样式，一般和 hover 样式设置一致。

【例 6-17】 面包屑导航设计案例

1. 案例说明

面包屑导航常用于网站二级页面、三级页面等层次较深的页面,用于按照网站垂直层级结构进行页面导航。

2. 案例代码与效果

1) HTML 代码

HTML 文件位置为/demo-17-bread-nav.html,代码如下:

```
01  <!DOCTYPE html>
02  <html>
03  <head>
04      <meta charset = "utf - 8"/>
05      <title>demo - 17 - bread - nav(面包屑导航设计案例)</title>
06      <link href = "./assets/css/common.css" type = "text/css" rel = "stylesheet"/>
07      <link href = "./assets/css/demo - 17 - bread - nav. css" type = "text/css" rel =
    "stylesheet"/>
08  </head>
09  <body>
10      <div class = "bread - nav">
11          <a href = "#">首页</a>
12          <span> &gt; </span>
13          <a href = "#"> 我的校园</a>
14          <span> &gt; </span>
15          <a href = "#">安全设施</a>
16      </div>
17  </body>
18  </html>
```

2) 案例样式代码

CSS 文件位置为/assets/css/demo-17-bread-nav.css,代码如下:

```
01  .bread - nav {
02      margin: 1px;
03      padding - left: 14px;
04      height: 32px;
05      line - height: 32px;
06      color: #777;
07      border - bottom: 1px solid #EEE;
08      font - size: 12px;
09  }
10  .bread - nav a {
11      color: #337ab7;
12  }
13  .bread - nav a:hover {
14      text - decoration: underline;
15  }
```

3) 页面效果

本案例的页面实现效果如图 6.17 所示。

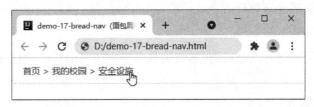

图 6.17　面包屑导航设计案例效果图

3. 案例设计要点

（1）面包屑导航链接在一行内，一般不再需要转换为区块。

（2）导航链接之间需要有某种分隔符（例如>、>>、/等）或小图片隔开，表示页面的层级递进关系。

（3）当前页一定是最后一个超链接。

6.2.9　新闻列表设计案例

【例 6-18】　新闻列表设计案例

1. 案例说明

新闻列表常用于网站首页显示某个类别（栏目）中最新的几条新闻或文章的列表，可以直接从首页导航到新闻或文章详情页面。同时还需要部署类似"更多…"的导航链接，让用户能够快速进入找到该栏目所有新闻或者文章的分页列表页面。

2. 案例代码与效果

1）HTML 代码

HTML 文件位置为/demo-18-summary-article-list. html，代码如下：

```
01 <!DOCTYPE html>
02 <html>
03 <head>
04     <meta charset = "utf-8"/>
05     <title>demo-18-summary-article-list(新闻列表设计案例)</title>
06     <link href = "./assets/css/common.css" type = "text/css" rel = "stylesheet"/>
07     <link href = "./assets/css/demo-18-summary-article-list.css" type = "text/css"
    rel = "stylesheet"/>
08 </head>
09 <body>
10 <div class = "summary-list-wrap">
11     <div class = "summary-list">
12         <div class = "summary-titlebar">
13             <span class = "summary-title">安全设施</span>
14             <span class = "summary-link pull-right">
15                 <a href = "#">更多...</a>
16             </span>
17         </div>
18         <div class = "box-wrap">
19             <div class = "paragraph">
```

```
20              < div class = "img - right">
21                  < img src = "./assets/imgs/aqss.jpg" width = "100" height = "133"/>
22              </div>
23          </div>
24          < div class = "list - box">
25              < ul>
26                  < li>
27                      < a href = "#">部署加强校园安 ...</a>
28                      < span class = "pull - right">[2022 - 04 - 08]</span>
29                  </li>
30                  < li>
31                      < a href = "#">校园安全制度</a>
32                      < span class = "pull - right">[2022 - 04 - 08]</span>
33                  </li>
34                  < li>
35                      < a href = "#">校园楼梯扶手防 ...</a>
36                      < span class = "pull - right">[2022 - 04 - 08]</span>
37                  </li>
38                  < li>
39                      < a href = "#">安全设施标准 ...</a>
40                      < span class = "pull - right">[2022 - 04 - 08]</span>
41                  </li>
42                  < li>
43                      < a href = "#">校园安全设施</a>
44                      < span class = "pull - right">[2022 - 03 - 08]</span>
45                  </li>
46              </ul>
47          </div>
48      </div>
49  </div>
50 </div>
51 </body>
52 </html>
```

2）案例样式代码

CSS 文件位置为/assets/css/demo-18-summary-article-list.css,代码如下：

```
01 .pull - right { float:right; }
02 .img - right {
03      display:inline - block;
04      padding:0 0 5px 8px;
05      float:right;
06 }
07 .summary - list - wrap{
08      width:400px;                    / * 根据需要自行修改 * /
09      float:left;                     / * 根据需要自行修改 * /
10 }
11 .summary - list {
12      height:200px;                   / * 根据需要自行修改 * /
13      margin:1px;
14      padding:1px;
```

```
15      border:1px solid #D2D2D2;
16  }
17  .summary-titlebar {
18      margin:1px;
19      padding:0px 20px;
20      height:32px;
21      line-height:32px;
22      background:#F9EEDC;
23  }
24  .summary-title {
25      color:#565656;
26      font-size:14px;
27      font-weight:bold;
28      font-family:"微软雅黑";
29  }
30  .summary-link a{
31      color:#565656;
32      font-size:11px;
33      font-family:"微软雅黑";
34  }
35  .summary-link a:hover {
36      color:#E2723B;
37      text-decoration:none;
38  }
39  .box-wrap {
40      padding:10px 21px;          /* 根据需要自行修改 */
41  }
42  .summary-list .paragraph p {
43      margin-bottom:0px;
44  }
45  .list-box ul li {
46      height:28px;
47      line-height:28px;
48      text-indent:15px;
49      background:url(../imgs/listitem.png) no-repeat left 8px;
50  }
51  .list-box ul li a {
52      color:#565656;
53      font-size:13px;
54  }
55  .list-box ul li a:hover {
56      color:#E2723B;
57      text-decoration:none;
58  }
59  .list-box ul li span {
60      color:#777;
61      font-size:12px;
62  }
```

3) 图片资源

本案例使用到的图片有两幅,分别为/assets/imgs/aqss.jpg 和/assets/imgs/listitem.png。

4）页面效果

本案例的页面实现效果如图 6.18 所示。

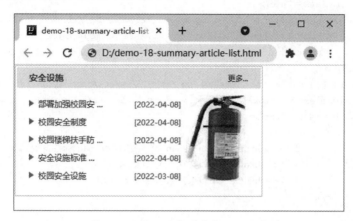

图 6.18　新闻列表设计案例效果图

3．案例设计要点

（1）对于样式的综合应用，可以提取一些常用的样式封装在一个 class 类里，将其放在公共样式表中，在需要给元素设置该样式的时候直接通过设置对应的 class 属性实现。例如可定义样式.pull-right{float:right;}，页面设计中需要让元素向右浮动时给元素设置 class 样式类 pull-right 属性即可。

（2）新闻列表项的项目符号可以使用美观的背景图片来实现。

6.2.10　焦点图切换案例

【例 6-19】　焦点图切换设计案例

1．案例说明

网页设计中经常使用类似幻灯片播放时的图片切换效果，借助于 jQuery 框架更易于实现此类效果。

2．案例代码与效果

1）HTML 代码

HTML 文件位置为/demo-19-focusBox.html，代码如下：

```
01 <!DOCTYPE html>
02 <html>
03 <head>
04     <meta charset = "utf-8"/>
05     <title>demo-19-focusBox(焦点图切换设计案例)</title>
06     <link href = "./assets/css/common.css" type = "text/css" rel = "stylesheet"/>
07     <link href = "./assets/css/demo-19-focusBox.css" type = "text/css" rel = "stylesheet"/>
08     <script type = "text/javascript" src = "./assets/js/jquery-3.6.0.min.js"></script>
09     <script type = "text/javascript" src = "./assets/js/demo-19.js"></script>
10 </head>
11 <body>
```

```
12 < div class = "focusBox - wrap">
13      < div class = "focusBox">
14          < ul class = "pic">
15              < li >< a href = "#">< img src = "./assets/imgs/xf. png" /></a></li>
16              < li >< a href = "#">< img src = "./assets/imgs/jt. png" /></a></li>
17              < li >< a href = "#">< img src = "./assets/imgs/xyd. jpg" /></a></li>
18          </ul>
19          < div class = "arrow - left">< img src = "./assets/imgs/arrow_left. png"></div>
20          < div class = "arrow - right">< img src = "./assets/imgs/arrow_right. png"></div>
21          < div class = "txt">
22              < ul >
23                  < li >< a href = "#">< span >关注消防</span></a></li>
24                  < li >< a href = "#">文明交通</a></li>
25                  < li >< a href = "#">拒绝校园贷</a></li>
26              </ul>
27          </div>
28          < ul class = "num">
29              < li >< a > 1 </a>< span ></span></li>
30              < li >< a > 2 </a>< span ></span></li>
31              < li >< a > 3 </a>< span ></span></li>
32          </ul>
33      </div>
34 </div>
35 </body>
36 </html>
```

2) 案例样式代码

CSS 文件位置为/assets/css/demo-19-focusBox. css,代码如下:

```
01 .focusBox - wrap {
02      width: 380px;                        /* 可根据需要调整 */
03      float: left;                         /* 可根据需要调整 */
04      position: relative;
05      margin: 10px;
06      padding: 1px;
07      border: 1px solid #D2D2D2;
08      overflow: hidden;
09      font: 12px/1.5 Verdana, Geneva, sans - serif;
10      text - align: left;
11      background: white;
12 }
13 .arrow - left{ position:absolute;top:0;left:0;}
14 .arrow - right{position:absolute;top:0;right: 0;}
15 .arrow - left:hover,.arrow - right:hover{cursor: pointer;}
16 .focusBox { height:210px; }              /* 可根据需要调整 */
17 .focusBox .pic img { display: block;width: 380px;}
18 .focusBox .txt {
19      position: absolute;
20      bottom: 0;
21      z - index: 2;
22      height: 36px;
```

```
23      width:380px;                    /* 可根据需要调整 */
24      background: #333;
25      filter: alpha(opacity = 40);
26      opacity: 0.4;
27      overflow: hidden;
28  }
29  .focusBox .txt li {
30      height:36px;
31      line - height:36px;
32      position:absolute;
33      bottom: - 36px;
34  }
35  .focusBox .txt li a {
36      display: block;
37      color: white;
38      padding: 0 0 0 10px;
39      font - size: 12px;
40      font - weight: bold;
41      text - decoration: none;
42  }
43  .focusBox .num {
44      position: absolute;
45      z - index: 3;
46      bottom: 8px;
47      right: 8px;
48      margin - bottom: 0px;
49  }
50  .focusBox .num li{
51      float: left;
52      position: relative;
53      width: 18px;
54      height: 15px;
55      line - height: 15px;
56      overflow: hidden;
57      text - align: center;
58      margin - right: 1px;
59      cursor: pointer;
60  }
61  .focusBox .num li a,.focusBox .num li span {
62      position: absolute;
63      z - index: 2;
64      display: block;
65      color: white;
66      width: 100%;
67      height: 100%;
68      top: 0;
69      left: 0;
70      text - decoration: none;
71  }
72  .focusBox .num li span {
73      z - index: 1;
```

```
74        background: black;
75        filter: alpha(opacity = 50);
76        opacity: 0.5;
77    }
78    .focusBox .num li.on a,.focusBox .num a:hover{background:＃f60;}
```

3）图片资源

本案例使用到的图片有五幅，分别为/assets/imgs/xf. png 和/assets/imgs/jt. png、/assets/imgs/xyd. jpg、/assets/imgs/arrow_left. png 和/assets/imgs/arrow_right. png。

4）脚本代码

JavaScript 代码使用了 jQuery 框架，先在 HTML 页面中导入 jQuery 库，jQuery 库位置为/assets/js/jquery-3. 6. 0. min. js。本案例编写的 JavaScript 代码文件位置为/assets/js/demo-19. js，代码如下：

```
01   $ (document). ready(function () {
02       let current = 0;                                    // 当前轮播图序号
03       let $ _nums = $ (".focusBox .num li");              // 轮播图编号
04       let size = $ _nums. length;                          // 轮播图数量
05       let timer = setInterval(slider, 3500);              // 周期调用,间隔 3500ms
06       function slider() {                                  // 轮播切换函数
07           $ (".focusBox .pic img"). hide(). eq(current). fadeIn(1500);
08           $ (".focusBox .txt li"). stop(). eq(current)
     .animate( {"bottom":0} ). siblings(). animate({"bottom": - 36});     // 标题切换
09           $ _nums. removeClass("on"). eq(current). addClass("on");     // 编号样式切换
10           current = (current + 1) % size;                  // 下一个序号
11       };
12       slider();                                            // 立即调用一次
13       $ (".focusBox"). hover(function () {
14           clearInterval(timer);                            // 鼠标移入图区时停止周期 timer
15       }, function () {
16           timer = setInterval(slider, 3500);               // 鼠标移出图区重新开启 timer
17       });
18       $ _nums. click(function () {                         // 单击轮播图编号执行轮播切换
19           current = $ (this). find("a"). text() - 1;
20           slider();
21       });
22       $ (".arrow - right"). click(function () {            // 单击右侧箭头播放下一幅图
23           $ _nums. eq(current). click();
24       });
25       $ (".arrow - left"). click(function () {             // 单击左侧箭头播放上一幅图
26           $ _nums. eq((current + size - 2) % size). click();
27       });
28   });
```

5）页面效果

本案例的页面实现效果如图 6. 19 所示。

3. 案例设计要点

（1）HTML 结构包括以下几个部分：ul 列表组织的图片集合、ul 列表组织的图片标题

图 6.19 焦点图切换设计案例效果图

集合、ul列表组织的图片序号集合以及左右两侧的箭头图片。

（2）核心方法 slider()实现切换时的动作包括图片的切换、图片标题的切换和图片序号的切换。

（3）使用JavaScript的 setInterval()方法定期调用核心切换方法。

（4）鼠标移动到轮播图区时停止计时器，鼠标移出轮播图区时重新开启计时器。

（5）其他辅助的事件：鼠标单击图片序号时，该序号代表的图片开始播放切换程序；鼠标单击轮播图区左侧箭头时，切换到当前图片的上一幅图片；鼠标单击轮播图区右侧箭头时，切换到当前图片的下一幅图片。

习题 6

1.使用div和CSS设计如图6.20所示的网页布局。

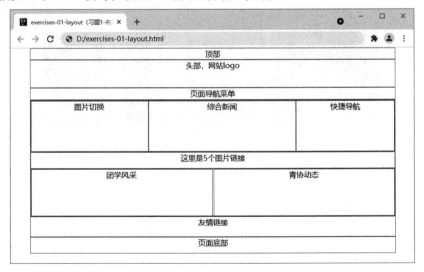

图 6.20 练习1——页面布局效果图

2. 参照例 6-13,使用 CSS 设计一个纵向二级导航菜单,实现如图 6.21 所示效果。

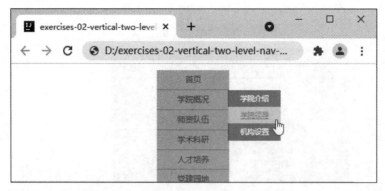

图 6.21　练习 2——纵向二级菜单效果图

3. 使用 div 和 CSS 设计如图 6.22 所示的栏目导航。

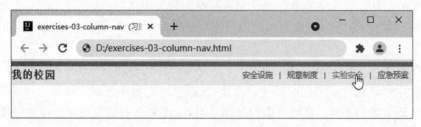

图 6.22　练习 3——栏目导航示例图

4. 如图 6.23 为一幅图片列表,图片个数大于视窗中能够显示的个数。要求单击左侧箭头按钮,图片依次向左循环滑动一个;单击右侧箭头按钮,图片依次向右循环滑动一个。请使用 jQuery 框架实现。

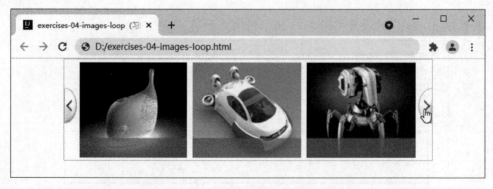

图 6.23　练习 4——图片循环展示效果图

第7章

大学生就业信息网

本章学习目标

- 掌握站点的制作与管理
- 掌握模板的制作与使用
- 掌握大学生就业信息网的设计与制作

网站的类型很多,每种类型的网站功能上既有重叠的部分,也有各自的侧重点,有的侧重于查询功能,有的侧重于交互功能,有的侧重于信息的发布与共享。本章设计一个主要侧重于信息发布与共享的大学生就业信息网站,将从网站的规划、页面结构的设计与实现等几方面进行介绍。

7.1 网站规划与设计

网站规划是指在制作网站之前确定网站的目的和功能,并根据网站的功能对内容及解决方案进行规划。网站规划和设计是网站建设的基础,规划和设计的好坏直接影响到整个网站建设的成败。一个好的网站规划能够使网站建设顺利地开展,也能够使网站便于运营和维护。

7.1.1 网站目的与定位

近几年随着高校毕业生人数的持续上升,传统的就业工作模式已无法满足社会和高校人才培养发展的需要。大学生就业信息网站的主要目的是利用网络技术和学校就业指导处的资源,采取网上服务和网下服务相结合的方式,努力从根本上解决供求信息不对称的问题。网站将主要围绕毕业生、用人单位和高校的需要,开展多种就业服务,提升高校就业指导服务水平,促进毕业生就业。

网站的基本定位是高校主办的、以就业需求为导向的、具有示范带动作用的公共服务就业平台,其最终建设目标是集信息发布共享、在线留言、下载中心等功能为一体的就业服务平台。学校可以通过此平台进行就业动态信息发布、就业状况跟踪调查及提供就业指导服务等,企业可以发布招聘与宣传信息,学生可以获取与就业相关的政策法规,及时、便捷地查看企业的招聘需求等。

7.1.2 网站内容规划与技术方案

1. 网站内容规划

从功能上划分,大学生就业信息网站的内容包括信息发布模块、留言模块、登录模块和相关服务模块这四个部分。

1) 信息发布模块

信息发布模块主要包括以下目录。

(1) 通知公告:学校发布的与就业相关的通知信息。

(2) 招聘信息:由企、事业单位登录后发布的招聘信息,或者由学校就业指导处从网上摘录的相关的企业招聘信息。

(3) 就业新闻:学校发布的与就业相关的新闻动态。

(4) 就业指导:由学校发布并为学生提供就业指导的文章内容。

2) 留言模块

留言模块为学生和企业等提供留言咨询功能,可以在网站中发表留言信息,留下自己的联系方式,学院就业指导处管理员可以对留言进行回复。

3) 登录模块

登录模块主要是为学生、企业、学校管理员提供登录入口,学生登录后可以查看学院提供的一些有针对性的就业服务内容,还可以创建自己的简历等。企业会员登录后可以发布企业招聘信息,还可以查看学生的简历和求职信息。学校管理员登录后可以发布信息,回复留言。

4) 相关服务模块

相关服务模块主要包括以下内容。

(1) 全站搜索:输入关键字可以在全站范围内搜索包含关键字的文章,并按照相关度以列表的形式返回搜索结果。

(2) 联系我们:提供学校的地址、邮编、联系电话、传真、E-mail、联系人等信息,方便联系学校相关部门。

(3) 友情链接:提供国内知名招聘网站的入口链接。

2. 网站技术解决方案

网站采用 Dreamweaver CC 作为网页编辑工具,使用 HTML 代码制作网页,使用 CSS 样式表修饰美化网页,使用 DIV+CSS 技术对网页进行布局,使用 JavaScript 实现图片轮播效果,使用模板制作二级页面和三级页面,来保证页面布局的统一。

网站使用 Firefox 浏览器的 Web 开发者工具对 HTML、CSS 及 JavaScript 进行测试,编辑和调试。其中查看器显示 web 页面代码的结构,当鼠标在代码中移动到某个元素的上面时,web 页面的这个元素就会高亮显示。控制台可以查看与当前网页相关的 JavaScript 和 CSS 的错误与警告信息,便于网页开发者查找与修改错误。调试器用于停止,浏览,检查和修改页面中运行的 JavaScript。网络监视器可以查看加载页面时的网络请求。

网站使用 Apache 服务器进行部署,在浏览器中输入"localhost:80/项目名称",会自动加载首页 index.html 文件。网站部署的具体方法将在第 8 章进行介绍。

7.1.3 网站风格设计

网站风格是指网站页面上的内容展现给人的直观感受。一个好的网站风格,能提升用户的使用度。目前互联网上的网站风格迥异,有的大气,有的婉约,有的典雅,有的精致,有的沉稳,有的庄严肃穆,有的高雅严谨、有的雄伟壮丽。本章展示的大学生就业信息网站具有沉稳与典雅相结合的风格。本节将从网站的页面组织结构、页面布局、页面配色、字体等方面进行介绍。

1．页面组织结构

对于一个良好的网站,其内部的页面结构和层次适宜的链接深度,能够使用户很快熟悉网站的整体结构,增强用户访问网站时的体验。

本网站内部共设置三级页面:一级页面是网站首页,用于部署各个二级页面的链接、常用功能入口等,同时将网站中最新的或者最重要的内容标题与摘要展示出来,直接链接至三级页面;二级页面也可以称为分类页面,是通过首页的导航菜单等形式进行链接的,主要用于展示某一个分类信息的列表,当信息条目数较多的时候可以采用分页显示;三级页面是指文章详情页面,用于显示一篇具体文章的内容,其入口链接是二级页面中的列表项,最新、最重要的文章也可能直接在首页中找到其链接。

2．页面布局

页面布局是网站规划中一个非常重要的环节。相比于复杂的页面排版布局,简洁的网页布局更具有吸引力。一个有效的页面布局首先要具有清晰的结构层次,其次应该合理利用有限的页面空间,最后还要尊重用户的阅读模式和浏览习惯。基于上述原则,大学生就业信息网站的整体布局结构设计如图 7.1 所示,首页页面由顶部、网站 logo、导航菜单、页面主体、友情链接、底部组成。页面顶部包含欢迎语和搜索栏;导航菜单包含一个首页链接和六个二级页面的链接;页面主体部分采用单栏设计,分为图片展示区、通知信息展示区、登录网站入口、招聘信息等内容;友情链接模块包含 6 幅图片超链接;页面底部设置了联系方式、网站的版权信息等内容。整个页面布局的层次清晰,空间使用合理。

3．页面色彩搭配

色彩作为一种鲜明的艺术语言,拥有较强的视觉冲击力,将其合理应用于网页设计,可以创造出个性鲜明又不失和谐的网站。好的色彩搭配不仅能增强美感,而且还能引发情感共鸣,增强网页的艺术魅力,吸引浏览者的目光。

网页初学者可能更习惯于使用一些漂亮的图片作为自己网页的背景。但是,浏览一下大型网站,它们更多运用的是白色、蓝色、黄色等,使得网页显得典雅大方。对于本章中设计的大学生就业信息网站,整体上的色彩搭配需要具有一个协调统一的设计方案。下面分别就页面背景、页面顶部与导航菜单、图片展示等页面主要部分的设计进行简单的介绍。

1）页面背景

页面背景的设计规则是背景和前文的对比尽量大,不使用花纹繁杂的图片作为背景,以便突出文字的内容。大学生就业信息网所有的页面使用白色为背景,用于反衬页面顶部、网站 logo 及导航菜单这些重要的网页元素,也可以大大加快浏览者打开网页的速度。同时,

图 7.1　页面整体布局

使用白色背景来展示正文文字显得更为正式、稳重。

2）页面顶部和底部

页面顶部和底部使用黑色背景和金色字体，和白色背景形成强烈反差，增添了网页的稳重感，也增加了网页的科技感，符合大学生的年龄特点。

3）页面 logo

页面 logo 图片采用灰色背景和黑色文字，同顶部的黑色互相呼应，更加突出大学生就业信息网的主题。

4）导航菜单

网站导航菜单采用蓝色背景和白色字体，使网站中这些重要的链接更加醒目与突出，同时丰富了网页的色彩，增加了网页的活力。

5）图片展示

首页中的图片展示区通过图像循环播放的方式展示多幅最新的新闻图像，二级页面和三级页面的图片展示区将展示一个代表该页面主题的图片，图片整体比较简洁，能较好地体现所代表的主题。

6）首页列表模块

首页中设置若干个列表模块，用于展示最新的分类信息，并设置对应的二级页面和三级页面的链接。列表标题使用淡淡的灰白色背景，字体颜色设置为较深的蓝色，既醒目又不刺眼。链接中的文字使用颜色较深的灰色,鼠标经过时变化为橙黄色。

4．页面字体、字号和行距设置

从加强平台无关性的角度来考虑,正文内容的字体最好采用缺省字体,因为浏览器是用本地机器上的字库显示页面内容的。网页设计者必须考虑到大多数浏览者的机器里只装有三种字体类型及一些相应的特定字体。因此若指定的字体在浏览者的机器里无法找到,就会给网页设计带来很大的局限。解决问题的办法是：在确有必要使用特殊字体的地方,可以将文字制成图像,然后插入页面中。

由于一个页面中需要安排的内容比较多,适合于网页正文显示的字体大小通常采用12px 的字号。较大的字体将用于标题或其他需要强调的地方,小一些的字体可以用于页脚和辅助信息。

行距的变化也会对文本的可读性产生很大影响。一般情况下,接近字体尺寸的行距设置比较适合正文。

7.2 首页设计与制作

网站包含多个页面,而首页是用户了解网站的入口。首页的设计起着至关重要的作用,设计不好将会给用户留下较差的印象。因此,首页要做到主题鲜明,形式与内容统一,结构清晰。本节按步骤对大学生就业信息网的首页进行设计。

7.2.1 站点的创建与管理

网站往往包含着多种多样的资源文件,创建站点有利于网站的管理与维护。下面介绍站点的创建方法。

1．使用 Dreamweaver CC 创建站点

打开 Dreamweaver CC,选择菜单"站点"→"新建站点"菜单项,站点名称设置为"大学生就业信息网"。本地站点文件夹可自己进行设置,本文设置为"D:\大学生就业信息网"。

然后选中站点目录,右击新建文件夹,创建如图 7.2 所示的站点目录结构。其中,images 文件夹用于存放网站中引用的图片,styles 文件夹用于存放外部样式表文件,js 文件夹用于存放页面中引用的相关 JavaScript 文件。

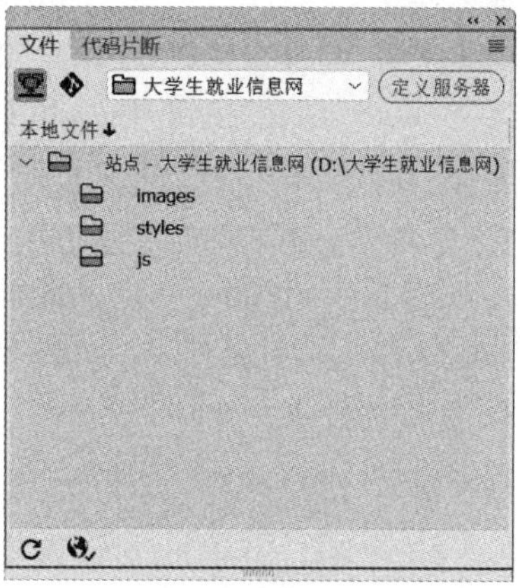

图 7.2 站点目录结构

2．使用 Dreamweaver CC 管理站点

打开 Dreamweaver CC,选择菜单"站点"→"管理站点"菜单项,弹出"管理站点"面板,在"管理站点"面板可以删除、编辑、复制、导入、导出站点,如图 7.3 所示。

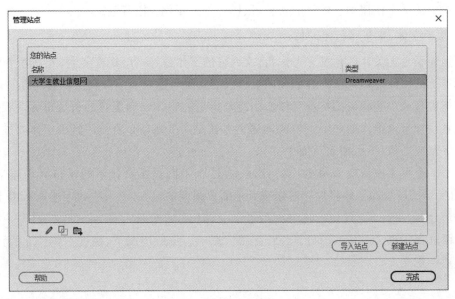

图 7.3　管理站点

7.2.2　创建首页及样式表

1. 创建首页

在创建好的站点根目录下新建一个页面,重命名为 index.html,作为大学生就业信息网的首页。打开 index.html,将标题更改为"就业信息网"。

2. 创建样式表文件

为了将网页的样式信息与网页内容完全分离开来,我们将在外部样式表中定义页面属性和基本样式。

选择菜单"文件"→"新建"菜单项,打开"新建文档"面板,在"新建文档"面板中选择 CSS 文件类型,单击"创建"按钮,便打开了刚创建好的 CSS 文件;然后选择菜单"文件"→"保存"菜单项,或者按下 Ctrl＋S 组合键,打开"另存为"对话框,将文件保存在站点根目录下的 styles 文件夹中,并重命名为 common.css;用同样的方法在 styles 文件夹中再创建一个 index.css 文件。common.css 文件将用于保存所有页面或者大部分页面都会使用的样式规则,而 index.css 文件则保存只有首页才使用的样式规则。

3. 链接样式表文件

打开首页,选择菜单"文件"→"附加样式表"菜单项,打开"使用现有的 CSS 文件"面板,如图 7.4 所示,选择链接文件为 styles/common.css,然后单击"确定"即可。用同样的方法再将 index.css 文件附加到首页上。

完成样式表的链接后,在首页源代码的头部分可以看到引入外部样式表的代码如下:

```
< link href = "styles/common.css" rel = "stylesheet" type = "text/css" />
< link href = "styles/index.css" rel = "stylesheet" type = "text/css" />
```

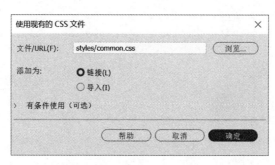

图 7.4 "使用现有的 CSS 文件"面板

4. 设置基本样式

不同的浏览器对 HTML 标签的默认外边距和内边距的值不同。为了让网页在各大主流浏览器中呈现相同的效果,需要把 HTML 中所有元素的内、外边距都设置为 0。如果网页元素需要内、外边距可以再单独为其设置。打开 common.css 文件,创建如下样式规则:

```
01  * {
02  margin: 0;                      /* 设置所有标签外边距为 0 */
03  padding: 0;                     /* 设置所有标签内边距为 0 */
04  }
```

根据 7.1 节网站风格的设计说明,将页面中字体设置为默认字体,字号大小设置为12px,颜色设置为黑色,文字居中,代码如下:

```
05  body{
06  font - size: 12px;              /* 设置页面文字大小为 12px */
07  color: #000;                    /* 设置页面文字颜色为黑色 */
08  text - align: center;           /* 设置页面文字对齐方式为居中 */
09  }
```

将页面中所有图像和表单的边框都去掉,需要显示图像和表单边框的时候再另外写样式添加;将列表当中的样式去掉,需要列表样式的时候再添加样式;将超链接文字颜色设置为黑色,去掉超链接的下画线。代码如下:

```
10  img, input{
11  border: none;                   /* 去掉所有图片和表单的边框 */
12  }
13  ul {
14  list - style: none;             /* 去掉列表样式 */
15  }
16  a {
17  color: #000;                    /* 超链接文字颜色设置为黑色 */
18  text - decoration: none;        /* 取消下画线 */
19  }
```

页面中如果有元素进行了浮动,那么其后面的元素会受到浮动的干扰,影响页面布局。为了清除浮动对元素的影响,在 common.css 文件,添加如下样式规则:

```
20 /* 双伪元素清除浮动 */
21 .clearfix:before, .clearfix:after {
22 content: "";
23 display: block;                    /* 触发bfc 防止外边距合并 */
24 }
25 .clearfix:after {
26 clear: both;
27 }
28 .clearfix {
29 * zoom: 1;
30 }
```

7.2.3 首页内容及样式设计

1. 页面布局实现

根据图7.1所示的页面整体布局,在index.html中插入用于布局的div标签,并分别为div设置不同的id属性,用于控制显示样式的设置。完整的HTML结构如下所示:

```
01 < div id = "top">页面顶部</div>
02 < div id = "logo">网站 logo </div >
03 < div id = "nav">网站导航</div>
04 < div id = "main">页面主体内容</div>
05 < div id = "friend">友情链接</div>
06 < div id = "foot">页面底部</div>
```

完成了首页整体布局之后,接下来将分别在每一个布局div中填充相关内容并设置样式。下面分别介绍各个div块中的局部设计。

2. 页面顶部设计

页面顶部采用通栏设计,插入欢迎标语,并设置全站搜索功能。

1)创建顶部HTML结构

打开index.html文件,将光标放在body中,选择菜单"插入"→div;在打开的"插入div"对话框中,ID一栏填写top;在创建的div中插入h4标题,内容改为"欢迎访问大学生就业信息网";将光标放到h4标题之后,插入class为search的div;将光标放到该div中,选择菜单"插入"→"表单"→"表单"菜单项,然后在表单中选择菜单"插入"→"表单"→"文本"菜单项,接着再插入一个提交按钮。顶部HTML结构如下:

```
01 <!-- 页面顶部 -->
02 < div id = "top">
03     < h4>欢迎访问大学生就业信息网</h4>
04     < div class = "search">
05         < form action = "">
06             < input type = "text" placeholder = "请输入要搜索的内容"/>
07             <!-- placeholder 占位符 内容输入自动清除默认值 -->
08             < input type = "submit" value = ""/>
09         </form>
10     </div>
11 </div>
```

2）设置顶部 div 样式

在 common.css 中为顶部 div 设置样式如下：

```
01  #top{
02      height: 45px;                         /*div 高度为 45px*/
03      line-height: 45px;                    /*行高为 45px*/
04      background-color: #2F3033;            /*设置背景颜色*/
05      border-bottom: 2px solid #2F3033;     /*设置下边框*/
06  }
```

3）设置欢迎标语样式

在 common.css 中为欢迎标语设置样式如下：

```
07  #top h4{
08      color: #C6BA9B;                       /*设置字体颜色*/
09      font-size: 16px;                      /*设置字体大小*/
10      float: left;                          /*设置左浮动*/
11      margin-left: 20px;                    /*设置左外边距为 20px*/
12  }
```

4）设置全站搜索样式

在 common.css 中为全站搜索设置样式如下：

```
13  #top .search{
14      width: 260px;                         /*设置宽度为 260px*/
15      height: 28px;                         /*设置高度为 28px*/
16      border: 2px solid #C6BA9B;            /*设置边框*/
17      float: right;                         /*设置右浮动*/
18      margin-top: 7px;                      /*设置上外边距为 7px*/
19      margin-right:15px;                    /*设置右外边距为 15px*/
20  }
21  #top .search input{
22      font-size: 12px;                      /*设置字体大小为 12px*/
23      padding-left: 15px;                   /*设置左内边距为 15px*/
24  }
25  #top .search input[type=text]{            /*选择 type 属性值为 text 的表单*/
26      width: 220px;                         /*宽度为 220px*/
27      height: 28px;                         /*高度为 28px*/
28      float: left;                          /*设置左浮动*/
29  }
30  #top .search input[type=submit]{          /*选择 type 属性值为 submit 的表单*/
31      width: 40px;                          /*宽度为 40px*/
32      height: 28px;                         /*高度为 28px*/
33  /*设置背景颜色、背景图片,背景图片不重复,垂直水平居中*/
34      background: #2F3033 url("../images/search.png") no-repeat center center;
35      float: left;                          /*设置左浮动*/
36  }
37      #top .search input[type=submit]:hover{  /*设置提交按钮鼠标悬停效果*/
38      background: #D6A33C url("../images/search.png") no-repeat center center;
39  }
```

5）页面效果

在 Firefox 浏览器中预览页面,顶部效果如图 7.5 所示。

图 7.5   页面顶部效果图

3. 网站 logo

打开 index.html 文件,在 id 为 logo 的 div 下插入网站的 logo 图片。网站 logo 的 HTML 结构如下:

```
01  < div id = "logo">
02      < img src = "./images/logo.png" alt = ""/>
03  </div >
```

在 common.css 中为网站 logo div 设置如下样式:

```
01  # logo {
02  height: 325px;                            / * 高度为 325px * /
03  margin: 8px auto;                         / * 设置上下外边距为 8px,左右外边距自动 * /
04  }
```

此时,在网站 logo div 中插入了一幅带有网站标题的图像,效果如图 7.6 所示。

图 7.6   网站 logo 效果图

4. 导航菜单

1) 创建导航菜单 HTML 结构

导航菜单栏包含首页和 6 个二级页面的超链接,在导航菜单 div 中插入无序列表,接着在无序列表中依次插入 7 个超链接,暂不添加链接地址。网站导航菜单的 HTML 结构如下:

```
01  < div id = "nav" >
02  < ul >
03      < li >< a href = " # ">首页</a></lit>
04      < li >< a href = " # ">通知公告</a></li>
05      < li >< a href = " # ">就业新闻</a></li>
06      < li >< a href = " # ">招聘信息</a></li>
07      < li >< a href = " # ">就业指导</a></li>
08      < li >< a href = " # ">下载中心</a></li>
09      < li >< a href = " # ">在线留言</a></li>
10  </ul>
11  </div>
```

2）设置导航菜单 div 样式

网站导航栏和网站顶部相同，为通栏设计。在 common.css 中为导航菜单 div 设置如下样式：

```
01  #nav{
02  height: 38px;                      /*高度为 38px*/
03  line-height: 38px;                 /*行高为 38px*/
04  background-color:#1E649F;          /*设置背景颜色*/
05  }
```

3）设置导航链接样式

在 common.css 中为导航菜单链接设置如下样式：

```
06  #nav li{
07  background: url(../images/nav_fgx.png) no-repeat center right;   /*设置背景图片*/
08  width: 14%;                        /*设置宽度*/
09  float: left;                       /*设置左浮动*/
10  }
11  #nav li a{
12  color: #fff;                       /*设置字体颜色为白色*/
13  font-size: 14px;                   /*设置字体大小为 14px*/
14  font-weight: 700;                  /*字体加粗*/
15  padding: 0 20px;                   /*设置上下内边距为 0,左右内边距为 20px*/
16  display: block;                    /* a 是行内元素,没有大小需要转换为块级元素 */
17  }
18  #nav li:last-child{                /*为最后一个 li 设置样式*/
19  background-image: none;            /*取消背景图片*/
20  }
21  #nav li a:hover {                  /*设置超链接鼠标悬停样式*/
22  color: #f60 ;                      /*设置字体颜色*/
23  border-bottom: 2px solid #f60;     /*设置下边框*/
24  background: rgba(0,0,0,0.6);       /*设置透明背景色*/
25  }
```

4）页面效果

在 Firefox 浏览器中预览页面，导航菜单效果如图 7.7 所示。

图 7.7　导航菜单效果图

5. 页面主体部分

页面主体部分是指 id 为 main 的 div，页面的主要内容包含在该 div 中。首页的主要内容有图片展示、通知信息、登录网站入口、招聘信息等内容，HTML 结构如下：

```
01 < div class = "clearfix" id = "main">
02     < div id = "banner" >图片轮播 div </div>
03     < div class = "clearfix" id = "tzxx">通知信息 div </div>
04     < div id = "login">登录网站入口 div </div>
05     < div id = "zpxx" class = "zp_news">招聘信息 div </div>
```

```
06 </div>
```

在 common.css 中为页面主体部分设置如下的样式：

```
01  #main {
02      width: 1200px;                  /* 设置宽度为 1200px */
03      margin: 8px auto ;              /* 设置上下外边距为 8px,左右外边距为自动 */
04  }
```

6. 首页图片展示区

首页中的图片展示区是通过图像循环播放的方式进行图片展示的,在二级页面和三级页面的图片展示区只显示一幅代表该页面主题的静态图片。我们将 id 为 banner 的图片展示区 div 的样式定义在 common.css 中,所有页面都可以引用;而首页图片循环播放的样式定义在 index.css 中,只能用于首页。

1）插入图片轮播 HTML

将光标停留在图片展示区 div 中,先插入两个无序列表,再插入两个 div,HTML 代码如下:

```
01  < div id = "banner">
02  < ul id = "banner_list">
03      < li >< a href = " # " target = "_blank">< img src = ". / images/banner_01. jpg"></a ></li>
04      < li >< a href = " # " target = "_blank">< img src = ". / images/banner_02. jpg"></a ></li>
05      < li >< a href = " # " target = "_blank">< img src = ". / images/banner_03. jpg"></a ></li>
06      < li >< a href = " # " target = "_blank">< img src = ". / images/banner_04. jpg"></a ></li>
07  </ul>
08  < ul id = "banner_num">
09      < li style = "opacity: 1;" class = "banner_li">1 </li>
10      < li style = "opacity: 0.4;" class = "banner_li">2 </li>
11      < li style = "opacity: 0.4;" class = "banner_li">3 </li>
12      < li style = "opacity: 0.4;" class = "banner_li">4 </li>
13  </ul>
14  < div class = "arrow_left"></div>
15  < div class = "arrow_right"></div>
16  </div>
```

2）为图片展示区 div 设置样式

在 common.css 文件中,设置图片展示区 div 的样式如下:

```
01  #banner {
02      width: 1200px;                  /* 设置宽度为 1200px */
03      height: 345px;                  /* 设置高度为 345px */
04      position: relative;             /* 设置相对定位 */
05      overflow: hidden;               /* 溢出的内容设置为隐藏 */
06  }
07  #banner img{
08      height:345px;                   /* 设置高度为 345px */
09 width:1200px                         /* 设置宽度为 1200px */
10
11  }
```

在 index.css 文件中为图片轮播设置如下的样式：

```
01  #banner_list {
02      position: absolute;                /*设置图片列表绝对定位*/
03      height: 345px;                     /*设置图片列表高度为345px*/
04      width: 4800px;                     /*设置图片列表宽度为4800px*/
05  }
06  #banner_list li {
07      float: left;                       /*设置列表项左浮动*/
08  }
09  #banner_num {
10      position: absolute;                /*设置序号列表绝对定位*/
11      bottom: 5px;                       /*设置定位位置*/
12      right: 100px;                      /*设置定位位置*/
13      height: 20px;                      /*设置高度为20px*/
14  }
15  .banner_li{
16      height: 12px;                      /*设置高度为12px*/
17      margin-right: 12px;                /*设置右侧外边距12px*/
18      float: left;                       /*列表左浮动*/
19      cursor: pointer;                   /*设置鼠标经过时为手形*/
20      padding: 0 8px;                    /*设置内边距*/
21      background: #f60;                  /*设置背景颜色*/
22        color: #fff;                     /*设置字体颜色为白色*/
23  }
24  .arrow_left, .arrow_right {
25      width: 50px;                       /*设置宽度为50px*/
26      height: 210px;                     /*设置高度为210px*/
27      position: absolute;                /*设置绝对定位*/
28      top: 173px;                        /*设置定位位置*/
29        margin-top: -105px;              /*设置上外边距*/
30      cursor: pointer;                   /*设置鼠标经过时为手形*/
31  }
32  .arrow_left {
33      left: 0;                           /*设置定位位置*/
34      background: url(../images/arrow_left.png);     /*设置背景图片*/
35  }
36  .arrow_right {
37      right: 0;                          /*设置定位位置*/
38      background:url(../images/arrow_right.png);     /*设置背景图片*/
39  }
```

图像循环播放的效果使用 jQuery 来实现，将 jquery.min.js 复制到网站的 js 文件夹中，并在该文件夹中创建一个新的 js 文件，命名为 imageshift.js。在首页源代码的头部引用这两个 js 文件，代码如下：

```
01  <script src = "./js/jquery.min.js" type = "text/javascript"></script>
02  <script src = "./js/imageshift.js" type = "text/javascript"></script>
```

imageshift.js 文件中的图像循环播放代码如下：

```
01  $ (document).ready(function(){
02      index = 0;
03      sWidth = $ ("#banner").width();
04      count = $ ("#banner_list a").length;
05      showPics(index);
06      var picTimer;
07      $ (".banner_li").css("opacity",0.4).mouseenter(function() {
08          index = $ (".banner_li").index(this);
09          showPics(index);
10  }).eq(0).trigger("mouseenter")
11  //显示图片函数,根据接收的 index 值显示相应的内容
12  function showPics(index) {                          //普通切换
13      var nowLeft = - index * sWidth;                 //根据 index 值计算 ul 元素的 left 值
14      $ ("#banner_list").stop(true,false).animate({"left":nowLeft},400);
15      $ (".banner_li").stop(true,false).animate({"opacity":"0.5"},400).eq(index).
16  stop(true, 16false).animate({"opacity":"1"},400);   //为当前的按钮切换到选中的效果
17  }
18  $ (".arrow_left").click(function() {                //左侧按钮
19      index -= 1;
20      if(index == -1) {index = count - 1;}
21      showPics(index);
22  });
23  $ (".arrow_right").click(function() {               //右侧按钮
24      index += 1;
25      if(index == count) {index = 0;}
26      showPics(index);
27  });
28  $ ("#banner").hover(function() {
29      clearInterval(picTimer);
30  },function() {
31      picTimer = setInterval(function() {
32          showPics(index);
33          index++;
34          if(index == count) {index = 0;}
35      },3000);                    //此 3000 代表自动播放的间隔,单位:ms
36  }).trigger("mouseleave");
37  });
```

3) 页面效果

在 Firefox 浏览器中预览页面,图像轮播效果如图 7.8 所示。

图 7.8 图像轮播效果图

7. 通知信息模块

首页通知信息模块包含两个 div,分别为通知公告、就业指导。通知公告和就业指导结构样式完全一致,下面以通知公告列表为例进行说明。通知公告的 HTML 代码如下:

```
01 <!-- 通知公告 -->
02 < div class = "clearfix" id = "tzxx">
03 < div id = "tzgg" class = "list_news">
04     < h2 class = "list_top">
05         < span class = "list_title">通知公告</span>
06         < a class = "list_more" target = "_blank" href = "./tzgg.html" title = "更多...">< /a>
07     </h2>
08     < div class = "list_content">
09         < div class = "list_img">
10             < img src = "./images/tzgg1.jpg" align = "top" />
11         </div>
12         < ul class = "list_others">
13             < li >
14                 < a target = "_blank" href = "./tzgg/tzgg_0005.html">
15                 学院留学合作项目介绍</a>
16                 < span class = "riqi">[07 - 05]</span>
17             </li>
18             < li >
19                 < a target = "_blank" href = "./tzgg/tzgg_0004.html">
20                 关于举办大学生模拟招聘会的通知</a>
21                 < span class = "riqi">[07 - 04]</span>
22             </li>
23             < li >
24                 < a target = "_blank" href = "./tzgg/tzgg_0003.html">
25                 关于生源地信息的说明</a>
26                 < span class = "riqi">[07 - 03]</span>
27             </li>
28             < li >
29                 < a target = "_blank" href = "./tzgg/tzgg_0002.html">
30                 关于开展 2021 年高校毕业生就业状况调查的通知</a>
31                 < span class = "riqi">[07 - 02]</span>
32             </li>
33         </ul>
34     </div>
35 </div>
36 </div>
```

通知公告和就业指导模块的样式在 index.css 中定义,过程见视频,具体内容如下:

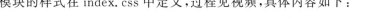

```
01 #tzgg{
02 float: left;                              /* 设置左浮动 */
03 }
04 #jyzd {
```

269

```
05 float: right;                              /* 设置右浮动 */
06 }
07 .list_news {
08    width: 595px;                           /* 设置 div 宽度为 595px */
09 border: 1px solid #aaa;                     /* 设置边框 */
10 margin: 8px 0px;                            /* 设置上下外边距为 8px,左右外边距为 0 */
11 }
12 .list_top {
13 height: 26px;                               /* 设置顶部高度为 26px */
14 background: url(../images/list_top.jpg);    /* 设置顶部背景图像 */
15 }
16 .list_title {
17 display: block;                             /* 转换为块级元素 */
18 float: left;                                /* 设置左浮动 */
19 width: 250px;                               /* 设置标题宽度为 250px */
20 height: 26px;                               /* 设置标题高度为 26px */
21 line - height: 26px;                        /* 设置行高为 26px */
22 font - size: 13px;                          /* 设置字体大小为 13px */
23 font - family: "微软雅黑";                   /* 设置字体为"微软雅黑" */
24 font - weight: 700;                         /* 字体加粗显示 */
25 text - align: left;                         /* 设置文本对齐方式为居左 */
26 text - indent: 28px;                        /* 设置首行缩进 28px */
27 background: url(../images/list_title.jpg) no - repeat 12px center;   /* 设置背景图像 */
28 color: #083e7a;                             /* 设置字体颜色 */
29 }
30 .list_more {
31 display: block;                             /* 转换为块级元素 */
32 float: right;                               /* 设置右浮动 */
33 width: 50px;                                /* 设置宽度为 50px */
34 height: 26px;                               /* 设置高度为 26px */
35 line - height: 26px;                        /* 设置行高为 26px */
36 text - align: center;                       /* 设置文本对齐方式为居中 */
37 background: url(../images/list_more.jpg) no - repeat 5px center;    /* 设置背景图像 */
38 }
39 .list_content {
40 padding: 8px 8px 0 8px;                     /* 设置内边距 */
41 text - align: left;                         /* 设置文本对齐方式为居左 */
42 }
43 .list_img img{
44 width: 585px;                               /* 设置宽度为 585px */
45 height: 200px;                              /* 设置高度为 200px */
46 }
47 .list_others li {
48 height:48px;                                /* 设置高度为 48px */
49 line - height: 48px;                        /* 设置行高为 48px */
50 color: #333;                                /* 设置字体颜色 */
51 border - bottom: 1px dashed #aaa;           /* 设置下边框 */
```

```
52 text-indent: 28px;                            /* 设置首行缩进 28px */
53 background: url(../images/list_xjt.png) no-repeat 5px center;    /* 设置背景图像 */
54 }
55 .list_others li:last-child {
56 border:none;                                  /* 取消下边框 */
57 }
58 .list_others a:hover {
59 color: #f5950d;                               /* 设置鼠标经过超链接时的颜色 */
60 }
61 .list_others li span {
62 float:right;                                  /* 设置右浮动 */
63 }
```

3）页面效果

在 Firefox 浏览器中预览页面，通知信息模块如图 7.9 所示。

图 7.9　通知信息模块效果图

8. 大学生就业网站登录模块

登录模块为企业、学生、学校提供登录入口。在 id 为 login 的 div 中插入三个超链接，
html 代码如下：

```
01 <div id="login">
02 <a href="login.html">企业登录</a>
03 <a href="login.html">学生登录</a>
04 <a href="login.html">学校登录</a>
05 </div>
```

在 index.css 中定义如下样式：

```
01 #login{
02 width: 1200px;                               /* 设置宽度为 1200px */
03 height: 100px;                               /* 设置高度为 100px */
04 border: 1px solid #aaa;                      /* 设置边框 */
05 margin:8px auto;                             /* 设置外边距 */
06 font-weight: 700;                            /* 字体加粗 */
07 }
```

```
08  #login a{
09  color: #fff;                                        /* 设置字体颜色为白色 */
10  font-size: 16px;                                     /* 设置字体大小为16px */
11  display: block;                                      /* 转换为块级元素 */
12  width: 350px;                                        /* 设置宽度为350px */
13  height: 60px;                                        /* 设置高度为60px */
14  line-height: 60px;                                   /* 设置行高为60px */
15  float:left;                                          /* 设置左浮动 */
16  margin: 20px 25px;                                   /* 设置外边距 */
17  border-radius: 10px;                                 /* 设置圆角边框 */
18  }
19  #login a:first-child{
20  background: #75D53A url(../images/qy.png) no-repeat 110px center;       /* 设置背景 */
21  }
22  #login a:nth-child(2){
23  background: #47C0FF url("../images/xs.png") no-repeat 110px center;     /* 设置背景 */
24  }
25  #login a:last-child{
26  background: #FF9147 url("../images/xx.png") no-repeat 110px center;     /* 设置背景 */
27  }
```

在 Firefox 浏览器中预览页面,登录模块如图 7.10 所示。

图 7.10　登录模块效果图

9. 招聘信息

1) 招聘信息的 HTML 结构

招聘信息模块为大学生展示企业招聘信息。在 id 为 zpxx 的 div 中插入一个二级标题和一个 class 为 zp_content 的 div,接着在二级标题中插入 span 标签和一个超链接,在 div 中插入两个无序列表,HTML 代码如下:

```
01  <div id="zpxx" class="zp_news">
02  <h2 class="list_top">
03      <span class="list_title">招聘信息</span>
04      <a class="list_more" target="_blank" href="./zpxx.html" title="更多...."></a>
05  </h2>
06  <div class="zp_content">
07      <ul class="zp_others zp_list1">
08          <li>
09              <a target="_blank" href="./zpxx/zpxx_0001.html">
10              天津汇企聚师企业招聘</a>
11              <span class="riqi">[07-05]</span>
12          </li>
13          <li>
```

```
14          <a target = "_blank" href = "./zpxx/zpxx_0002.html">
15              大城舜丰村镇银行股份有限公司招聘</a>
16              <span class = "riqi">[07 – 05]</span>
17      </li>
18      <li>
19          <a target = "_blank" href = "./zpxx/zpxx_0003.html">
20              上海握得太阳能电力科技有限公司招聘</a>
21              <span class = "riqi">[07 – 05]</span>
22      </li>
23      <li>
24          <a target = "_blank" href = "./zpxx/zpxx_0004.html">
25              北京嘉寓门窗幕墙股份有限公司深圳分公司招聘</a>
26              <span class = "riqi">[07 – 05]</span>
27      </li>
28  </ul>
29  <ul class = "zp_others zp_list2">
30      <li>
31          <a target = "_blank" href = "./zpxx/zpxx_0005.html">
32              天津美维信息技术有限公司招聘</a>
33              <span class = "riqi">[07 – 05]</span>
34      </li>
35      <li>
36          <a target = "_blank" href = "./zpxx/zpxx_0006.html">
37              湖南富众防水工程有限公司招聘</a>
38              <span class = "riqi">[07 – 05]</span>
39      </li>
40      <li>
41          <a target = "_blank" href = "./zpxx/zpxx_0007.html">
42              多益网络有限公司招聘</a>
43              <span class = "riqi">[07 – 05]</span>
44      </li>
45      <li>
46          <a target = "_blank" href = "./zpxx/zpxx_0008.html">
47              博宇金属股份有限公司招聘</a>
48              <span class = "riqi">[07 – 05]</span>
49      </li>
50  </ul>
51 </div>
52 </div>
```

2）招聘信息样式

在 index.css 中，为招聘信息设置如下的样式：

```
01  #zpxx {
02  width: 1200px;                      /* 设置宽度为 1200px */
03  margin: 8px auto;                   /* 设置上下外边距为 8px,左右外边距自动 */
04  }
```

```
05 .zp_others {
06 float:left;                              /* 设置左浮动 */
07 width:600px;                             /* 宽度为 600px */
08 padding - top: 15px;                     /* 上内边距为 15px */
09 }
10 .zp_others li {
11 height: 48px;                            /* 设置高度为 48px */
12     line - height: 48px;                 /* 设置行高为 48px */
13 border - bottom: 1px dashed ♯aaa;        /* 设置下边框 */
14 text - indent: 60px;                     /* 将首行缩进 60px */
15 text - align: left;                      /* 文字居左对齐 */
16 background: url(../images/1.png) no - repeat 0 center;     /* 设置背景图像 */
17 }
18 .zp_others li:nth - child(1){
19 background: url(../images/1.png) no - repeat 0 center;     /* 设置背景图像 */
20 }
21 .zp_others li:nth - child(2){
22 background: url(../images/2.png) no - repeat 0 center;     /* 设置背景图像 */
23 }
24 .zp_others li:nth - child(3){
25 background: url(../images/3.png) no - repeat 0 center;     /* 设置背景图像 */
26 }
27 .zp_others li:nth - child(4){
28 background: url(../images/4.png) no - repeat 0 center;     /* 设置背景图像 */
29 }
30 .zp_others li:last - child {
31 border: none;                            /* 设置边框 */
32 }
33 .zp_others li a {
34 color: ♯333;                             /* 设置字体颜色 */
35 }
36 .zp_others a:hover {
37 color: ♯f5950d;                          /* 设置字体颜色 */
38
39 }
40 .zp_others li span {
41 color: ♯333;                             /* 设置字体颜色 */
42 float: right;                            /* 向右浮动 */
43 }
44 .zp_list1 li span{
45 margin - right: 15px;                    /* 设置右外边距为 15px */
46 }
```

3）页面效果

在 Firefox 浏览器中预览页面，招聘信息效果如图 7.11 所示。

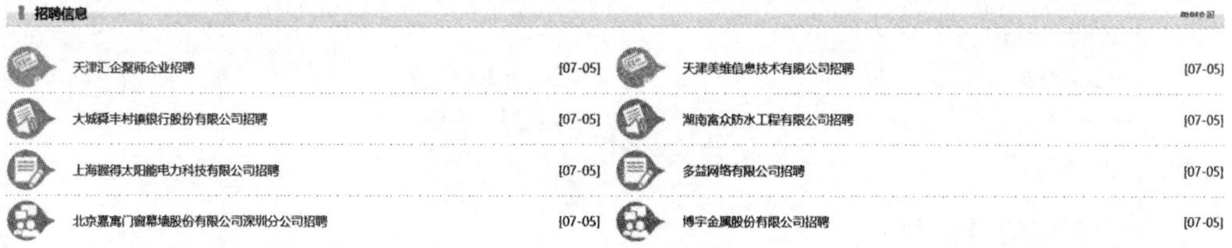

	天津汇企聚师企业招聘	[07-05]		天津美维信息技术有限公司招聘	[07-05]
	大城城丰村镇银行股份有限公司招聘	[07-05]		湖南高众防水工程有限公司招聘	[07-05]
	上海跟得太阳能电力科技有限公司招聘	[07-05]		多益网络有限公司招聘	[07-05]
	北京嘉离门窗幕墙股份有限公司深圳分公司招聘	[07-05]		博宇金属股份有限公司招聘	[07-05]

图 7.11　招聘信息效果图

10. 友情链接

1）友情链接的 HTML 结构

设置 6 幅图像超链接作为友情链接,分别为中国国家人才网、应届生求职网、前程无忧、中华英才网、智联招聘和北方人才网。在友情链接 div 中,插入 1 个二级标题和 6 个图像超链接,HTML 结构如下:

```
01 < div id = "friend" >
02 < h2 class = "list_top">
03     < span class = "list_title">友情链接</span>
04 </h2>
05 < a target = "_blank" href = "http://www.newjobs.com.cn">
06     < img src = "./images/friend_gjrcw.gif" />
07 </a>
08 < a target = "_blank" href = "http://www.yingjiesheng.com">
09     < img src = "./images/friend_yjs.gif" />
10 </a>
11 < a target = "_blank" href = "http://51job.com">
12     < img src = "./images/friend_qcwy.jpg" />
13 </a>
14 < a target = "_blank" href = "http://www.chinahr.com">
15     < img src = "./images/friend_zhycw.gif" />
16 </a>
17 < a target = "_blank" href = "http://www.zhaopin.com">
18     < img src = "./images/friend_zlzp.jpg" />
19 </a>
20 < a target = "_blank" href = "http://www.tjrc.com.cn">
21     < img src = "./images/friend_bfrc.jpg" />
22 </a>
23 </div>
```

2）友情链接的 div 样式设置

在 common.css 中为二级标题和图像超链接设置如下的样式:

```
01 #friend {
02 width: 1200px;                        /* 设置宽度为 1200px */
03 height: 126px;                        /* 设置高度为 122px */
04 margin: 4px auto;                     /* 设置外边距 */
```

```
05 }
06 #friend img {
07 border: 1px solid #aaa;                    /*设置边框*/
08 margin: 25px;                              /*设置外边距*/
09 }
```

3）友情链接的页面效果

友情链接的显示效果如图 7.12 所示。

图 7.12　友情链接效果图

11. 页面底部

页面底部包含联系方式、版权信息，向底部 div 插入三个段落，页面底部的 HTML 代码如下：

```
01 <div id="foot">
02 <p>地址:XXXX 省 XXXX 市 XXXX 区 XX 路 XX 号　邮编:000000　联系电话:XXXX-12345678</p>
03 <p>就业指导电话:XXXX-12345678　就业指导传真:XXXX-87654321</p>
04 <p>Copyright@ 20XX　XXX学院　版权所有 All Rights Reserved　津 ICP 备 XXXXXXXX 号</p>
05 </div>
```

在 common.css 中为页面底部添加如下的样式：

```
01 #foot {
02
03 padding: 4px;                             /*设置内边距*/
04 margin: 8px auto;                         /*设置外边距*/
05 background-color: #2F3033;                /*设置背景颜色*/
06 }
07 #foot p{
08 color: #C6BA9B;                           /*设置字体颜色*/
09 line-height: 35px;                        /*设置行高*/
10 font-family: "微软雅黑";                    /*设置字体*/
11 }
```

页面底部的显示效果如图 7.13 所示。

地址: XXXX省XXXX市XXXX区XX路XX号 邮编: 000000 联系电话: XXXX-12345678
就业指导电话: XXXX-12345678 就业指导传真: XXXX-87654321
Copyright@ 20XX　XXX学院　版权所有 All Rights Reserved　津ICP备XXXXXXX号

图 7.13　页面底部效果图

12. 首页整体效果

在 Firefox 浏览器中打开首页，整体效果如图 7.14 所示。

图 7.14　就业信息网首页整体效果图

7.3　模板文件制作

为了让整个站点具有统一的风格,我们使用模板来控制大的设计区域,固化站点每页都出现的元素。使用模板既能够重复使用设计好的布局,还可以对多个页面进行统一更新。

1. 制作二级页面模板

将已经制作好的页面顶部、网站 logo、导航菜单和页面底部作为模板部分,将页面主体部分设置为模板的可编辑区域,操作步骤如下:

在 Dreamweaver CC 中打开已经制作好的大学生就业信息网首页,选择菜单"文件"→"另存为模板"菜单项,打开"另存模板"对话框,将文件名修改为 index,如图 7.15 所示。然后单击"保存"按钮,模板文件就被自动保存在网站根目录下的 Templates 文件夹中。如果在网站根目录下没有 Templates 文件夹,系统会默认创建一个。

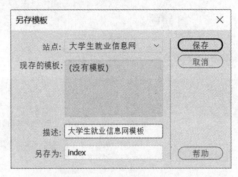

图 7.15　"另存模板"对话框

2. 修改模板

因为模板将应用于网站的子页面,所以只需保留对 common.css 样式表的引用,删除其他的样式表文件和 JavaScript 文件引用。打开 index.dwt 模板文件,切换到"代码"视图,在页面头部分删除以下三行代码:

```
< link href = "../styles/index.css" rel = "stylesheet" type = "text/css" />
< script src = "../js/jquery.min. js" type = "text/javascript"></script >
< script src = "../js/imageshift.js" type = "text/javascript"></script >
```

接着删除页面主体部分的全部内容(id 为 main 的 div 保留),然后选择菜单"插入"→"模板"→"可编辑区域"菜单项,打开"新建可编辑区域"对话框,如图 7.16 所示。单击"确定"按钮,为模板创建一个可编辑区域,保存 index.dwt 文件,生成二级页面模板。

3. 制作三级页面模板

由于三级页面和二级页面返回导航菜单的路径不同,因此需要再为三级页面制作模板。制作方法同二级页面模板,只需将导航路径修改成如下所示:

```
01 < div id = "nav" >
02 < ul >
03     < li >< a href = "../index.html">首页</a></lit>
```

```
04        <li><a href = "../tzgg.html">通知公告</a></li>
05        <li><a href = "../jyxw.html">就业新闻</a></li>
06        <li><a href = "../zpxx.html">招聘信息</a></li>
07        <li><a href = "../jyzd.html">就业指导</a></li>
08        <li><a href = "../xzzx.html">下载中心</a></li>
09        <li><a href = "../zxly.html">在线留言</a></li>
10    </ul>
11 </div>
```

将三级页面模板保存为 xq.dwt。

图 7.16 "新建可编辑区域"对话框

7.4 子页面制作

网站所有二级子页面都使用 index.dwt 模板页创建,所有三级子页面都使用 xq.dwt 模板页创建。各个子页面的详细内容在模板的可编辑区域进行编辑,需要引用的样式在 common.css 中定义。本节将分别对学院就业信息网的各类子页面进行详细设计。

7.4.1 文章列表页面制作

文章列表页面属于网站的二级页面,通过分页列表的形式显示某一个分类信息下的全部文章。大学生就业信息网站中的通知公告、就业新闻、招聘信息、就业指导都属于文章列表页面。这些页面的结构和样式统一,下面将以通知公告列表页面为例进行说明。

1. 创建页面

打开 Dreamweaver CC,选择菜单"文件"→"新建"菜单项,打开"新建文档"面板;在"新建文档"面板中选择"网站模板",然后选择站点"大学生就业信息网"的模板 index.dwt;单击"创建"按钮,将页面保存,并重命名为 tzgg.html。

2. 插入 banner 图片

在通知公告列表页面的可编辑区域插入一个 div 标签,id 设置为 banner,在 banner 中插入已经准备好的图像。

3. 插入面包屑导航

在网页的应用中,面包屑导航是用来表达内容归属关系的界面元素,也就是我们经常看到的类似"主页>>一级页>>二级页>>三级页>>……>>最终内容页面"这样结构的导航。一般来讲目录结构由三层结构组成,分别是首页>>栏目页>>内容页。面包屑导航可以让用户了解当前所处位置以及当前页面在整个网站中的位置。它提供返回各个层级的快速入口,方便用户操作,同时也能够较好地体现了网站的架构层级,并帮助用户快速学习和了解网站内容和组织方式,从而形成很好的位置感。

通知公告列表页面是大学生就业信息网的二级页面,我们设置两层链接即可,代码如下:

```
01  < div id = "breadnav">
02  < a href = "./index.html">首页</a> &gt;&gt; < a href = "./tzgg.html">通知公告</a>
03  </div>
```

在 common.css 中为面包屑导航添加如下的样式:

```
01  # breadnav {
02      height: 32px;                                      /* 设置高度为 32px */
03      line - height: 36px;                               /* 设置行高为 36px */
04      text - align: left;                                /* 设置文本对齐方式为居左 */
05      text - indent: 28px;                               /* 设置首行缩进 28px */
06      background: url(../images/breadnav.jpg) no - repeat 12px 14px;   /* 设置背景图像 */
07  }
08  # breadnav a {
09      text - decoration: none;                           /* 去除超链接默认下画线样式 */
10      color: # 333;                                      /* 设置超链接颜色 */
11  }
12  # breadnav a:hover {
13      color: # f5950d;                                   /* 设置鼠标经过时的超链接颜色 */
14  }
```

4. 插入分页列表

分页列表由列表标题、文章列表和分页信息三部分组成,分别使用二级标题、无序列表和 div 显示,代码如下:

```
01  < div >
02  < h2 class = "page_title">通知公告</h2>
03  < ul class = "page_list">
04      < li >
05          < a href = "./tzgg/tzgg_0005.html">学院留学合作项目介绍</a>
06          < span >[2021 - 09 - 05]</span>
07      </li>
08      < li >
09          < a href = "./tzgg/tzgg_0004.html">关于举办大学生模拟招聘会的通知</a>
10          < span >[2021 - 09 - 04]</span>
11      </li>
12      < li >
13          < a href = "./tzgg/tzgg_0003.html">关于生源地信息的说明</a>
14          < span >[2021 - 07 - 03]</span>
15      </li>
16      < li >
17          < a href = "./tzgg/tzgg_0002.html">关于开展 2021 年高校毕业生就业状况调查的通知</a>
18          < span >[2021 - 07 - 02]</span>
19      </li>
```

```
20      <li>
21          <a href = "./tzgg/tzgg_0001.html">关于毕业生离校期间办理就业手续的通知</a>
22          <span>[2021 - 07 - 01]</span>
23      </li>
24  </ul>
25  <div class = "page_info">
26      <a href = "#">首页</a>   
27      <a href = "#">上一页</a>   
28      <a href = "#">下一页</a>   
29      <a href = "#">尾页</a>   
30      页次:1/1 页    10 条/页    共 5 条
31  </div>
32  </div>
```

在 common.css 中为分页列表添加如下样式:

```
01  .page_title {
02      height: 26px;                                   /* 设置高度为 26px */
03      line - height: 26px;                            /* 设置行高为 26px */
04      font - size: 13px;                              /* 设置字体大小为 13px */
05      font - family: "微软雅黑";                        /* 设置字体为"微软雅黑" */
06      background: url(../images/page_title.jpg);      /* 设置背景图像 */
07  }
08  .page_list {
09      list - style - type: none;                      /* 清除列表项目符号 */
10          height: 480px;                              /* 设置高度为 480px */
11  }
12  .page_list li a, .page_list li span {
13      display: block;                                 /* 转换为块级元素 */
14      height:32px;                                    /* 设置高度为 32px */
15      line - height: 32px;                            /* 设置行高为 32px */
16  }
17  .page_list li a {
18      float: left;                                    /* 设置左浮动 */
19      width: 80 % ;                                    /* 设置宽度为 80 % */
20      text - align: left;                             /* 设置文本对齐方式为居左 */
21      text - indent: 36px;                            /* 设置首行缩进 36px */
22      text - decoration: none;                        /* 去除超链接默认下画线样式 */
23      color: #333;                                    /* 设置超链接颜色 */
24      background: url(../images/list_xjt.png) no - repeat 12px center;   /* 设置背景图像 */
25  }
26  .page_list li a:hover {
27      color: #f60;                                    /* 设置鼠标经过时的超链接颜色 */
28  }
29  .page_list li span {
30      float: right;                                   /* 设置右浮动 */
31      width: 20 % ;                                    /* 设置宽度为 20 % */
32      text - align: right;                            /* 设置文本对齐方式为居右 */
33      color: #666;                                    /* 设置颜色 */
34  }
35  .page_info {
```

```
36     clear: both;                                    /*清除浮动*/
37     text-align: right;                              /*设置文本对齐方式为居右*/
38 }
```

5.页面效果

在 Firefox 浏览器中打开通知公告列表页面,显示效果如图 7.17 所示。

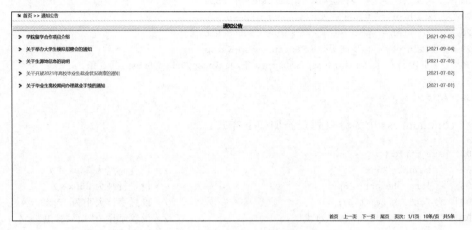

图 7.17　通知公告文章列表页面

7.4.2　下载中心页面制作

下载中心页面同样是列表页面。它与文章列表页面的设计是一样的,唯一不同之处是,文章列表页面中的超链接是要链接到对应文章的详情页面;而下载中心页面的超链接直接链接要下载的资源,单击后会提示下载保存文件。

新建使用 index 模板的页面,重命名为 xzzx.html,并将其保存至网站根目录下;另外在站点根目录新建一个文件夹 xzzx,用于存放可供下载的文件。打开 xzzx.html 文件,然后按照创建文章列表页面的步骤设计页面,并将页面中的超链接直接链接到对应的资源文件,页面效果如图 7.18 所示。

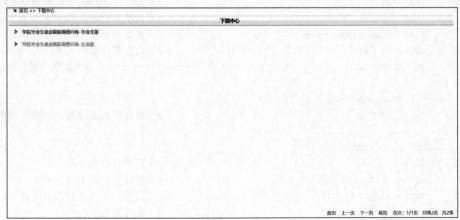

图 7.18　下载中心页面

单击第一条下载链接,弹出保存文件的对话框,如图 7.19 所示。

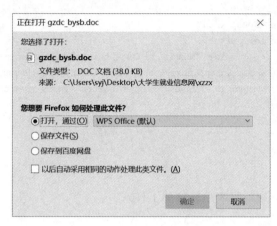

图 7.19　保存文件对话框

7.4.3　在线留言页面制作

新建使用 index 模板的页面,重命名为 zxly. html,并将其保存至网站根目录下。打开
zxly. html 页面,在页面可编辑区域依次插入 banner 图片、面包屑导航和留言表单,其中留
言表单的代码如下:

```
01  < div id = "book">
02  < h2 class = "book_top">
03      < span class = "book_title">请输入您的留言信息</span>
04  </h2>
05  < form action = "#" method = "post">
06      < table >
07          < tr >
08              < td class = "text">留言标题:</td>
09              < td colspan = 2 >< input type = "text" class = "text" name = "user"/></td>
10          </tr>
11          < tr >
12              < td class = "text">联系电话:</td>
13              < td colspan = 2 >< input type = "text" class = "text" name = "user"/></td>
14          </tr>
15          < tr >
16              < td class = "text">您的姓名:</td>
17              < td colspan = 2 >< input type = "text" class = "text" name = "user"/></td>
18          </tr>
19          < tr >
20              < td class = "text">留言内容:</td>
21              < td colspan = 2 >< textarea ></textarea></td>
22          </tr>
23          < tr >
24              < td class = "text">验证码:</td>
25              < td id = "code">< input type = "text" name = "code" id = "code" /></td>
26              < td >< img src = ". / images/code. jpg" /></td>
```

283

```
27              </tr>
28              <tr>
29                  <td> </td>
30                  <td colspan = 2>
31                      <input id = "submit" class = "button" type = "submit" value = "提交"/>
32                               
33                      <input id = "reset" class = "button" type = "reset" value = "重填"/>
34                  </td>
35              </tr>
36          </table>
37      </form>
38  </div>
```

在 common.css 中为留言表单添加如下样式：

```
01  #book {
02      border: 1px solid #aaa;                      /* 设置边框 */
03      background: #ebf6fc;                         /* 设置背景颜色 */
04  }
05  .book_top {
06      height: 26px;                                /* 设置高度为 26px */
07      background: url(../images/list_top.jpg);     /* 设置背景图片 */
08  }
09  .book_title {
1       line-height: 26px;                           /* 设置行高为 26px */
2       font-size: 13px;                             /* 设置字体大小为 13px */
3       font-family: "微软雅黑";                       /* 设置字体为"微软雅黑" */
4       font-weight: bold;                           /* 设置字体加粗显示 */
5       text-align: left;                            /* 设置文本对齐方式为居左 */
6       text-indent: 28px;                           /* 设置首行缩进 28px */
7       background: url(../images/book_title.png) no-repeat 8px center;   /* 设置背景图像 */
8       color: #083e7a;                              /* 设置字体颜色 */
9  }
10  #book table {
11      margin: 0 auto;          /* 设置表格上下外边距为 0,左右外边距自动 */
12  }
13  #book table tr td {
14      height: 30px;                                /* 设置高度为 30px */
15      line-height: 30px;                           /* 设置行高为 30px */
16      text-align: left;                            /* 设置文本对齐方式为居左 */
17  }
18  #book table tr td.text {
19      text-align: right;                           /* 设置文本对齐方式为居右 */
20  }
21  #book table tr td input.text {
22      width: 600px;                                /* 设置文本框宽度为 600px */
23  }
24  #book table tr td input.button {
25      width: 60px;                                 /* 设置按钮宽度为 60px */
26      height: 22px;                                /* 设置按钮高度为 22px */
27      background: url(../images/but03.jpg);        /* 设置按钮背景图像 */
```

```
28        border: none;                              /*设置按钮无边框*/
29        color: #fff;                               /*设置字体颜色为白色*/
30        font-weight: bold;                         /*设置字体加粗显示*/
31 }
32 #book table tr td textarea {
33        width: 600px;                              /*设置文本域宽度为600px*/
34        height: 316px;                             /*设置文本域高度为316px*/
35 }
```

在线留言页面效果如图 7.20 所示。

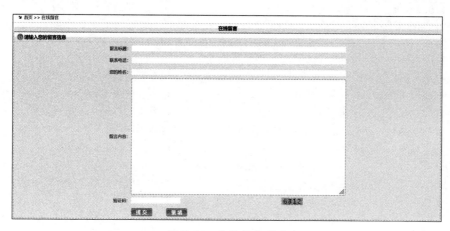

图 7.20　在线留言页面

7.4.4　登录页面制作

登录页面不使用模板文件,在站点根目录下新建文件,重命名为 login.html,其 HTML 代码如下:

```
01 <div id="login">
02 <h1>欢迎访问大学生就业信息网站</h1>
03 <form action="index.html">
04      <input type="text" placeholder="用户名"/>
05      <input type="password" placeholder="密码"/>
06      <input type="submit" value="登录"/>
07 </form>
08 </div>
```

在 styles 文件夹内创建 login.css,为登录页面添加如下样式:

```
01 dy{
02 background: purple url("../images/lg.jpg")      /*添加背景图片*/
03 }
04 #login{
05 width:830px;                                      /*设置宽度为830px*/
06 height: 300px;                                    /*设置高度为300px*/
07 border:1px solid purple;                          /*设置边框*/
08 margin:200px auto;                                /*设置外边距*/
```

```
09 }
10 h1{
11 color:#fff;                            /*设置字体颜色为白色*/
12 font-size:20px;                        /*设置字体大小*/
13 height: 300px;                         /*设置高度为300px*/
14 width: 50%;                            /*设置宽度为50%*/
15 background: rgba(255,255,255,0.3);     /*设置背景颜色*/
16 margin:0;                              /*设置外边距*/
17 padding: 120px 90px;                   /*设置内边距*/
18 float: left;                           /*设置左浮动*/
19 box-sizing: border-box;                /*设置盒子大小计算方法*/
20 }
21 form{
22 background: #fff;                      /*设置背景颜色*/
23 height: 300px;                         /*设置高度为300px*/
24 width: 50%;                            /*设置宽度为50%*/
25 float: left;                           /*设置左浮动*/
26 }
27 input{
28 display:block;                         /*转换为块级元素*/
29 width:300px;                           /*设置宽度为300px*/
30 height:50px;                           /*设置高度为50px*/
31 border:none;                           /*设置取消边框*/
32 border-bottom: 1px solid #aaa;         /*设置下边框*/
33 margin: 20px auto;                     /*设置外边距*/
34
35 }
36 input[type=submit]{
37 background:#1F2CEF;                    /*设置背景颜色*/
38 color:#fff;                            /*设置字体颜色*/
39 font-size:16px;                        /*设置字体大小*/
40 border-radius: 20px;                   /*设置圆角边框*/
41 }
```

登录页面效果如图 7.21 所示。

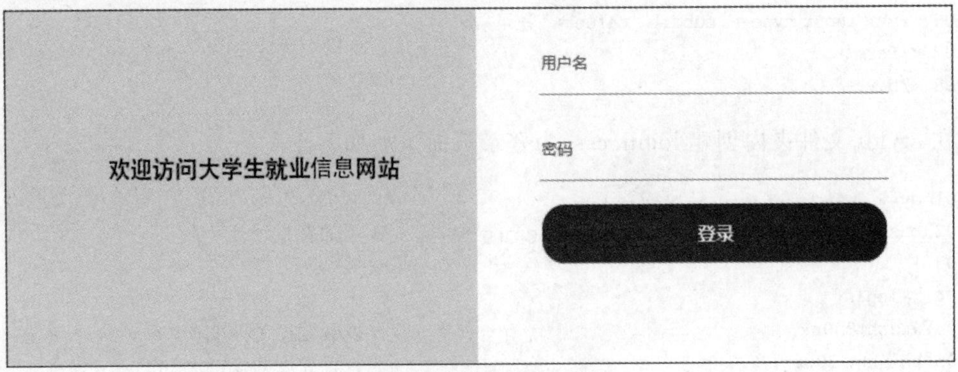

图 7.21　登录页面效果图

7.4.5 文章详情页面制作

文章详情页面属于网站的三级页面,大学生就业信息网站中只有通知公告、招聘信息、就业新闻、就业指导具有详情页。所有文章详情页的显示结构和样式统一,下面以一篇通知公告文章为例进行说明。

1)创建页面

首先在网站根目录下创建一个新文件夹,命名为 tzgg,用于存放所有的通知公告文章;选择菜单"文件"→"新建"菜单项,打开"新建文档"面板,在"新建文档"面板中选择"网站模板";选择站点"大学生就业信息网"的模板 xq,单击"创建"按钮;最后将页面保存在 tzgg 文件夹中,并重命名为 tzgg_0005.html。

2)插入 banner 图像和面包屑导航

与通知公告列表页面一样,在文章详情页面的可编辑区域插入 banner 图像和面包屑导航,并使用 common.css 中已经定义好的样式。与通知公告列表页面的唯一区别是,文章详情页面属于三级页面,因此面包屑导航设置三层链接,最后一层直接链接到本页面。

3)插入文章内容

文章详情由页面标题、文章标题、文章作者、来源信息、文章正文段落、文章插图等几个部分组成,代码结构如下:

```
01 < h2 class = "page_title">通知公告 - 文章详情</h2 >
02 < div class = "news">
03 < h2 class = "news_title">学院留学合作项目介绍</h2 >
04 < h3 class = "news_author">作者:管理员 来源:就业指导处</h3 >
05 < p>文章段落内容…</p>
06 < p class = "news_img">< img src = "../images/tzgg5b.jpg"></p>
07 < p>文章段落内容…</p>
08 < p>文章段落内容…</p>
09 </div >
```

在 common.css 中为文章添加如下的样式:

```
01 .news {
02     margin: 10px;                        /* 设置外边距为 10px */
03 }
04 .news_title {
05     height: 40px;                        /* 设置高度为 40px */
06     line - height: 40px;                 /* 设置行高为 40px */
07     font - size: 14px;                   /* 设置字体大小为 14px */
08     border - bottom: 1px solid #ccc;     /* 设置底部边框线 */
09 }
10 .news_author {
11     height:32px;                         /* 设置高度为 32px */
12     line - height: 32px;                 /* 设置行高为 32px */
13     text - align: right;                 /* 设置文本对齐方式为居右 */
14     font - weight: normal;               /* 设置字体正常显示 */
15     font - family: "微软雅黑";           /* 设置字体为"微软雅黑" */
16     font - size: 12px;                   /* 设置字体大小为 12px */
```

```
17        color: #666;                              /* 设置字体颜色 */
18  }
19  .news p {
20        line - height: 200%;                      /* 设置行距为 200% */
21        text - align: left;                        /* 设置文本对齐方式为居左 */
22        padding - top: 10px;                       /* 设置上内边距为 10px */
23        text - indent: 24px;                       /* 设置首行缩进 24px */
24        text - align: justify;                     /* 设置文本对齐方式为两端对齐 */
25        text - justify: newspaper;       /* 设置文本行的左右两端在父元素的内边界上对齐 */
26  }
27  .news .news_img {
28  text - indent: 0px;                              /* 设置首行缩进 0px */
29        text - align: center;                      /* 设置图像在段落中的对齐方式 */
30  }
```

4）页面效果

填充具体的文章段落内容后，在 Firefox 浏览器中打开文章详情页面，效果如图 7.22 所示。

图 7.22　文章详情页面

习题 7

1. 使用模板制作几个招聘信息的详情页。

2. 设计一个企业门户网站，网站包含首页、新闻资讯、解决方案、技术研究、荣誉证书、客户留言、联系方式、友情链接等内容。

第 8 章

网站部署

本章学习目标

- 使用 Apache 部署项目
- 使用 Tomcat 部署项目

本章首先结合第 7 章完成的项目案例向读者介绍如何使用 Apache 布置静态网站,然后介绍 Ajax 的基本用法,使用 Ajax 对 JSON 进行解析,并使用 Tomcat 进行网站部署。

8.1 使用 Apache 部署项目

8.1.1 Apache

在第 1 章中介绍了 Apache 的安装方法。本节主要对 Apache 进行简要介绍,并对 Apache 的目录结构和主要配置文件进行简要说明。

Apache 全称 Apache HTTP Server,是世界上最流行的 Web 服务器之一,由于其良好的跨平台和安全性被广泛使用。它可以运行在几乎所有广泛使用的计算机平台上。

下面对 Apache 的目录进行简要介绍,其目录结构如图 8.1 所示。

图 8.1　Apache 目录结构

其中 bin 目录包含 Apache 的启动文件,可执行文件均存放在该目录中;conf 中有各类配置文件,其中包含 httpd. conf 主配置文件,在该文件中存放了大量配置信息;htdocs 代表默认站点目录;logs 目录用于存放各类日志;modules 是模块目录,用于对模块进行存放。

8.1.2 使用 Apache 部署案例

在部署项目前,首先需要确认 Apache 能够正常运行,输入 localhost 或 127.0.0.1,默认端口号为 80。Apache 版本不同,显示的内容会有所差异,能够正确显示 htdocs/index. html 的内容即可认为 Apache 已成功开启。

在 conf 目录下的 httpd. conf 文件中,我们可以看到参数 DocumentRoot。该参数代表了项目的根文件目录,如图 8.2 所示,默认值为 ${SEVROOT}/htdocs。其中 ${SEVROOT} 代表了 httpd. conf 中参数 SEVROOT 的值,当前 ${SEVROOT} 的值已设置为 Apache 的安装目录。

```
DocumentRoot "${SRVROOT}/htdocs"
<Directory "${SRVROOT}/htdocs">
    #
    # Possible values for the Options directive are "None", "All",
    # or any combination of:
    #   Indexes Includes FollowSymLinks SymLinksifOwnerMatch ExecCGI MultiViews
    #
    # Note that "MultiViews" must be named *explicitly* --- "Options All"
    # doesn't give it to you.
    #
    # The Options directive is both complicated and important.  Please see
    # http://httpd.apache.org/docs/2.4/mod/core.html#options
    # for more information.
    #
    Options Indexes FollowSymLinks

    #
    # AllowOverride controls what directives may be placed in .htaccess files.
    # It can be "All", "None", or any combination of the keywords:
    #   AllowOverride FileInfo AuthConfig Limit
    #
    AllowOverride None

    #
    # Controls who can get stuff from this server.
    #
    Require all granted
</Directory>
```

图 8.2 DocumentRoot 的参数信息

将完整项目放入 ${SEVROOT}/htdocs 目录下,然后在浏览器中输入 localhost:80/项目名称,会自动加载首页 index. html 文件内容,网站效果正常出现即可表示完成部署。

结合本书案例,将项目"大学生就业信息网"放入 htdocs 目录中,在浏览器中输入 localhost:80/大学生就业信息网,默认打开该项目中的 index. html,效果如图 8.3 所示。

图 8.3　部署后网页效果图

8.2 使用 Tomcat 部署项目

随着移动互联网的飞速发展,在当前流行的网站搭建框架中,前端广泛使用 JavaScript 语言来实现前后端的数据发送和接收。本节将结合 JSON 和 Ajax 技术实现案例,并将其部署到 Tomcat 服务器中。

8.2.1 Tomcat

Tomcat 是由 Apache、Sun 和其他一些公司及个人共同开发而成的,是目前比较流行的 Web 应用服务器。Tomcat 服务器属于轻量级应用服务器,实际上它也是 Apache 服务器的扩展,更多地应用于开发和调试 Servlet 和 JSP。

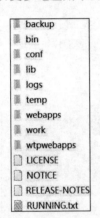

图 8.4　Tomcat 目录结构

1. Tomcat 目录结构

Tomcat 的目录结构如图 8.4 所示。

和 Apache 相似,其中 bin 目录主要存放 Tomcat 的可执行文件;conf 目录用来存放配置文件;lib 目录中包含在 Tomcat 运行时要加载的 jar 包;logs 目录中包含在运行过程中产生的各类日志文件;webapps 目录用来存放应用程序,当 Tomcat 启动时,会加载该目录下的应用程序。

2. 启动 Tomcat

打开 bin 目录,单击 startup.bat 可执行文件,即可启动 Tomcat。Tomcat 默认端口号为 8080。在浏览器中输入 localhost:8080,出现如图 8.5 所示界面,证明启动 Tomcat 成功。

8.2.2 Ajax

Ajax 全称 Asynchronous JavaScript and XML,即异步的 JavaScript 和 XML,主要用于在不加载全部页面时,实现与服务器中数据的交互并进行局部的动态更新。

1. 创建 XMLHttpRequest 对象

XMLHttpRequest 用于在后台与服务器交换数据,可以实现对页面的局部更新,代码如下:

```
var xmlhttp = new XMLHttpRequest();
```

2. Ajax 发送请求

当 Ajax 向服务器发送请求时,主要应用 open(method,url,async)和 send()方法。其中 open 方法中包含三个参数,如表 8.1 所示。

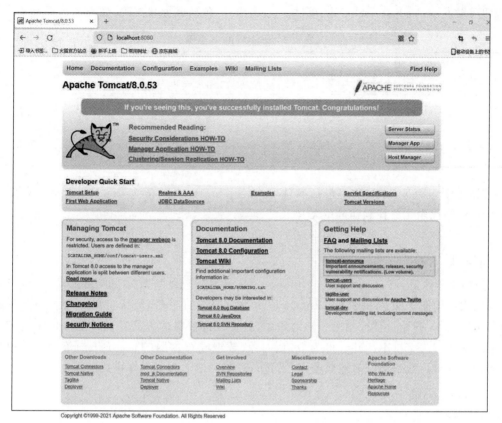

图 8.5 Tomcat 的启动页面

表 8.1 open 方法参数表

参 数 名	参 数 值
method	请求类型,包括 get 和 post
url	文件在服务器中的位置
async	异步(true)或同步发送(false)

当使用 post 方法发送请求时,send()方法中包含一个 String 类型参数。例如请求访问同级目录下的"course.json"文件,发送请求如下面代码所示:

```
xmlhttp.open("GET","course.json",true);
xmlhttp.send();
```

3. Ajax 响应

常用的 Ajax 响应有两种方法:当服务器的响应类型为字符串类型时,使用 responseText;若返回类型为 xml 时,则使用 responseXML,然后对得到的 xml 对象进行解析。

4. onreadystatechange 事件

用于响应服务器后执行的动作,当 XMLHttpRequest 对象中的 readyState 发生变化时，即可触发 onreadystatechange 事件。readyState 包括五种状态码，如表 8.2 所示。

表 8.2　readyState 状态码

状 态 码 值	状　　　态
0	请求未初始化
1	服务器连接已建立
2	请求已接受
3	请求处理中
4	请求已完成，等待响应

XMLHttpRequest 对象还包括属性 status。当 status 的值为 200 时，表示状态正常；若为 404，则代表无法找到访问的 URL。

8.2.3　JSON

JSON 全称 JavaScript Object Notation，是一种轻量级的数据交换格式。它简洁和清晰的层次结构便于阅读和编写。JSON 是一个标记符的序列，包括对象和数组两种形式。对象结构用"{开始，用"}"结束。在对象中，数据以键值对的方式存储，即"key：value"，其中 key 关键字为字符串，value 可为数值、对象、数组或布尔型（True/False）等。数组用"["开始，"]"结束。数组中的多组数值用"，"进行分割。以下为 JSON 格式的数据存储：

```
01 [{"sid":"001",
02 "name":"张三",
03 "gender":"男",
04 "scorelist":[
05     {"cid":"C1","course":"高等数学","score":90},
06     {"cid":"C2","course":"大学英语","score":85}]
07 },
08 {"sid":"002", .
09     "name":"李四",
10     "gender":"女",
11     "scorelist":[
12        {"cid":"C1","course":"高等数学","score":70},
13        {"cid":"C2","course":"大学英语","score":65}]
14 }]
```

数据最外层的"[]"代表数组。该数组中包括两组数据，每组数据用"{}"括起，均为一个对象。在每个对象中以键值对的方式存储数据，包括 sid、name、gender 和 scorelist，其中 scorelist 的数值用"[]"括起，表示数组。该数组中又包括两个对象，每个对象有三组键值对，键的名称分别为 cid、course 和 score。

8.2.4　Ajax 结合 JSON 实现案例

下面结合 Ajax 讲解如何解析 8.2.3 节中的 JSON 数据，并以表格的形式显示。

首先将 8.2.3 节中的 JSON 数据保存在文件中，命名为 student，并以 .json 格式进行存储；创建 index.html 文件，用于解析 student.json 中的数据；创建 index.css 和 ajax.js，用于存放样式和执行 JS 方法。目录结构如下图 8.6 所示。

图 8.6 目录结构

在 index.html 中引用 CSS 和 JS 文件,并创建表格。index.html 代码如下:

```
01 <!DOCTYPE html>
02 <html>
03 <head>
04 <meta charset = "UTF-8">
05 <title>数据获取</title>
06 <script type = "text/javascript" src = "js/json.js"></script>
07 <link type = "text/css" rel = "stylesheet" href = "css/index.css"/>
08 </head>
09 <body>
10 <input type = "button" id = "submit" value = "获取数据" onclick = "ask()"/>
11       <table>
12         <tr>
13           <th>学号</th>
14           <th>姓名</th>
15           <th>性别</th>
16           <th>课程代码</th>
17           <th>课程名称</th>
18           <th>成绩</th>
19         </tr>
20         <tbody id = "content">
21         </tbody>
22     </table>
23 </body>
```

给 table 设置简单的样式,index.css 代码如下:

```
01 table,tr,td,th{
02     border:1px solid black;
03 }
04 td,th{
05     text-align:center;
06 }
07 th{
08     background:#7fffd4;
09 }
```

当单击 index.html 页面中 button 按钮时,会执行 json.js 中的 ask()方法,该方法代码和注释如下:

```
01 function ask() {
02     var xmlhttp = new XMLHttpRequest();                //获取 XMLHttpRequest 对象
03     //以 Get 方法访问同级目录下的"student.json"文件
```

```
04        xmlhttp.open("GET", "student.json", true);
05        xmlhttp.send();                                    //发送请求
06        xmlhttp.onreadystatechange = function () {
07        if (xmlhttp.status == 200 && xmlhttp.readyState == 4) {        //判断是否收到响应
08            var data = JSON.parse(xmlhttp.responseText);    //将字符串转换为 JSON 格式
09            var html = "";
10            for (var i = 0;i < data.length;i++){            //解析数组中的两组对象
11                html += "< tr >" +
12                "< td rowspan = '2'>" + data[i]. sid + "</td>" +     //获取该组对象 sid 的值
13                "< td rowspan = '2'>" + data[i]. name + "</td>" +    //获取该组对象 name 的值
14                "< td rowspan = '2'>" + data[i]. gender + "</td>";   //获取该组对象 gender 的值
15                var list = data[i]. scorelist    //获取每组中的 scorelist 的值,该值为数组
16                for(var j = 0;j < list.length;j++){    //解析每组中的对象
17                    html += "< td>" + list[j].cid + "</td>" +    //获取该对象的 cid 值
18                        "< td>" + list[j]. course + "</td>" + //获取该对象的 course 值
19                        "< td>" + list[j]. score + "</td>" + //获取该对象的 score 值
20                        "</tr>";
21                }
22            }
23            //将拼接的字符串的值赋给 id 为 content 的标签
24            document.getElementById('content').innerHTML = html;
```

该段代码展示了 Ajax 解析 JSON 的基本方法,首先需要获取 XMLHttpRequest 并发送请求,得到响应后进行 JSON 解析。由于 JSON 对象以键值对方式存储,因此可以通过关键字 Key 值获取数组;对于 JSON 数组,一般采用遍历 list 列表的方式获得数值。

获取数值后进行字符串的拼接,拼出需要显示的 HTML 代码,并将该 HTML 字符串赋给需要显示的标签,即可将 JSON 数据显示在 HTML 页面中。

8.2.5　使用 Tomcat 部署案例

使用 Tomcat 部署项目,需要将程序打包成以.war 结尾的文件。可以借助 Eclipse 或 idea 开发环境,对项目进行打包。

以 Eclipse 为例,首先创建动态网站项目,创建方法如图 8.7 所示。

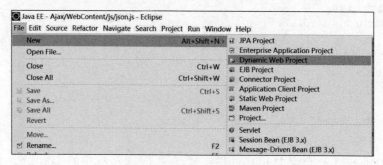

图 8.7　Eclipse 创建项目

单击确认后,输入项目名称。如图 8.8 所示,创建名为 Ajax 的项目,单击 Finish 按钮。

创建项目成功后,将之前创建的各类文件按照原来的结构复制到项目的 WebContent 文件夹中,如图 8.9 所示。

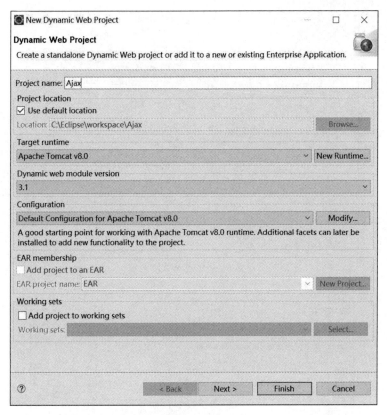

图 8.8 输入项目名称

然后在项目上右击,选择 Export → WAR file,如图 8.10 所示。

输入创建后的 WAR 文件名称以及保存的位置,单击 Finish 按钮,如图 8.11 所示。

最后在 WAR 文件保存路径的位置找到 Ajax. war 文件,将其复制到 Tomcat 安装路径下的 webapps 文件夹中。

单击 Tomcat 安装路径下的 bin 文件中的 startup. bat 文件,启动 Tomcat;在浏览器中输入 localhost:8080 确认 Tomcat 已经成功启动;然后在地址后输入"/war 包的名称",即在浏览器中输入 localhost:8080/Ajax;显示 index.

图 8.9 项目结构

html 界面后,单击"获取数据"按钮,出现如图 8.12 所示界面,表示部署成功,获取了. json 文件并进行了解析。

本例通过 Ajax 对. json 文件进行了 JSON 格式数据的解析。在真实项目开发中,Web 前端通过 Ajax 中的 url 属性,向后端请求对应的方法;后端响应后,对数据进行处理形成 JSON 格式;Ajax 接收到后,对 JSON 解析并进行界面展示,从而形成了前后端的数据交互。

前后端结合的项目,如上文所示,仍需要将该项目打包成 WAR 文件,并复制到 Tomcat 安装路径下的 webapps 文件夹中,从而完成项目的部署。

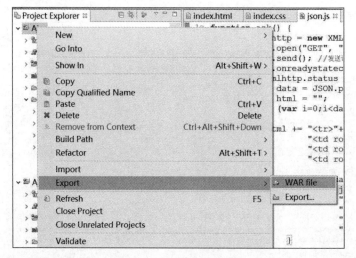

图 8.10　创建 WAR 文件

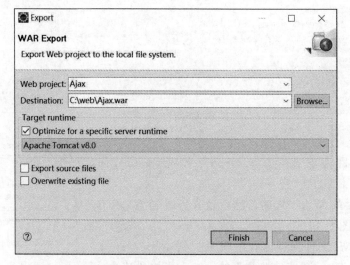

图 8.11　设置 WAR 文件

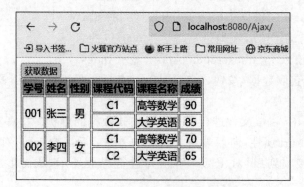

图 8.12　解析并展示界面

习题 8

　　1. 将自己设计的网站通过 Apache 服务器进行部署。

　　2. 尝试编写一段 JSON 数据保存用户信息,使用 Ajax 的方法获取并解析,并部署到 Tomcat 服务器。

参 考 文 献

[1] 周建锋,朱凤山,张晓君,等.网页设计与制作教程[M].北京:清华大学出版社,2015.

[2] 夏魁良,王丽红.HTML＋CSS＋JavaScript 网页设计[M].北京:清华大学出版社,2019.

[3] 储久良.Web 前端开发技术——HTML5、CSS3、JavaScript [M].3 版.北京:清华大学出版社,2018.

[4] 胡晓霞.HTML＋CSS＋JavaScript 网页设计从入门到精通[M].北京:清华大学出版社,2017.

[5] 彭进香.HTML5＋CSS＋JavaScript 网页设计与制作[M].北京:清华大学出版社,2019.

[6] HTML 教程[EB/OL].[2021-12-9].https://www.w3school.com.cn/html/index.asp.

[7] HTML 教程[EB/OL].[2021-12-9].https://www.runoob.com/html/html-tutorial.html.

[8] 马特·弗里斯比.JavaScript 高级程序设计[M].李松峰,译.4 版.北京:人民邮电出版社,2020.

[9] DAVID F.JavaScript 权威指南[M].李松峰,译.7 版.北京:机械工业出版社,2021.

[10] KEITH J,SAMBELLS J.JavaScript DOM 编程艺术[M].杨涛,王建桥,杨晓云,等译.2 版.北京:人民邮电出版社,2020.

[11] 未来科技.jQuery 实战从入门到精通[M].北京:中国水利水电出版社,2017.

[12] CHAFFER J,SWEDBERG K.jQuery 基础教程[M].李松峰,译.4 版.北京:人民邮电出版社,2013.

[13] 车云月.jQuery 开发指南[M].北京:清华大学出版社,2018.

图书资源支持

感谢您一直以来对清华版图书的支持和爱护。为了配合本书的使用，本书提供配套的资源，有需求的读者请扫描下方的"书圈"微信公众号二维码，在图书专区下载，也可以拨打电话或发送电子邮件咨询。

如果您在使用本书的过程中遇到了什么问题，或者有相关图书出版计划，也请您发邮件告诉我们，以便我们更好地为您服务。

我们的联系方式：

地　　址：北京市海淀区双清路学研大厦 A 座 714

邮　　编：100084

电　　话：010-83470236　010-83470237

客服邮箱：2301891038@qq.com

QQ：2301891038（请写明您的单位和姓名）

资源下载： 关注公众号"书圈"下载配套资源。

资源下载、样书申请

书 圈

图书案例

清华计算机学堂

观看课程直播